普通高等教育"十二五"规划教材

选矿厂设计

主　编　周小四

副主编　彭芬兰

主　审　王少东

北　京

冶金工业出版社

2023

内 容 提 要

本书全面介绍了选矿厂设计工作的程序及各工作过程的内容、方法及步骤，系统介绍了设计所需的基础资料，工艺流程的选择计算方法与设计步骤，工艺设备的选择计算方法及设计步骤，工艺设备车间配置的基本方案及典型配置案例，辅助设备与设施的选择确定，设计概预算编制及技术经济分析等内容，以及选矿工艺计算机辅助设计基本知识。章后附有能力训练项目和复习思考题。

本书为高等学校矿物加工专业教学用书，也可供从事矿物加工工程设计和生产的工程技术人员参考。

图书在版编目（CIP）数据

选矿厂设计/周小四主编 . —北京：冶金工业出版社，2014.6
（2023.11 重印）
普通高等教育"十二五"规划教材
ISBN 978-7-5024-6608-4

Ⅰ.①选…　Ⅱ.①周…　Ⅲ.①选矿厂—设计—高等学校—教材
Ⅳ.①TD928.1

中国版本图书馆 CIP 数据核字（2014）第 126942 号

选矿厂设计

出版发行	冶金工业出版社	**电　　话**	（010）64027926
地　　址	北京市东城区嵩祝院北巷 39 号	**邮　　编**	100009
网　　址	www. mip1953. com	**电子信箱**	service@ mip1953. com

责任编辑　宋　良　王雪涛　任咏玉　美术编辑　吕欣童
版式设计　孙跃红　责任校对　石　静　责任印制　窦　唯
北京富资园科技发展有限公司印刷
2014 年 6 月第 1 版，2023 年 11 月第 4 次印刷
787mm×1092mm　1/16；18.5 印张；449 千字；286 页
定价 39.00 元

投稿电话　（010）64027932　投稿信箱　tougao@cnmip. com. cn
营销中心电话　（010）64044283
冶金工业出版社天猫旗舰店　yjgycbs. tmall. com
（本书如有印装质量问题，本社营销中心负责退换）

前　言

　　《国民经济和社会发展"十二五"规划》中明确提出:"推进新一轮西部大开发,发挥资源优势,实施以市场为导向的优势资源转化战略,在资源富集地区布局一批资源开发及深加工项目,建设国家重要能源、战略资源接续地和产业集聚区;鼓励再生资源循环利用和低品位矿、共伴生矿、难选冶矿、尾矿和废渣资源综合利用;加强矿产资源勘查、保护和合理开发,发展绿色矿业,强化矿产资源节约与综合利用,提高矿产资源开采回采率、选矿回收率和综合利用率"。按照有关专题研究的成果,国内矿产资源开发利用产业一线生产人员中,一般操作人员多、低学历人员多;而精通本岗位技术、又熟悉相关岗位技术,并且具有创新意识的高级技能人才比较匮乏。另一方面,新技术、新工艺的应用和新产品的制造,最终要落实到生产人员身上。因此,加大高技能人才的培养,仍将是今后一项长期的、重要的工作。高技能人才的培养不仅要有资金投入,还必须从教育理念更新、培养模式创新、师资队伍建设、实习实训基地建设、提升社会服务能力等各方面全面推进。教材的开发则是高技能人才培养工作中必不可少的重要工作之一。

　　本书的编写即以培养具有较高选矿专业素质和较全知识体系、适应选矿厂生产及管理需要的高技能人才为目标。全书根据矿物加工专业培养方案的要求和"选矿厂设计"课程标准编写,通过模拟一个选矿厂工艺设计的全过程,使学生对所学的专业知识进行系统的回顾和再学习,培养学生开拓创新、团结协作、环保节能的意识,训练学生分析问题、解决问题的能力及统筹兼顾和计划组织的能力。本书按照设计工作过程组织教学内容,系统介绍设计过程所需完成的任务及完成任务的方法、步骤。全书贯彻理论联系实际的原则,力求体现职业教育的针对性强、理论知识的实践性强和培养高技能型人才的特点。

　　周小四担任本书主编,彭芬兰担任本书的副主编;彭芬兰编写第6章、第7章,李志章编写第2章,聂琪编写3.5节、4.7节、5.1节,刘世旭编写4.1节、4.2节,杨玉珠编写5.2节,王家清编写3.4节,其余章节由周小四编写;

全书最后由周小四负责统一整理定稿。

　　在编写过程中，主审人王少东教授给予了很多帮助。编者参考了大量的文献资料，谨向各位文献作者、出版社致以诚挚的谢意！

　　由于编者水平所限，书中不足之处在所难免，恳请读者批评指正。

编　者

2014 年 3 月

目　　录

1 设计准备工作 ………………………………………………………………… 1

1.1 选矿厂设计的意义、目的和要求 …………………………………………… 1
1.1.1 选矿厂设计的意义 ……………………………………………………… 1
1.1.2 选矿厂设计的目的 ……………………………………………………… 1
1.1.3 选矿厂设计的基本原则 ………………………………………………… 2
1.1.4 选矿工程设计的现状及发展趋势 ……………………………………… 2
1.2 选矿厂设计的步骤和内容 …………………………………………………… 5
1.2.1 选矿厂设计前期工作 …………………………………………………… 5
1.2.2 设计工作 ………………………………………………………………… 7
1.2.3 设计后期工作 …………………………………………………………… 11
1.3 设计所需的基础资料 ………………………………………………………… 12
1.3.1 选矿厂设计所需的基础资料 …………………………………………… 12
1.3.2 地质勘探和选矿试验资料的深度及内容 ……………………………… 13
1.4 厂址选择 ……………………………………………………………………… 16
1.4.1 厂址选择的原则 ………………………………………………………… 16
1.4.2 厂址选择的步骤 ………………………………………………………… 17
1.5 选矿厂规模的确定 …………………………………………………………… 18
1.5.1 选矿厂规模确定的原则 ………………………………………………… 18
1.5.2 选矿厂规模的划分及服务年限 ………………………………………… 18
复习思考题 …………………………………………………………………………… 19
能力训练项目 ………………………………………………………………………… 19

2 工艺流程的设计与计算 …………………………………………………… 20

2.1 选矿厂工作制度与车间小时处理量的确定 ………………………………… 20
2.1.1 选矿厂工作制度 ………………………………………………………… 20
2.1.2 车间小时处理量的计算 ………………………………………………… 21
2.2 选矿厂工艺流程及选别指标的确定 ………………………………………… 21
2.2.1 影响工艺流程选择的因素 ……………………………………………… 21
2.2.2 选矿厂工艺流程的确定 ………………………………………………… 22
2.2.3 选矿指标的确定 ………………………………………………………… 23
2.3 碎磨流程的设计与计算 ……………………………………………………… 23
2.3.1 影响碎磨流程设计的主要因素 ………………………………………… 23

2.3.2 破碎筛分流程的设计与计算 ······················· 24

2.3.3 磨矿流程的设计与计算 ··························· 38

2.4 选别流程的设计与计算 ······························· 49

2.4.1 选别流程的设计与流程论证 ····················· 49

2.4.2 选别流程的计算 ······························· 50

2.5 矿浆流程的计算 ··································· 61

2.5.1 矿浆流程计算指标、计算公式及所需原始指标 ········· 61

2.5.2 矿浆流程的计算 ······························· 65

复习思考题 ··· 69

能力训练项目 ······································· 70

3 主要工艺设备的选择和计算 ······························ 71

3.1 一般原则和计算方法 ······························· 71

3.1.1 工艺设备选择和计算的一般原则 ·················· 71

3.1.2 选矿设备生产能力计算的常用方法 ················ 72

3.2 破碎筛分设备的选择与计算 ··························· 73

3.2.1 碎矿机的选择与计算 ··························· 73

3.2.2 筛分机的选择与计算 ··························· 83

3.3 磨矿分级设备的选择与计算 ··························· 90

3.3.1 磨矿机的选择与计算 ··························· 90

3.3.2 分级机的选择与计算 ··························· 103

3.4 选别设备的选择与计算 ······························· 112

3.4.1 浮选设备的选择与计算 ························· 112

3.4.2 重选设备的选择与计算 ························· 117

3.4.3 磁电选设备的选择与计算 ······················· 123

3.5 脱水设备的选择与计算 ······························· 126

3.5.1 浓缩设备的选择与计算 ························· 126

3.5.2 过滤机的选择与计算 ··························· 128

3.5.3 干燥机的选择与计算 ··························· 130

复习思考题 ··· 131

能力训练项目 ······································· 131

4 总平面布置与车间设备配置 ······························ 133

4.1 选矿厂总平面布置 ································· 133

4.1.1 总平面布置的基本任务及原则 ··················· 133

4.1.2 选矿厂车间(厂房)的总体布置形式 ··············· 134

4.1.3 总平面设计的主要内容及实例 ··················· 135

4.2 车间设备配置的基本原则 ··························· 138

4.2.1　车间设备配置的基本原则 ……………………………… 138
4.2.2　设备机组配置 ……………………………………………… 139
4.3　破碎车间的设备配置 …………………………………………… 145
4.3.1　破碎车间设备配置的一般要求 …………………………… 145
4.3.2　破碎车间总体布置方案 …………………………………… 146
4.3.3　破碎车间的典型配置 ……………………………………… 148
4.4　主厂房的设备配置 ……………………………………………… 166
4.4.1　磨矿车间(厂房)的设备配置 ……………………………… 166
4.4.2　浮选车间(厂房)的设备配置 ……………………………… 167
4.4.3　重选车间(厂房)的设备配置 ……………………………… 172
4.4.4　磁选车间(厂房)的设备配置 ……………………………… 176
4.5　脱水车间(厂房)的设备配置 …………………………………… 180
4.5.1　脱水车间设备配置的基本方案 …………………………… 180
4.5.2　脱水车间设备配置的一般要求 …………………………… 180
4.5.3　脱水车间的典型配置 ……………………………………… 181
4.6　选矿厂房有关建筑要求和模数协调标准 ……………………… 183
4.6.1　选矿厂房特点和要求 ……………………………………… 183
4.6.2　单层厂房结构 ……………………………………………… 184
4.6.3　厂房高度和跨度 …………………………………………… 185
4.6.4　厂房柱网、定位轴线和建筑模数协调标准 ……………… 185
4.7　选矿厂工艺设计图的绘制 ……………………………………… 187
4.7.1　工艺制图一般要求 ………………………………………… 187
4.7.2　工艺流程图的绘制 ………………………………………… 198
4.7.3　设备配置图 ………………………………………………… 203
复习思考题 …………………………………………………………… 208
能力训练项目 ………………………………………………………… 208

5　选矿厂辅助设备与设施 …………………………………………… 209
5.1　选矿厂生产车间辅助设备与设施 ……………………………… 209
5.1.1　选矿厂起重设备与检修场地的确定 ……………………… 209
5.1.2　选矿厂辅助设施 …………………………………………… 215
5.1.3　选矿厂的通道与操作平台设计 …………………………… 219
5.1.4　选矿厂职业卫生与安全技术设计 ………………………… 220
5.2　选矿厂的尾矿设施 ……………………………………………… 222
5.2.1　尾矿堆存工艺的确定与尾矿设施原则方案选择 ………… 222
5.2.2　尾矿设施设计所需的选矿工艺参数 ……………………… 225
复习思考题 …………………………………………………………… 225

6　工程概算与技术经济 ·· 226

　6.1　概述 ·· 226

　　6.1.1　选矿技术经济工作的特点 ··· 226

　　6.1.2　选矿技术经济工作的主要任务 ·· 226

　　6.1.3　选矿技术经济评价的一般原则 ·· 227

　6.2　选矿专业工艺概算编制 ·· 228

　　6.2.1　工程概算结构形式与组成 ··· 228

　　6.2.2　选矿专业单位工程概算编制 ·· 230

　6.3　成本计算及设计的技术经济指标 ·· 236

　　6.3.1　选矿厂劳动定员 ·· 236

　　6.3.2　选矿厂成本计算 ·· 238

　　6.3.3　选矿厂设计技术经济分析与评价 ·· 241

　复习思考题 ·· 245

7　计算机辅助设计 ·· 246

　7.1　概述 ·· 246

　　7.1.1　计算机辅助设计(CAD)简介 ··· 246

　　7.1.2　计算机辅助设计(CAD)系统硬件及软件组成 ··························· 246

　7.2　程序设计基础 ·· 247

　　7.2.1　程序设计的基本过程及要求 ·· 247

　　7.2.2　选矿实际工程问题常用数学工具 ·· 247

　7.3　选矿工艺计算基础 ·· 250

　　7.3.1　破碎及磨矿流程计算 ··· 250

　　7.3.2　浮选流程计算 ·· 251

　　7.3.3　工艺设备选择计算 ·· 252

　复习思考题 ·· 253

附录　主要设备技术性能表 ·· 254

参考文献 ·· 286

1 设计准备工作

本章学习要点：

    (1) 了解设计准备工作的内容及其要求。

    (2) 了解选矿工程设计的现状及发展趋势。

    (3) 了解厂址选择的原则及步骤。

    (4) 掌握选矿厂设计的目的、意义、基本原则要求。

    (5) 掌握选矿厂设计的步骤（程序）和重点步骤的工作内容、深度及要求。

    (6) 掌握设计所需的基础资料的范围及要求。

    (7) 掌握选矿厂规模确定的原则、规模划分依据及服务年限要求。

    广义而言，工程设计是人们运用科技知识和方法，有目标地创造工程产品构思和计划的过程，几乎涉及人类活动的全部领域。具体来说，工程设计则是指对工程项目的建设提供有技术依据的设计文件和图纸的整个活动过程；是根据建设工程和法律法规的要求，对建设工程所需的技术、经济、资源、环境等条件进行综合分析、论证，编制建设工程设计文件，提供相关服务的活动。设计工作内容包括总图、工艺设备、建筑、结构、动力、自动控制、技术经济等工作。

1.1 选矿厂设计的意义、目的和要求

1.1.1 选矿厂设计的意义

    选矿厂设计是矿山建设中的关键环节，是建设项目进行整体规划、体现具体实施意图的重要过程，是科学技术转化为生产力的纽带，是处理技术与经济关系的关键性环节，是确定与控制工程造价的重点阶段。工程设计是否经济合理，对工程建设项目造价的确定与控制具有十分重要的意义。任何一个矿山工程，在建设之前必须要经过精心设计，通过设计使工程建设在技术上可靠，经济上合理，做到投资少、建设快、效益高。

1.1.2 选矿厂设计的目的

    选矿厂设计的目的是设计出体现国家工业建设相关方针政策、切合实际、技术先进可靠、经济效益好的选矿厂，也就是要解决新建或扩建选矿厂的工艺流程、厂房建筑、设备选择、设备配置和安装、经营管理等一系列的重大问题，以保证投入的建设资金得到充分的利用，使选矿厂建成之后，迅速形成生产能力，达到设计要求的技术经济指标，从而为

我国的经济建设创造更多的物质财富。

1.1.3　选矿厂设计的基本原则

为实现选矿厂设计的目的，保证设计的质量，设计必须遵循如下基本原则：

（1）必须贯彻国家工业建设方针政策和法律法规，以科学的态度，从实际出发，掌握准确的设计资料，进行多方案比较，寻求最佳设计方案。设计所需条件必须具备，所需资料必须齐全，设计文件符合相应设计阶段的内容及深度要求。

（2）设计的工艺流程既要先进，又应具有高的可靠性和灵活性，能适应对矿产资源综合利用的要求。

（3）设备选择时种类要少，产品质量要好，选矿厂主要工艺设备型号与规格应与矿石性质、选矿厂规模相适应。

（4）尽量采用通用和标准的结构原件、建筑构件以及车间的标准设计，以加快设计进度和建设速度。

（5）注意节约用地。设备配置和总平面布置要因地制宜，紧凑合理，充分利用荒山劣地，不占或少占耕地，不拆或少拆民房，不和农业争水，不妨碍农田水利建设，对农业有害的污水、废气必须进行处理，达到国家的排放标准。

（6）注意节约能源。能耗是产品成本的组成部分，节约能耗是降低产品成本的重要措施，在确定厂址、选择设备、确定选矿方法、选定产品指标及车间布置等方面都应考虑节约能耗。

（7）重视安全、职业卫生和环境保护，劳动条件要符合安全技术与职业卫生的规定，对选矿过程中所产生的尾矿、废石、污水、粉尘和废气等，必须进行回收和净化处理。

（8）要注意统筹兼顾、相互协调。处理好生产与生活的关系，要有利生产、方便生活。选矿厂的供水、供电、运输、材料供应、修配业务以及公共住宅等服务性建筑应尽可能与当地其他企业进行协作，共同投资解决。

（9）积极采用先进技术、先进工艺。先进技术、先进工艺对降低基建投资、节省经营费用、提高劳动生产率和选别指标，都有着重要意义，但采用先进技术、先进工艺必须坚持一切通过试验的原则。

（10）设计的选矿厂应能获得最佳的技术经济指标、最大的经济效益和良好的环保效益，使建设资金能够发挥最大限度的效能，并能尽快得到回收，以利资金的迅速周转。

1.1.4　选矿工程设计的现状及发展趋势

随着现代科学技术的发展和新技术在选矿厂设计中的应用，选矿厂工艺流程的优化、设备的优化选择、设备配置的优化、选矿厂的自动化、节能和环保、设计过程智能化等方面都有了新的进展。

1.1.4.1　工艺流程的优化

工艺流程的优化属于最优化技术，其目的是在一切可能采用的工艺流程中，寻求最佳流程方案。

工艺流程优化的基础是对选矿厂所处理的矿石进行充分的试验。通过试验了解矿石的特性，比较各种工艺流程。对大型选矿厂还要进行半工业试验或工业试验。

根据目前选矿厂的发展趋势，在进行选矿工艺流程优化的时候，要从整个矿石原料生产的工艺连续性，即采、选、冶的统一性综合考虑。在确定选矿厂规模的时候，应先从冶炼金属量进行计算，推出所需矿石量，再按地质储量和采矿条件进行核算。

采用数学模拟，导出数学模型，建立目标函数和约束条件方程，应用计算机进行分析计算。这是工艺流程优化的数学基础。

1.1.4.2　设备的优化选择

设备是流程的基础，只有选择与选矿厂规模相适应的大型、高效、节能设备，才能保证优化工艺流程的实现。尤其是目前矿产资源日益枯竭，矿物原料日益"贫、细、杂"，入选物料成倍增加，能耗增加，成本上升，使得选矿业者必须努力降低成本，寻求新的工艺和方法，研发和改进大型、高效、节能的选矿设备。

A　采用高效节能设备

高效节能设备是指单位生产效率高、处理单位矿量能耗低的设备。目前在选矿厂已经使用了许多新型的和改进型的节能高效的选矿设备，如冲击碎矿机、塔磨、离心磨机、高压辊磨机、大型浮选机、高梯度强磁选机等。

B　提高设备的作业率

设备的作业率，是表明设备使用的时间效率。设备作业率与设备的材料质量、加工精度、热处理、部件设计等的合理性有关。

提高设备运行的可靠性是提高设备作业率的重要条件，而设备运行的可靠性，可用保证率来衡量。保证率是表明一个系统在一定时间内完成任务的概率。提高系统的保证率，应考虑两个方面的因素：一个是提高每个设备的可靠性，以使选矿厂的生产建立在优质可靠的设备基础上；另一个是研究主厂房的最优设计，以达到由可靠性不太高的设备组成出保证率较高的生产系统。

为了提高选矿厂设备的可靠性，应重视加强设备的保养、维修和更换，同时应尽可能减少串联的台数，并在中间设缓冲装置。

C　设备的选择和计算

目前国内外选矿设备的大型化已成为趋势。设计中应尽量采用大型设备，提倡少系列，节约基建投资和经营费用。以一个年处理原矿 5Mt 的选矿厂的球磨机方案比较为例，选择 $\phi 3.6 \times 6.0m$ 的球磨机比选择 $\phi 2.7 \times 3.6m$ 球磨机可节约基建投资，减少设备数量，方便生产管理。因为选用 $\phi 2.7 \times 3.6m$ 球磨机要 10 个系列，管理麻烦，辅助设备也会相应增加。

1.1.4.3　设备配置的优化

设备配置优化的目的在于方便操作、维修和自动化，以提高选矿厂设备的作业率，满足环保要求，节约能源，获得较大的经济效益。

设备配置也是一种设计艺术。配置好的选矿厂不仅操作维修方便，基建投资低，而且会使人一进厂房有舒适和美的感觉。

A　厂区采用辐射式布置和建筑群

传统的选矿厂多采用一字或平行式布置。某新建的选矿厂采用辐射式布置，节省了占地面积，厂房和工艺联系方便，减少了劳动力，提高了管理效率。

一种新的配置方式是同体建筑群，对于山区和建厂狭小的地区极为适用。如将选矿厂主厂房、回水泵站、尾矿泵站、过滤和精矿泵站等均集中在一个建筑群里,从外观上看,选矿厂只有原矿破碎、主厂房、浓缩机和仓库。

B　利用地形搞自流和半自流输送

国内外的大多数选矿厂都是利用地形搞半自流输送,这样可少占农田,减少泵的台数和环节。自然地形坡度在15%以上时,搞自流输送是有利的。如果地形坡度小,就要搞人造坡度,土建费用将增加,这时就要进行经济比较。

C　起重设备小型化是国外选矿厂内起重机发展的趋势

由于选矿设备材质好、耐磨和使用周期长,减少了检修的工作量,已从过去的整体吊装设备改为局部吊装组合件,节省了基建投资。

1.1.4.4　选矿厂的自动化

生产过程自动化是设计现代化选矿厂的重要标志,其对于改善选矿作业条件、保持生产稳定、提高技术经济指标,起着十分重要的作用。近年来,由于计算机的发展、应用以及选矿设备大型化,使生产过程自动化达到了新的水平。根据选矿过程的特点和我国的国情,国内各选矿厂目前主要采用分散自控,并将逐步实现生产过程全面自动化。

自动化的投资少,收效大。采用自动控制,可以使设备的处理能力提高10%～15%,成本降低3%～5%,自动化的投资可在1～2年内返本。但自动化的实现需要极强的技术支持及保障力量,否则自动化系统很难保持长时间正常运行。这是必须引起重视的问题。

1.1.4.5　重视节能与环保

选矿厂是能量消耗较多的工厂之一,其中又以破碎和磨矿设备最为突出,约占选矿厂能耗的40%～70%。因此,国内外设计和投产的选矿厂都十分重视节能。

节能措施在选矿厂的设计阶段要充分注意合理的能耗指标和规定,尽可能利用有利于节能的工艺、设备和设备配置。

采用自动控制,可以降低能耗10%左右;采用角螺旋衬板的磨矿机可以节能15%～20%;选用大型设备可以节能10%～30%。改进工艺流程也是重要的节能途径,例如粗粒抛掉尾矿、细磨时采用高频振动筛提高分级效率,可以使整个磨矿流程的能耗降低15%～30%。

由此可见,选矿厂节能不是孤立的项目,而是和工艺、设备的改进紧密相关的。

选矿厂的环保内容主要是减少排出的废水对江河湖海的污染;加强除尘设施,防止大气污染;还要减少厂内噪声。

首先是厂内的污水应尽量不排放,进入工艺循环水使用。浮选厂的尾矿水送尾矿库经暴晒和加药处理后,返回选矿厂使用,少量必须排放的污水要经过处理,达到国家排放标准。其次是加强除尘设施,在易产生灰尘的皮带运输机、碎矿机和筛分机上采用密封罩,设通风除尘,以及喷水降尘等措施,使厂内空气质量达到国家标准。再其次是噪声问题,它会给人们的生理和健康带来很大影响,必须引起足够的重视。选矿厂设备的运转噪声,都超过了人们所能接受的分贝水平。对建筑环境的改善和设备的密封,处理噪声源,减少或隔离噪声传播途径,可以取得降低噪声的明显效果,噪声水平可以降低到人们能够接受的范围。最好的方法是遥控和闭路电视监控车间生产,使操作人员脱离噪声环境。

1.1.4.6　设计过程电脑化

选矿厂设计过程电脑化是指在选矿工艺设计中,用计算机进行计算和绘图。其主要内容包括:工艺流程计算、实验数据处理、CAD绘图等。

　　计算机在矿物加工工程中的应用始于20世纪50年代末期。早期的应用在于建立过程的模型和工厂的最佳化，而后发展到选矿厂控制。

　　20世纪70年代末和80年代初，计算机开始用于工艺流程计算和绘图。由于它具有速度快、质量高，且可使设计内容深化等特点，因而掀起了一个选矿工艺流程计算电脑化、CAD绘图的研究高潮。国内外设计院、科研机构、高等院校先后出现了各式各样选矿设计软件，包括破碎、磨矿、选别等数质量流程和矿浆流程的计算程序及其各车间绘图软件，特别是开发出了从设备选择、计算、方案比较到绘出磨浮主厂房平、断面图的"一体化"通用程序包。目前，已有专家系统在选矿厂设计方面的应用研究，并取得了显著效果。尽管如此，目前设计过程的电脑化仍处在发展中，有待进一步完善和提高。

1.2　选矿厂设计的步骤和内容

　　选矿厂设计是以选矿工艺专业为主体，其他有关专业相辅助，共同完成的整体设计。作为矿山基本建设中的关键环节，需要在建设程序的各个阶段均参与其中。它的工作步骤可分为3个阶段：设计前期工作阶段，设计工作阶段，设计后期工作阶段。

1.2.1　选矿厂设计前期工作

　　设计前期工作阶段一般包括建厂条件调查、选矿厂建设规划、厂址选择、初步可行性研究、可行性研究、矿产资源开发利用方案、项目申请报告、设计招标投标、签订相关协议、项目评估等工作，为项目建设的决策提供科学依据。

　　选矿厂设计前期工作一般只有初步可行性研究、可行性研究或融资可行性研究、矿产资源开发利用方案和项目申请报告，需要设计部门编制正式的设计文件；对于建厂条件调查、选矿厂建设规划、厂址选择等设计前期工作内容是否需要专门编制设计文件，可根据具体情况决定。此外，为了充分做好设计准备，设计部门还必须配合相关建设部门做好以下建设前期工作：

　　（1）配合地质勘探部门制定工业指标（草案）、审定地质勘探总结报告、测量厂区地形、勘察工程地质及水文地质、采样设计等。

　　（2）了解采场出矿类型、品级、性质及供矿情况。

　　（3）提出委托科研试验任务要求，并配合或参加选矿试验研究。

　　选矿厂建设规划的主要目的是为国家、地区、部门的发展规划、可行性研究提供依据。选矿厂建设规划要解决的主要问题是：在基本探明资源及初步摸清建设条件的情况下，根据矿石储量、矿石类型和性质、可能的开采方案、可选性试验成果、外部条件，初步提出建设规模、生产年限、选别方法、原则流程、产品方案和用户、集中或分散建厂、一次或分期建设以及相应厂址等的可能方案；初步估算建设投资，并对建厂经济效益作出初步评价。

　　选矿厂建设规划应包括以下主要内容：

　　（1）规划的必要性和依据。

　　（2）资源情况的简述。

　　（3）选矿厂外部建设条件简单述评。

（4）选矿试验成果的评价。

（5）选矿厂建设规模、厂址、产品及用户、工艺原则流程、关键性设备、环境治理、水土保持、安全卫生等设想。

（6）选矿厂主要项目组成、建设进度安排、建设投资、劳动定员、经济效益的初步估计。

（7）存在问题及建议。

（8）绘制选矿厂厂区布置简图和厂区的交通位置图。

（9）改扩建选矿厂的建设规划，除应达到上述新建选矿厂的内容外，还需补充原有选矿厂的生产现状、改扩建的理由与依据等内容。

可行性研究是对项目在技术上是否可行和经济上是否合理进行科学的分析和论证。通过对建设项目在技术、工程和经济上的合理性进行全面分析论证和多种方案比较，提出评价意见。

根据国家对工业建设项目可行性研究编制内容的规定，结合选矿工程的具体情况，选矿厂建设项目可行性研究报告一般要求具备以下内容：

（1）总论部分。包括：①报告编制依据（项目建议书及其批复文件，国民经济和社会发展规划，行业发展规划，国家有关法律、法规、政策等）；②项目提出的背景和依据（项目名称，承办法人单位及法人，项目提出的理由与过程等）；③项目概况（拟建地点，建设规划与目标，主要条件，项目估算投资、主要技术经济指标）；④问题与建议。

（2）建设规模和建设方案。包括：①建设规模；②建设内容；③建设方案；④建设规划与建设方案的比选。

（3）市场预测和确定的依据。

（4）建设标准、设备方案、工程技术方案。包括：①建设标准的选择；②主要设备方案选择；③工程方案选择。

（5）原材料、燃料供应、动力、运输、供水等协作配合条件。

（6）建设地点、占地面积、布置方案。包括：①总图布置方案；②场外运输方案；③公用工程与辅助工程方案。

（7）项目设计方案。

（8）节能、节水措施。包括：①节能、节水措施；②能耗、水耗指标分析。

（9）环境影响评价。包括：①环境条件调查；②影响环境因素；③环境保护措施。

（10）劳动安全卫生与消防。包括：①危险因素和危害程度分析；②安全防范措施；③卫生措施；④消防措施。

（11）组织机构与人力资源配置。

（12）项目实施进度。包括：①建设工期；②实施进度安排。

（13）投资估算。包括：①建设投资估算；②流动资金估算；③投资估算构成及表格。

（14）融资方案。包括：①融资组织形式；②资本金筹措；③债务资金筹措；④融资方案分析。

（15）财务评价。包括：①财务评价基础数据与参数选取；②收入与成本费用估算；③财务评价报表；④盈利能力分析；⑤偿债能力分析；⑥不确定性分析；⑦财务评价结论。

（16）经济效益评价。包括：①影子价格及评价参数选取；②效益费用范围与数值调整；③经济评价报表；④经济评价指标；⑤经济评价结论。

（17）社会效益评价。包括：①项目对社会影响分析；②项目与所在地互适性分析；③社会风险分析；④社会评价结论。

（18）风险分析。包括：①项目主要风险识别；②风险程度分析；③防范风险对策。

（19）招标投标内容和核准招标投标事项；

（20）研究结论与建议。包括：①推荐方案总体描述；②推荐方案优缺点描述；③主要对比方案；④结论与建议。

（21）附图、附表、附件。

选矿工艺专业在可行性研究中的工作内容和深度大致如下：

（1）简述选矿厂设计依据、规模、服务年限以及矿山供矿条件。

（2）简述矿床与矿石类型、矿石的选矿工艺矿物研究结果。

（3）简述和评价选矿试验。

（4）根据选矿试验资料及其他有关资料，通过方案比较推荐选矿工艺流程、产品方案、选别指标、工作制度、主要工艺设备。

（5）描述选矿工艺生产过程。

（6）进行厂房布置和设备配置。

（7）确定生产过程机械化和自动化的水平及辅助设施项目（如试验室、化验室、技术检查站、药剂储存、制备与添加、钢球储存与添加、鼓风及压风机房、维修站等）。

（8）提出动力、主要材料消耗和劳动定员。

（9）绘制工艺流程图、选矿设备形象联系图、工艺建（构）筑物联系图及主要生产车间设备配置图等。

（10）提出存在问题及解决途径。

按照《国务院关于投资体制改革的决定》要求，政府不再审批企业投资项目的可行性研究报告，只对应报政府核准的投资建设项目，主要从维护经济安全、合理开发利用资源、保护生态环境、优化重大布局、保护公共利益、防止出现垄断等方面进行审查核准。因此，凡需报国家发展改革委核准的企业投资建设项目，都应编写项目申请报告。

项目申请报告，是企业投资建设应报政府核准的项目时，为获得项目核准机关对拟建项目的行政许可，按核准要求报送的项目论证报告。项目申请报告可按照国家发展改革委发布的《项目申请报告通用文本》的要求进行编写。企业在编写具体项目的申请报告时，可结合项目自身的实际情况，对通用文本中所要求的内容进行适当调整；如果拟建项目不涉及其中有关内容，可以在说明情况后不再进行详细论证。

1.2.2 设计工作

根据我国现行基本建设程序和有关规定，设计工作阶段一般分为初步设计和施工图设计。对矿石性质特别复杂的大型选矿厂，或采用新工艺、新设备的选矿厂，或涉外工程选矿厂，多按基本设计和施工图两个阶段开展设计工作，必要时，在基本设计前增加一段特定深度的设计阶段；对矿石性质简单，工艺流程成熟可靠，并有类似选矿厂的生产实践作参考的中、小型选矿厂，也可按"方案设计"和施工图设计两个阶段进行或在融资可行性研究的基础上，直接开展施工图设计工作。

初步设计是在主管部门核准的项目申请报告（仅大型、重点工程需要）及建设单位批准的项目可行性研究报告之后进行的，它是将项目申请报告及可行性研究的原则问题具体化的一项设计。

对可行性研究报告中所确定的主要设计原则和方案，如建厂规模、服务年限、产品方案及用户、厂址、供矿方式、选矿方法或原则流程、交通运输、供水、供电、机修、装备水平、投资控制、建设进度等，初步设计中一般不应变动。确因设计基础资料或其他重要条件发生较大变化，使原来确定建厂的主要设计原则和方案有较大的变化或不能成立，或因初步设计概算大于可行性研究投资估算的允许限额（一般为 10%），此时应在充分的技术经济论证的基础上，将拟变动的内容呈报原审批单位审批，履行批准手续之后方能在初步设计中变更。经批准的初步设计和总概算，是控制建设工程拨（贷）款、编制基建投资计划、签订建设项目总包合同和贷款总合同、实行投资包干、组织主要设备订货、进行施工准备以及编制施工图设计（或基本设计）文件等的依据。

编制初步设计应遵循的原则是：

（1）必须遵照国家规定的基本建设程序，并根据批准的设计任务书所确定的内容和要求进行编制。

（2）必须遵照国家和上级部门制订的法规和技术政策，执行有关的标准、规范和规定。

（3）必须履行设计合同所规定的有关条款。

编制初步设计内容的深度应满足下列要求：

（1）为主管部门或委托单位提出可供比较选择的方案，推荐最优方案供上级主管部门审批。

（2）为控制基建投资、开展工程项目投资包干、承包招标以及编制基建计划提供依据。

（3）为主要设备和材料的订货提供依据。

（4）据此签订土地征购、居民搬迁等协议。

（5）据此指导和编制施工图设计。

（6）据此开展施工组织设计、施工准备和生产准备。

选矿厂初步设计是在工程负责人的组织下，各专业分篇编写其专业说明书、绘制设计图纸、编制设备清单及概算表，然后由工程负责人组织有关专业汇总成设计文件。

初步设计文件一般分成四卷：第一卷说明书；第二卷设计图纸；第三卷设备表；第四卷概算书。

选矿工艺设计是选矿厂设计的主要组成部分。根据有关规定和设计实践，选矿厂初步设计的主要内容包括：

（1）概述。主要说明选矿厂设计的依据、设计规模、服务年限、厂址的主要特点及需要特别说明的问题。

（2）矿床与矿石类型。简述矿床类型、矿石类型、品级、质量情况等。

（3）矿山供矿条件。简述原矿开采条件、开采方法、运输方式，供给选矿厂的原矿品种类型，各时期采出的原矿量及品位，原矿中混入废石（夹石、顶板、底板、围岩）的种类、品位及混入率；原矿中含泥率与含水率、原矿粒度等。

（4）矿石的选矿工艺矿物研究。主要包括下列内容：

1）矿石的化学成分及含量：列出各种矿样的有用、有害、造渣及可综合利用的化学元素及其含量、烧损等。此外，还应列出废石（夹石、顶底板围岩）的主要化学成分及含量。

2）矿石的矿物组成及含量：列出各种矿物的种类、含量、有益和有害元素的赋存状态及其在各主要矿物中的分布。

3）原矿的粒度组成及金属分布。

4）矿物的结构及嵌布粒度特性。

5）矿石的理论选矿指标分析。

6）矿石和矿物的主要物理、化学性质及其他工艺参数：简述矿石和矿物的密度、松散密度、比磁化系数、电导率、可浮性、泥化程度、矿石的安息角和摩擦系数、破碎和磨矿功指数（或可磨度）及其他必要的物理性质、化学性质、工艺参数的分析测定数据，必要时还应列出废石的有关数据。

（5）选矿试验研究及对试验的评价。主要说明进行试验的依据、试验规模（列出主要设备规格、性能）、各种选矿流程试验结果与推荐流程，主要产品检查分析结果、有关部门的鉴定结论；同时扼要地叙述矿样代表性、试验的内容和深度，以及是否可作为设计的依据，并说明试验存在的问题和解决的意见等。

（6）产品方案与设计工艺流程。说明产品品种、数量和质量指标，确定设计工艺流程的原则和依据，流程结构的特点，工艺流程的方案比较等；论述设计中所采用的新工艺、新设备、新药剂的合理性、可靠性以及特殊要求；论述综合回收、综合利用的情况；说明确定选别指标（主要指原矿和最终产物的指标）的原则、方法和依据，调整试验指标的说明，并列出主要选别指标；制订工艺数质量流程图及工艺矿浆流程图。

（7）工作制度与生产能力。说明矿山开采与原矿运输工作制度；选矿厂年工作天数，各车间每天工作班数及每班工作小时数；根据选矿厂规模、工作制度、设备作业率，计算各车间的日、小时处理量。

（8）主要工艺设备的选择与计算。根据选矿厂的规模、矿石性质，确定设备的类型、规格、型号；根据设备技术性能和生产或工业试验能力，采用定额或公式计算设备数量、负荷率并进行方案比较；评价选矿厂机械化装备水平，列出主要设备的规格和作业指标。

（9）矿仓。简述各种矿仓的形式、有效容积、贮存时间、排矿方式（或装车方式）及设备。

（10）厂房布置与设备配置。简述矿石预选、破碎筛分、磨矿分级、选别、浓缩、过滤、干燥、药剂制备、矿仓、包装等厂房（间、室、站）的组成，工艺厂房平面布置特点；选矿厂与矿山开采、运输的衔接情况，厂内外物料运输方案及运输系统，叙述各厂房连接关系及生产过程；评述设备配置方案的特点及其技术经济比较结果。

（11）药剂设施。说明选矿作业添加药剂的种类、浓度、地点、单位消耗及总消耗量；药剂的贮存、运输、制备；药剂的添加方式、药剂工作制度等。

（12）辅助设施。一般需要说明矿浆输送设施、检修设施（包括各厂房检修装备水平及设备）、设备过铁保护和金属探测器等生产保护设施、回水利用设施、压气设备等。

（13）自动控制、通讯及信号。简述自动控制（包括计算机）的设置原则，自动控制项目及要求达到的技术水平，选矿厂通讯、信号、联络系统的设置要求。

（14）技术检查、试验室及试料加工。简述技术检查监督站的组成及工作制度；取样、检测和计量设施；试验室及试料加工的任务、范围、组成及工作制度，试验室设备仪表、化验方法、化验工作量等。

（15）存在问题及建议。扼要说明设计原始条件、基础资料，试验研究及设计中存在的主要问题，并提出解决这些问题的建议意见。

初步设计说明书中，还应编制下列表格：

（1）主要技术经济指标表。

（2）工艺设备性能订货表。

（3）劳动定员表。

（4）主要材料、水、动力、燃料等消耗表。

（5）单位工程概算表。

初步设计还应附有下列图纸：

（1）工艺数质量和矿浆流程图。

（2）取样流程图。

（3）设备形象联系图。

（4）工艺建（构）筑物联系图。

（5）主要厂房设备配置图。

施工图设计是在初步设计已经过上级主管部门审查批准的情况下进行的。在编制施工图设计之前，应具备下列基本条件：

（1）初步设计已经上级主管部门审查批准。

（2）初步设计遗留的问题和审查初步设计时提出的重大问题已经解决。

（3）施工图设计所需的地形测量、水文地质，工程地质详勘资料已经具备。

（4）主要设备订货基本落实，并已具备设计所需设备资料。

（5）已签订供水、供电、外部运输、机修协作、征地等协议。

（6）已经了解施工单位的技术力量和装备情况。

（7）施工图设计所需的其他资料已经具备。

施工图设计应达到如下基本要求：

（1）满足设备、材料订货要求。

（2）满足非标准设备和金属结构件制作的要求。

（3）作为施工单位编制施工预算和施工计划的依据。

（4）可据以进行施工。

（5）作为施工、竣工投产与工程验收的依据。

选矿厂施工图设计一般要绘制下列各类图纸：

（1）如对初步设计有所改变时，必须绘制工艺数质量流程图、矿浆流程图、设备形象联系图、工艺建（构）筑物联系图，否则不予绘制。

（2）厂房（含各类生产厂房）、矿仓、转运站、砂泵站、药剂制备间、试验室、设备配置图。

（3）设备或机组（含各类主要设备、带式运输机、两种以上设备组成的机组）的安装图。

（4）金属结构件的安装图。

（5）金属结构件的制造图。

（6）非标准零件制造图。

（7）配管图（含各种矿浆、药剂、抽风、压气等管道配置安装）。

（8）配槽图（含各种矿浆溜槽的制造、安装）。

在施工图设计阶段，凡对初步设计有所修改或补充部分的项目，若以图纸尚不能充分表达设计意图，或者某些设计内容没有必要采用图纸来表达的，均应编制施工图设计说明书。

1.2.3　设计后期工作

设计后期工作一般包括：设计交底、施工服务、竣工验收、设计回访总结等。

项目开工前，由项目经理组织各专业人员向项目业主、施工单位、非标准设备制造单位等进行施工图设计交底，介绍设计内容、设计意图，重点讲清在施工、安装、非标准设备制造中的特殊技术要求和必须充分重视的问题，以便使施工人员和非标准设备制造人员更清楚地了解设计要求，确保工程施工和非标准设备制造的质量。设计交底中另外一项重要的工作就是会审施工图。会审施工图由设计单位与施工单位的人员共同进行，设计人员解释设计意图，施工单位人员提出在看图中发现的或不理解的问题，设计人员负责解释和解决施工图中存在的不清楚或不合理的问题。

在建厂施工阶段，一般设计单位应派人员驻入现场施工服务，配合施工单位进行施工。施工服务的主要内容一般有以下几项：

（1）配合施工，解决施工过程中遇到的设备或材料代用、工程质量及施工安装等方面的问题。

（2）补充、修改施工图设计中遗漏的、错误的部分，应及时发出设计变更通知书予以更正或补充，重大问题变化应履行有关规定程序。

（3）参加现场试车、投产、交工等工作。

设计单位在竣工验收工作中的主要任务是：了解施工、安装、非标准设备制造中对设计文件的要求及建议，施工、安装、非标准设备制造质量，并在交工验收文件上签署意见，履行竣工验收必要的手续。因此，项目经理或驻现场工作组代表，应充分掌握设计原则，理解设计意图，熟悉技术要求及某些特殊要求，通晓全部设计文件、资料，参加施工过程中的有关技术协调会议，协助做好竣工验收工作。

为了提高设计质量，避免在以后的设计中同类设计错误重复出现，提高设计人员的技术水平，在投产后适时进行设计回访总结是非常必要的。设计回访总结应由设计单位组织，到现场听取业主及施工单位对设计工作的反映意见，分专业进行设计总结，以普遍提高各专业的技术水平。选矿专业的设计回访总结应包括下列主要内容：

（1）工程项目设计简介（选矿厂建设规模、厂址、入选矿石性质、产品方案、工艺流程、主要设备、厂房布置及设备配置、综合技术经济指标及工程建设进度等）。

（2）建厂施工中发现的主要问题及处理办法。

（3）在试车投产中遇到的主要问题及解决办法。

（4）在今后设计中应注意避免的问题。

（5）通过施工、试车投产验证为较好的成功设计经验，总结后进行推广。

1.3　设计所需的基础资料

1.3.1　选矿厂设计所需的基础资料

设计作为工程建设的一个关键环节，必须在获取充足而又可靠的原始资料的基础之上进行。因此，设计所需基础资料是设计中的一个重要组成部分。设计人员必须深入现场，进行广泛而深入的调查研究，参加采样及试验工作，认真听取各方面意见，进行科学细致的分析取舍，从而收集到充足可靠的设计基础资料，作为设计的依据。

选矿厂设计用的基础资料包括：

（1）经投资主管部门批准的可行性研究报告及其他有关的设计前期工作形成的文件资料，包括建设规划、厂址选择报告和与选矿厂建设有关的协作关系或协议书等。

（2）与设计有关的地质方面资料。包括经政府有关部门审查批准的地质勘探报告，地勘单位的矿石可选性试验报告、岩矿鉴定资料、矿床及矿石性质等。

（3）与设计有关的采矿方面资料。包括矿床的开拓方案及采矿方法、出窿（露天）矿石的种类和品位、逐年出矿量、矿山服务年限、原矿供矿运输方式、运输设备及工作制度、运输距离、出矿坑口标高、矿石性质（密度、安息角、硬度、含水含泥量、原矿最大块粒度）等。

（4）选矿试验研究报告。

（5）精矿产品资料。包括精矿用户、产品方案，用户对精矿质量的要求，精矿运输的方式及距离，运输设备及精矿储存时间等。

（6）有关的原材料资料。如选矿生产用的药剂、原材料、燃料等的来源及分析资料。

（7）工程地质和水文地质资料。包括企业区域气候资料、主导风向、风速、最高最低气温、平均气温、降雨量、冻结时间及深度；土层分析与物理性质、地基承载力、地下水位及水质、地震烈度，有无滑坡断层分布，地下有无溶洞及可利用的矿产资源等。

（8）设备和原材料单价表。

（9）地形图。初步设计阶段需 1：2000～1：1000 地形图，施工图设计阶段需 1：500 地形图。

（10）与设计有关的外部运输、供电、建筑、机械加工及修配能力等方面的资料。

（11）居民和自然条件。居民、农田、农作物分布情况等。

（12）改扩建选矿厂除应具备上述基础资料外，还应具备下述资料：

1）原有选矿厂的工艺流程、历年对生产流程改进的试验研究资料，近期各项平均生产指标。

2）原有选矿厂近期处理原矿的性质：最大块粒度、废石混入率、含泥含水量、密度、松散密度、化学分析结果等。

3）原有选矿厂的主要设备、辅助设备的性能、数量、完好状况等。

4）原有选矿厂的设备配置图、地面建筑物构筑物总平面布置图，地下的管网、电缆线路布置图等。

5）原有选矿厂的生产消耗指标、劳动组织、定员及劳动生产率、车间工作制度等。

6）原有选矿厂的辅助设施，如机修、化验、试验、仓库、药剂制备、尾矿设施、供水供电等的装备及使用情况。

7）原有选矿厂的经验总结及对改扩建项目的意见及一些必要的实测资料。

此外，为了统一工业企业基本建设的要求，国家制定了一系列的法律、法规和技术规范，设计工作必须严格遵守。这些法律、法规和技术规范统称为设计规范资料，选矿厂设计的规范资料可分为工艺和预算、技术经济两个部分。

1.3.2　地质勘探和选矿试验资料的深度及内容

经审查批准后的地质勘探报告及选矿试验报告是进行选矿厂设计的主要依据。设计人员必须对这些资料进行深入细致的研究，保证资料的深度及内容满足设计要求。若发现深度及内容不能满足要求时，可以提请相关部门进行补充，以达到设计要求。

1.3.2.1　地质勘探工作的深度及内容的要求

矿山设计必须根据政府有关部门审查批准的地质详细勘探报告进行，地质详细勘探报告的内容应符合国家有关规范的要求并须有规定数量的储量。

地质勘探工作的深度由提供的储量等级来体现。按照国家标准《固体矿产资源/储量分类》（GB/T 17766—1999），各级储量的级别条件规定见表1-1。目前选矿厂设计时一般按照333类型以上资源量作为设计资源量。

表1-1　固体矿产资源/储量分类表

地质可靠程度分类 类型经济意义	查明矿产资源			潜在矿产资源
	探明的	控制的	推断的	预测的
经济的	可采储量（111）			
	基础储量（111b）			
	预采储量（121）	预可采储量（122）		
	基础储量（121b）	基础储量（122b）		
边际经济的	基础储量（2M11）			
	基础储量（2M21）	基础储量（2M22）		
次边际经济的	资源量（2S11）			
	资源量（2S21）	资源量（2S22）		
内蕴经济的	资源量（331）	资源量（332）	资源量（333）	资源量（334）？

注：表中所用编码（111～334）；

第1位数表示经济意义：1—经济的，2M—边际经济的，2S—次边际经济的，3—内蕴经济的，？—经济意义未定的；

第2位数表示可行性评价阶段：1—可行性研究，2—预可行性研究，3—概略研究；

第3位数表示地质可靠程度：1—探明的，2—控制的，3—推断的，4—预测的。b—未扣除设计、采矿损失的可采储量。

1.3.2.2　选矿试验工作深度及内容的要求

选矿试验资料是选矿厂工艺设计的主要依据，选矿试验成果不仅对选矿厂设计的工艺流程、设备选型、产品方案、技术经济指标等的合理确定有直接影响，而且也是选矿厂投产后能否顺利达到设计指标和获得经济效益的基础。因此，为设计提供依据的选矿试验，必须由专门的试验研究部门按照有关规定，在保证试样代表性的前提下进行试验研究，得出结果。选矿试验报告则应按有关规定，经审查批准后才能作为设计的依据。

选矿试验结果的可靠性，除取决于试样代表性及试验工作本身的质量外，还与试验的规模有密切关系。选矿试验的规模按深度和要求划分，大致分为下面几类：

（1）可选性试验。可选性试验通常由地质勘探部门在地质普查、初勘和详勘阶段，在试验室装置或小型试验设备上进行，一般不能用作为选矿厂设计的依据，而是用作为矿床评价的依据。

（2）试验室小型流程试验。试验室小型流程试验是在矿床地勘完成之后，进行可行性研究或初步设计之前，由专门的试验研究部门进行。它试验规模小，试料少、灵活性大，人力物力花费较少，可在较大范围内进行广泛的探索，而且它的试料容易混匀，分批操作条件易于控制，因此是各项试验中最基本的试验。

（3）试验室扩大连续试验。试验室扩大连续试验是在小型流程试验完成之后，根据小型流程试验确定的流程，用试验室设备模拟工业生产过程的连续试验。与小型流程试验相比，扩大连续试验模拟性较好，可靠性较高。

（4）半工业试验。半工业试验是在专门建立的半工业试验厂或车间进行的，试验可以是全流程的连续，也可以是局部作业的连续或单机的半工业试验。它主要是验证试验室试验的工艺流程方案，并取得近似于生产的技术经济指标，为选矿厂设计提供可靠的依据，或为进一步做工业试验打下基础。

（5）工业试验。工业试验是在专门建立的工业试验厂或利用生产厂的一个系列进行局部或全流程的试验。由于工业试验的设备、流程、技术条件与生产或今后的设计基本相同，故技术经济指标和技术参数比半工业试验更为可靠。

（6）选矿单项技术试验。选矿单项技术试验包括单项新技术试验和单项常规技术试验，其中单项新技术试验包括新设备、新工艺、新药剂、新材料等的试验。

由于选矿试验的深度要求与矿石性质的复杂程度，拟采用的工艺方法和拟建选矿厂的生产规模有关，故作为设计依据的选矿试验深度就有着不同的要求。当进行初步设计时，对选矿试验的深度要求见表1-2。若设计中要采用新设备、新工艺、新药剂时，需进行单项技术试验，其深度要求视具体情况确定。

对重大项目和特殊项目，在必须增加技术设计阶段时，则根据下列资料进行设计：易选和较易选矿石应有半工业试验资料，难选和极难选矿石应有工业试验资料。

表 1-2　选矿设计对选矿工艺流程试验规模的要求

序号	矿石可选性	矿 石 类 型	选矿厂设计规模	设计阶段	
				可行性研究	初步设计
1	易选矿石	原生磁铁矿，有色金属单一硫化矿，硫化铁矿，磷灰石矿	大	小型流程试验	扩大连续试验
			中	小型流程试验	小型流程试验 扩大连续试验
			小	可选性试验 小型流程试验	小型流程试验
2	较易选矿石	有色金属硫化铜钼矿、铅锌矿，一般的铜铅锌矿，伴生硫化矿的磁铁矿，变质磷灰岩矿，光卤石矿	大	小型流程试验 扩大连续试验	扩大连续试验 半工业试验
			中	小型流程试验	小型流程试验 扩大连续试验
			小	可选性试验 小型流程试验	小型流程试验
3	难选矿石	赤铁矿、镜铁矿、褐铁矿、菱铁矿、弱磁性和磁铁矿混合矿，微细粒嵌布磁铁矿，含多金属铁矿石，氧化锰矿，铬铁矿，复杂嵌布的铜铅锌矿，一般的锡石硫化矿，有色金属单一氧化矿，硅质型胶磷矿，钙质型胶磷矿，钒钛磁铁矿（综合回收）	大	扩大连续试验	扩大连续试验 半工业试验
			中	小型流程试验 扩大连续试验	扩大连续试验 半工业试验
			小	小型流程试验	扩大连续试验
4	极难选矿石	微细嵌布弱磁性铁矿石及弱磁性矿物和磁铁矿混合矿石，鲕状赤铁矿，稀土铁矿石，含砷锡铅锌磁铁矿，碳酸锰矿，有色金属难选氧化矿，细粒锡石硫化矿，硅钙质型胶磷矿	大	扩大连续试验 半工业试验	半工业试验 工业试验
			中	扩大连续试验	扩大连续试验 半工业试验
			小	小型流程试验 扩大连续试验	扩大连续试验
5		脉锡、脉钨、残积、坡积及其他类型的钨、锡矿床，钛铁矿等砂矿	大	小型流程试验 设备扩大试验	半工业试验 工业试验
			中	小型流程试验 设备扩大试验	设备扩大试验 半工业试验
			小	小型流程试验	设备扩大试验
6		冲积矿床的矿石	大、中、小	重砂流程试验	重砂流程试验

选矿试验报告通常应包括下列内容：

（1）试验任务的来源、目的及要求。

（2）试样代表性的评价。

（3）原矿物质组成和矿石性质研究的主要结果。矿石性质是选择选矿方法的重要依据，设计人员在确定选矿厂建设方案时，不仅依据试验工作的结论，在许多问题上还需参考现场生产经验作出独立的判断。

（4）选矿试验（包括碎磨、选别、脱水）的基本情况和结果。包括试验方案的选择、试验设备、试验条件、产品（包括某些中间产品）的分析检查结果、条件探索试验和连续稳定试验结果（包括工艺数质量矿浆流程图、试验设备形象联系图）。

（5）尾矿性能试验及结果。

（6）环保试验结果。

以上两项（5，6）必要时可另行编写。

（7）技术经济分析。

（8）结论。包括试验结果的评述，推荐意见、存在问题及有关建议。

（9）有关附件。

1.4　厂　址　选　择

选矿厂的厂址选择（包括水源地及生活区等）是选矿厂设计前期工作中一项政策性很强的综合性技术经济工作。它必须贯彻国家经济建设的各项方针政策，满足工艺要求，充分体现生产与生活的长期合理性。选择确定厂址时，设计人员应该深入现场，进行多方面的调查研究，进行细致的多方案技术经济比较，以确定最优的厂址方案。

1.4.1　厂址选择的原则

（1）正确处理好选矿厂厂址与矿山及冶炼厂的联系。由于选矿是采矿与冶炼之间的中间环节，因此需考虑选矿厂是靠近矿山还是靠近冶炼厂的问题。通常由于选矿厂的精矿运输量小，原矿运输量大，应就矿建设选矿厂，此时选矿厂的尾矿堆存问题也易解决，还能回收粗粒尾矿回填矿山采空区。但对处理富矿或精矿产率较高的多金属选矿厂，当精矿用户与矿山距离很近，或由于水、电、燃料供应和运输费用等原因，也可靠近用户，或者建在用户厂区内，使选矿厂的精矿仓与用户的贮矿仓合为一体，以节省基建费用。对某些贵金属精矿，为避免散装运输的途中损耗，或精矿必须干燥而用户又有废热可供利用时，选矿厂也可靠近用户，甚至将选出精矿用管道直接输送至用户进行脱水处理。矿产资源分散，要求而且有条件集中建立选矿厂时，则需要在用户和矿山之间合理选择厂址，以求原矿和精矿两者综合运费最低。靠近矿山建厂时，选矿厂厂址不得设在采矿设计崩落区内以及有断层、溶洞、滑坡、泥石流等不良工程地质地段，应避免选在矿体上、磁力异常区内。

（2）生活居住区、文教区、水源保护区、名胜古迹保护区、文物保护区、风景游览区、温泉疗养区和自然保护区等界区内不得建厂。

（3）厂址应有良好的工程地质条件。厂址不应在断层、滑坡上或洪水位下，厂址上不应有溶洞、淤泥、坑岈、古井等不良地质条件。厂区土壤承载能力一般要求大于$100kN/m^2$，破碎、主厂房、矿仓等重型建筑地段要求大于$200kN/m^2$。厂址地下水位不宜过高，以降低基础工程的复杂性和基建费用。不宜在地震烈度九级以上地震区或三级以上湿陷性黄土层区内建厂，如果在地震烈度较大的地区建厂，则要考虑相应的抗震设防措施。

（4）充分利用自然地形。厂址的地形地貌要尽可能地适合选矿厂工艺流程的需要。厂址的地形条件，除必须满足场地面积要求外，最好能实现选矿厂主矿流自流。破碎筛分厂的自然地形坡度宜为 25°左右，主厂房宜为 15°左右，平地建厂宜为 2°～3°。

（5）要贯彻节约用地的原则。不论是在山坡还是在平地建厂，在满足生产需要的前提下，少占地，不占或少占耕地。

（6）合理考虑供水、供电条件。选矿厂用水量大，部分作业对水质也有要求，故在确保水质、水量满足生产及生活要求的前提下，厂址要尽可能靠近水源地，避免往高处大量泵水，且不应与农业争水。选矿厂要有可靠的电源，凡有条件利用电网供电的要尽量利用电网供电，避免自建电站而增加投资和经营管理费用。

（7）要有适宜的交通运输条件。选矿厂的原矿、精矿及各种消耗物资都应有便利的运输条件，要尽可能地做到便于与最近的铁路或公路干线相通，以利于施工建设与长期生产和生活的方便。

（8）选择选矿厂厂址时，要重视与尾矿堆存场地的关系，尾矿库的位置要尽可能靠近选矿厂，以节省尾矿输送费用。原矿与产品的运输条件及地形、供水、供电、交通、燃料供应和尾矿堆存、工程地质条件等因素应综合考虑，并应通过多方案技术经济比较，推荐合理的厂址。

（9）要重视环境保护，厂址应尽可能选在城镇或居民区的下风向，最大限度地避免选矿厂的各种污染物对城镇居民区的污染。

（10）对有发展前景的矿山，选矿厂厂址应考虑有扩建的场地。

1.4.2 厂址选择的步骤

（1）准备工作。根据项目建议书中诸如建厂规模、矿区位置、开采方法、产品方案、交通运输等基础资料，采用扩大指标或参照类似选矿厂的实际指标，粗略地确定出选矿厂各主要车间的平面尺寸及有关的工业和民用场地；然后在已有的区域位置地形图、气象、水文和交通运输及建筑材料供应等资料的基础上，拟出总图布置方案；再根据原矿供应、精矿运输、尾矿处理、供水、供电等多方面综合分析，拟定出几个可能的厂址方案。

（2）现场踏勘。一般区域地形图的比例为 1:10000 或 1:50000，地形地貌反映不甚准确、清晰，尤其是地形较复杂的地区。故需组织有关工艺、建筑、供水、供电、总图运输、尾矿处理、环境保护和技术经济等各专业人员，深入现场，进行实地踏勘。通过周密细致的调查研究，认真征求建设单位、当地政府部门及其他有关方面意见，相关专业的人员共同研究，得出 2～3 个有价值的方案供方案比较之用。

（3）方案比较及厂址选定。对有价值的方案进行充分的技术经济论证，通过综合评价，最终确定厂址。

厂址方案比较的内容包括：地理位置与城乡关系，占地面积（良田、荒地、山地），工程地质、水文地质条件，尾矿库容、堆存方式及运输条件，土石方工程量，拆迁村镇、民房、砍伐森林、树木情况，供排水、供电、供热、供燃料情况，交通运输及施工条件，机修、电修、汽修的外协情况，对自然环境的影响，当地政府部门对厂址的意见等。

经济指标比较的内容，主要是基建投资和经营费的比较。

（4）报批厂址及进行补充资料的工作。当选定厂址呈报上级主管部门或委托单位审查批准后，还要委托有关部门对选定的厂址做进一步的工作。通常要做的工作包括：厂址区域 1:500 或 1:1000 地形图的测绘；为满足外部供电架线、铺设水管或铁路所需的 1:2000 或 1:5000 带状地形图的测绘；进行工程地质和水文地质的详细勘测；厂区地震烈度和气象资料等的收集等，从而为研究设计工作提供更详细的资料。

根据我国具体情况，中、小型选矿厂或厂址条件简单的大型选矿厂可在编制可行性研究报告阶段同时进行厂址选择工作；对某些条件复杂的大型选矿厂，在编制可行性研究报告之前，一般先进行厂址选择并编制厂址选择报告，送上级主管部门或委托单位审批。

1.5　选矿厂规模的确定

1.5.1　选矿厂规模确定的原则

一般工业企业的规模，通常用一年中所生产的成品数量来表示。但选矿厂的规模不是用它每年能生产多少产品——精矿来表示，而是用选矿厂每年或每天所处理的原矿石数量来表示。这是因为处理原矿石数量相同的选矿厂，尽管它们处理原矿中有用成分的种类与含量不同，所获得的精矿数量也有较大差异，但是它们都具有规模大致相同的主要车间、辅助车间、辅助设施和管理机构。因此，用选矿厂处理的原矿石数量比用精矿产品数量，能更好地表明选矿厂生产的规模。

选矿厂的设计规模，要根据国家、地方和企业的建设需要，经可行性研究论证确定。在确定选矿厂的设计规模时，应考虑下列原则：

（1）根据国家对产品的需要，考虑地质资源、矿床赋存、选矿厂建设条件（如厂址、运输、供水、供电、燃料、材料及选矿药剂等）以及矿石加工工艺技术上的可能性和经济上的合理性。

（2）中、小型选矿厂可一次建成；大型选矿厂（特别是由地下开采的矿山供矿）一般要考虑分期建设、分系列建成投产的可能性，以便在短期形成生产能力，尽快发挥投资效果。

（3）矿产资源多而矿点相距比较远时，一般应考虑分散建厂；矿点相距较近、矿石性质基本相同时，可考虑集中建厂。建厂的分散或集中须根据具体条件并通过技术经济比较确定。

（4）在确定选矿厂规模时，应考虑选矿厂的服务年限。

1.5.2　选矿厂规模的划分及服务年限

1.5.2.1　选矿厂规模的划分

在设计不同规模的选矿厂时，为使确定生产和生活设施标准、技术装备水平及基本建设投资等方面有所遵循，按照国家有关现行规定及我国资源情况和矿石类型，将选矿厂的规模划分为大、中、小三种类型。划分标准见表 1-3。

1.5.2.2　选矿厂服务年限

选矿厂合理的服务年限一般按照 333 类型以上矿产资源量进行计算。选矿厂服务年限

表 1-3 选矿厂规模的划分

类 型	黑色金属矿选矿厂		有色金属矿选矿厂		岩金矿选矿厂
	$10^4 t/a$	相当于 t/d	$10^4 t/a$	相当于 t/d	t/d
大 型	≥200	≥6000	≥100	≥3000	≥500
中 型	60~200	1800~6000	30~100	900~3000	200~500
小 型	<60	<1800	<30	<900	<200

一般大型选矿厂不应少于 25 年；中型选矿厂不应少于 20 年；小型选矿厂不应少于 10 年。但对国家急需、经济效益好或附近有接续矿山时、简易的小型选矿厂、小富矿、开采条件较好的矿床及预测资源量较多的矿山，选矿厂服务年限可适当缩短。

❦❦❦❦❦❦❦❦❦❦❦❦❦❦❦❦❦❦❦❦❦❦❦❦❦❦❦❦❦❦❦❦

复习思考题

1-1 选矿厂设计的目的和意义是什么？

1-2 选矿厂设计是要遵循的基本原则有哪些？

1-3 选矿厂设计分为哪几个阶段，各个阶段的主要任务是什么？

1-4 可行性研究报告有哪些主要内容？

1-5 初步设计内容的深度应满足哪些要求？

1-6 选矿厂初步设计的主要内容有哪些？

1-7 编制施工图设计应具备哪些条件？

1-8 设计所需的原始资料包括哪些，最重要的原始资料有哪些？

1-9 厂址选择的原则有哪些，厂址选择步骤如何？

1-10 选矿厂规模确定的原则有哪些？

能力训练项目

认真阅读理解选矿厂初步设计阶段的选矿工艺篇设计内容，并编制一份小型浮选厂选矿工艺篇设计说明书编写大纲。

2 工艺流程的设计与计算

本章学习要点：

(1) 了解车间工作制度的分类。

(2) 了解影响工艺流程选择的因素。

(3) 掌握车间工作制度制定原则及小时处理量的计算公式。

(4) 掌握破碎筛分流程设计与计算的步骤、内容、计算公式。

(5) 掌握磨矿分级流程设计与计算的步骤、内容、计算公式。

(6) 掌握选别流程设计与计算的步骤、内容、计算公式。

(7) 掌握矿浆流程计算的步骤、内容、计算公式。

2.1 选矿厂工作制度与车间小时处理量的确定

2.1.1 选矿厂工作制度

在我国的工业企业中，工作制度一般采用两种，即连续工作制和间断工作制。连续工作制为全年连续生产，法定节假日不休息；间断工作制为全年间断工作，周六、周日及法定节假日（包括少数民族地区的地方节假日）休息，或全年 365 天生产，但采用每天一班制工作或两班制工作。

选矿厂一般采用连续工作制，即全年 365 天生产（包含设备维修）。选矿厂内各车间工作制度可以是相同的，也可以是不相同的。

选矿厂各车间设备的年作业率，是指设备全年实际运转小时数与全年日历小时数的比值，用百分数表示。设备作业率与外部运输、供电、供矿、供水、备品备件供应条件、机修电修条件、设备装备水平及车间性质等诸因素有关。我国现行选矿厂的设备年作业率列于表 2-1 中。

破碎车间的工作制度，一般应和采矿供矿的工作制度一致。破碎车间的设备年作业率，需视矿石性质（含泥量和水分等）、处理矿石的品种（一种或多种）、前后作业设备配套情况等因素确定，条件好的取大值。

磨矿、选别车间的工作制度，一般是每日三班，每班 8h。

精矿脱水车间的工作制度，一般与选别车间一致。但对于有色金属选矿厂，当精矿量

表 2-1 设备年作业率

车间或工段名称	工作制度		设备年作业率/%	全年开车小时数/h	作业率折算相当于		
	工作制度	年工作天数/d			年设备运转日数/d	日设备运转班数	班设备运转小时数/h
破碎、洗矿车间	间断	306	24.45	2142	306	1	7
			41.92	3672	306	2	6
			52.4~62.88	4590~5508	306	3	5~6
	连续	365	56.50~67.81	4950~5940	330	3	5~6
自磨、半自磨及选别车间	连续	365	85	7440	310	3	8
球磨、选别及精矿脱水车间	连续	365	90.40~93.15	7920~8160	330~340	3	8

很少、所选设备处理能力较大时，每日可工作 1~2 班。

2.1.2 车间小时处理量的计算

选矿厂各车间小时处理量，是根据各车间工作制度和设备作业率来确定的，按下式进行计算：

$$Q_h = \frac{Q_a}{T_a \eta} = \frac{Q_d}{T_d} \tag{2-1}$$

式中　Q_h——车间小时处理量，t/h；

　　　Q_a——车间年处理量，t/a；

　　　Q_d——车间日处理量，t/d；

　　　T_a——年日历小时数，$T_a = 8760h$；

　　　T_d——设备日运转小时数，h；

　　　η ——设备年作业率，见表 2-1。

各车间小时处理量是确定和计算各车间生产设备的主要依据，因此在设计时既要考虑提高设备作业率，减少设备台数，又要注意留有余地，以便适应今后矿石性质的变化及在原有设备的基础上扩大生产规模的可能性。

2.2 选矿厂工艺流程及选别指标的确定

2.2.1 影响工艺流程选择的因素

影响工艺流程的主要因素包括：

（1）原矿中有用矿物及脉石的物理性质和物理化学性质以及它们的嵌布粒度，对选别方法和选别流程的选择有着决定性的影响。例如，选别粗粒嵌布及矿物密度差较大的矿石，一般可采用重选法；当矿物之间磁导率相差很大时，可采用磁选法；当选别细粒嵌布和矿物的可浮性差别很大的矿石时，可采用浮选法。

（2）有用矿物和脉石的嵌布特性以及它们的共生关系，对选别段数和选别流程的选择有直接影响。例如，选别均匀嵌布和矿物共生关系简单的矿石，选别段数较少；选别不均匀嵌布的矿石，选别段数较多。又如选别细粒嵌布和共生关系复杂的矿石时，采用混合浮选流程比直接优先浮选流程更为经济。

（3）原矿中有用成分的种类及含量，对工艺流程的选择具有较大的影响。选择工艺流程的基本要求之一，就是要在技术可能、经济合理的条件下，保证矿石中各有价成分能得到最大限度的回收，特别是对国民经济发展具有重要意义的稀有金属和贵金属，应尽量回收。

（4）矿石在破碎磨矿作业中的泥化性能、围岩的风化程度和原生矿泥及可溶性盐类的存在，也影响选别段数、选别方法和工艺流程的选择。易于过粉碎或泥化的矿石，应增加选别段数。浮选含有因风化作用而生成大量的原生矿泥和可溶性盐类的矿石时，应采用矿砂和矿泥分别处理的流程。

（5）用户对精矿质量的要求，也影响到工艺流程的选择，有时还影响到选矿方法的选择。对精矿质量要求高，则必须增加精选次数；对含有稀有金属的重选粗精矿精选，根据对精矿质量的要求和粗精矿的矿物组成，可采用不同的选矿方法。

（6）选矿厂的规模，也是影响工艺流程选择的重要因素。一般说来，小型选矿厂不宜采用复杂的工艺流程。当其他条件相同时，选矿厂的规模越小，工艺流程越简单。

（7）建厂地区的技术经济和气候条件，也影响选矿方法和工艺流程的选择。例如在气候寒冷和缺水的地区，干法选矿的优越性就比较突出。

2.2.2　选矿厂工艺流程的确定

选矿厂的工艺流程，是整个选矿厂设计的关键部分。工艺流程设计得正确与否，将会直接影响未来选矿厂的建设和投产后的生产效果。选矿厂工艺流程是根据对该矿石所做的选矿试验结果和类似选矿厂生产实践资料而制定的。

对设计工艺流程的要求是：必须符合当前国家有关方针、政策和法律规定；技术上要先进可靠，经济上要合理，即所设计的选矿厂投产后要达到高产、优质、低消耗的目的。

在制定任何矿产资源的选别流程时，试验研究是决定矿山开发在经济上是否合理的主要依据。为此，在设计工艺流程前，必须根据矿产资源的复杂性和建厂规模进行不同规模的选矿试验：

（1）选矿试验必须拟定几个流程方案，通过试验进行全面的技术经济比较，择优推荐最佳流程方案。

（2）选矿试验报告中必须有下列数据：矿石的可磨度、磨矿细度、药剂制度、选别流程及各作业技术数据；综合回收流程及数据；原矿、精矿、尾矿的多元素分析结果。

（3）由于试验和生产条件有较大的差别，有些试验条件在生产中难以实现，有些生产中的现象在试验中又不易显示出来，遇到这种情况时，应以类似选矿厂生产实践资料来弥补试验的不足，设计出较合理的工艺流程。

2.2.3　选矿指标的确定

选矿指标包括各种有用成分的原矿品位、精矿品位和选矿回收率等，它是衡量选矿厂生产情况好坏的重要指标。

（1）原矿品位是采矿专业根据地质资源，结合开采方法、矿石贫化率等各种因素，向选矿专业提供的各生产年度采出矿石中有用成分的含量。精矿品位和回收率，一般是根据经过鉴定的选矿试验报告中所推荐的指标，同时考虑用户对精矿质量的要求及试验同生产实际的差异，结合生产实际可能达到的数值确定的。

（2）设计的选矿指标一般稍低于试验指标，两者间的差值视试验深度、矿石性质、工艺流程的复杂程度而定。

1）矿种单一、矿石可选性较好、工艺流程简单时，差值可小些，反之可适当增大。

2）小型闭路试验时，差值可大些；半工业性或工业性试验时，差值可小些。

3）若为硫化矿时差值可小些；为氧化矿时，差值可大些。

4）选铁矿石时，磁铁矿的差值可小些，赤铁矿的差值可大些。

5）选磷矿石时，磷灰石的差值可小些，胶磷矿的差值可大些。

2.3　碎磨流程的设计与计算

2.3.1　影响碎磨流程设计的主要因素

碎磨是矿石入选前的准备作业，是实现有用矿物单体分离，提供经济而适宜入选粒度的重要手段。碎磨作业又是选矿厂的关键作业，在选矿厂中破碎和磨矿车间的基建投资和生产成本占选矿费用的大部分。选择合适的碎磨流程是选矿厂设计中最重要的决策之一。由于在一般选矿试验中不做碎磨流程和磨机适宜给矿粒度的研究，因此选矿厂工艺设计时，应在充分参考生产实践和矿石可碎性资料的基础上做出最佳设计方案。

目前国内外的常规碎磨流程是指破碎—筛分—球磨流程，其他还有粗破碎—自磨流程、粗破碎—半自磨流程、破碎—高压辊磨—球磨流程等。常规碎磨流程，矿石经二至三段破碎，粒度缩小至 10~25mm，给入球磨或棒磨机继续磨碎至要求的入选粒度。自磨给矿粒度是 200~350mm。

生产实践表明，每一种流程都有其优缺点。对于某一特定矿石，应选定一种优点多于缺点的流程，并在工业生产上力求流程简化。

影响碎磨流程选择的主要因素有：

（1）矿石性质。主要是矿石的物理性质，包括：硬度、块度、脆性和原生矿泥含量；矿石的结构构造；矿物组成和黏土矿物的含量；矿物的嵌布特性等。一般来说，常规流程除含泥多、含水量大的矿石之外都可应用；而自磨适于处理晶粒界限分明、岩石组成稳固的矿石类型。自磨过程中对矿石的结构、构造及矿石的粒度组成比较敏感，因此若需采用自磨矿，尤其是大型厂，必须进行半工业性或工业性试验，并与常规流程进行详细的技术经济比较，为设计提供可靠依据。选分脆性的矿石（如钨、锡矿）时，碎磨过程中应避免过粉碎，一般采用破碎—棒磨—棒磨（或球磨）流程。处理黏土质矿石时，使用半自磨可以消除常规流程中碎矿机堵塞、筛分效率低等生产中难以解决的问题。

（2）设备性能。每一种破碎设备都有其固定的破碎比，例如，旋回碎矿机破碎比在 3~5 之间，短头圆锥碎矿机破碎比在 4~8 之间。再如，棒磨机产品粒度较均匀，过粉碎现象少，产品粒度为 3～1mm；而溢流型球磨机产品粒度比较细，一般小于 0.2mm，但容易产生过粉碎现象；自磨机则可使矿物沿其界面破碎，因而对同一矿石可以在较粗磨的情况下矿物达到单体分离。由此可见，碎磨设备都是在一定的粒度范围内工作，因此，欲将矿石破磨至入选粒度，一般都不是一段碎磨就能完成的。

设计所选择的碎磨流程应适应碎磨设备能达到的产品粒度。若选择破碎—球磨流程，虽然目前破碎与磨矿之间的粒度界限向多碎少磨方向发展，但即使是超细碎圆锥碎矿机，其产品粒度也很难做到小于 8mm，也就是说碎矿机性能决定了其产品粒度的极限值。若选择破碎—棒磨流程，碎矿机产品粒度可控制在 25mm 左右。另外，如果要求棒磨产品粒度小于 0.5mm，棒磨机生产能力将大大降低，因此，即使是处理钨锡矿石，当需要细磨时，仍选择球磨流程，此时可选择格子型球磨机。

（3）能耗与钢耗。在任何选矿厂中，无论是常规碎磨流程还是自磨流程，都是耗费能量最多的作业。从国内各类选矿厂的生产成本统计得知，碎磨流程电耗和钢耗占选矿加工成本的 40%～60%，也就是说降低碎磨流程的能耗和钢耗，能提高选矿厂的经济效益。设计中选择碎磨流程时，应考虑如何才能使能耗和钢耗维持在最低水平。与常规流程相比，全自磨和半自磨流程的单位能耗高 25% 左右，而钢耗较低；砾磨机的单位功耗与球磨机大体相同；格子型球磨机的能耗比效率相同的溢流型球磨机高 15% 左右。因此，对于电费较高的地区，选择能耗较低的常规碎磨流程具有一定的优越性。

（4）流程方案的投资和生产费用。除上述因素外，确定碎磨流程时还应比较各方案的总投资和生产费用，应选择投资和生产费用低的方案。

要设计合理的破碎筛分流程，常常要对几种可能的方案进行技术经济比较，按照破碎和磨矿车间的总基建费和经营费择优选择。方案比较的主要指标是：设备的数量、设备总重量、电动机安装的总功率、主要设备的总价值、破碎和磨矿车间的建筑物价值、破碎和磨矿过程的经营费用。同时还应考虑矿石的物理性质以及设备配置条件等因素，使最终确定的流程方案，在技术上是可靠的，在经济上是合理的。

2.3.2　破碎筛分流程的设计与计算

2.3.2.1　破碎筛分流程的设计

破碎筛分作业是选矿厂磨矿前的准备作业，在碎石厂和辅助原料厂则是主要作业。在碎磨过程中，为了降低能耗，应力求"多碎少磨"，尽量减小碎矿的最终产品粒度。

由于矿石粒度及破碎设备机械性能所限，选矿厂的破碎过程通常需若干碎矿机连续接力完成。破碎流程一般包括筛分作业。破碎流程中矿石粒度改变一次，称为一段破碎。破碎作业和筛分作业常常共同组成破碎段，所有破碎段的总和（有时包括洗矿作业）构成破碎筛分流程。

　A　破碎筛分作业的主要用途

（1）为磨矿作业提供粒度适宜的给矿物料。

（2）为粗粒矿物直接入选（如跳汰选矿、重介质选矿、粗粒干式磁选等）提供粒度适宜的给矿物料。

（3）对于高品位铁矿石、冶炼熔剂等，经破碎生产出符合粒度要求的产品。

B　破碎筛分流程的设计依据条件

设计破碎筛分流程时，主要的设计条件有：原矿最大块度及其各粒度的组成；破碎最终产品粒度；矿石的硬度、含水量、含黏土量、透筛性等物理性质；可能采用的设备技术性能；选矿厂的规模；采矿方法和供矿方式；原矿处置特殊需要，以及当地气候条件等。

C　破碎筛分单元流程的形式

破碎筛分单元流程的基本形式有 5 种，如图 2-1 所示。

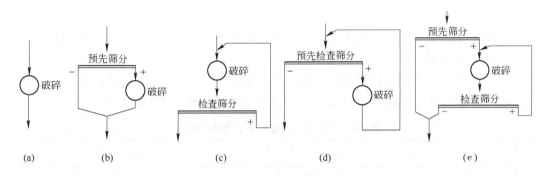

图 2-1　破碎筛分流程的基本形式

图 2-1（a）和图 2-1（b）单元流程的碎矿机产物均直接给入下一段破碎，称为开路破碎；图 2-1（c）~（e）单元流程的碎矿机产物均需返回到碎矿机继续破碎，称为闭路破碎。图 2-1（d）所示的流程，展开后可形成图 2-1（e）的形式，流程（d）与（e）的区别只是矿石运输方式不同，破碎产品粒度与设备负荷均无差异。把这些基本形式的流程按照实际需要相互组合，就可得到许多形式的破碎筛分流程。

D　洗矿及预选作业的选用

在处理含泥较多的氧化矿，含水、含泥较多的潮湿矿石时，生产中常出现矿泥堵塞破碎筛分设备、矿仓、溜槽、漏斗，使碎矿机生产能力显著下降，甚至影响正常生产，这时可考虑在破碎流程中设置洗矿设施或强化筛分的措施。在破碎系统中采用洗矿作业时，必须进行充分论证，只有当采用强化筛分措施无效时，方可采用洗矿作业。

对于粗粒嵌布矿石，原矿中含废石量较多，且色泽、密度、磁性、导电性差异较大时，为提高入选矿石品位或抛弃粗粒尾，降低选矿成本，碎矿流程中应通过试验及技术经济比较确定是否进行手选、光电选或重介质选矿等预选。手选、光电选及重介质分选前，应设置洗矿和筛分作业。对于 350mm 粒级矿石，宜采用机械预选流程。

矿石经过洗矿以后，除了洗净的块矿外，尚有矿泥需要处理。对于洗矿后即获得成品的选矿厂，要考虑矿泥的堆存设施。

洗矿的流程分为粗碎前洗矿和粗碎后洗矿两种形式，其原则流程如图 2-2 所示。

2.3.2.2　**破碎筛分流程的确定**

为了从大量可能的流程方案中挑选出合理的破碎筛分流程，必须解决破碎段数和各段破碎选用何种单元流程的问题。至于在破碎筛分流程中是否设置洗矿作业及其他预选作业，则应视矿石矿石性质及矿石中中含水、含泥量对破碎和筛分过程的影响程度而定。

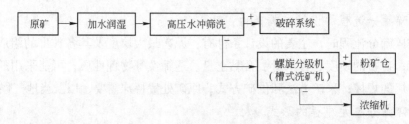

图 2-2　洗矿原则流程图

A　破碎段数的确定

破碎段数是决定破碎流程的主要指标。它取决于选矿厂原矿最大粒度与破碎最终产品粒度，即取决于总破碎比。

选矿厂原矿最大粒度与矿床赋存条件、矿山规模、采矿方法及铲运设备等有关，见表2-2。选矿厂设计时，一般由采矿专业在与选矿专业协商后确定原矿最大粒度。

表 2-2　原矿最大粒度与采矿方法的关系

选矿厂规模	露天开采		地下开采	
	铲斗容积/m³	原矿最大粒度/mm	采矿方法	原矿最大粒度/mm
大　型	3 ~ 6	1200 ~ 1400	深孔法	500 ~ 600
中　型	0.5 ~ 2	600 ~ 1000	深孔法	400 ~ 500
小　型	0.2 ~ 1	450 ~ 800	浅孔法	200 ~ 350

破碎最终产品粒度，应按不同用途，根据实际情况来确定。

（1）为磨矿作业提供粒度适宜的给矿。根据磨矿机作业性质不同，对其给矿粒度的要求也不同。一般应与磨矿作业综合考虑，以达到破碎与磨矿的总成本为最低。缩小破碎产物的粒度，不仅会产生良好的经济效果，而且会给磨矿作业带来许多好处，包括：1）可使设备运转率提高；2）粉矿仓内矿粒没有偏析现象；3）磨矿机的给矿粒度保持一致，可使给矿均匀，运转稳定；4）钢球消耗量下降；提高磨矿机生产能力；5）消除了固定衬板螺钉的漏水现象，减少了设备的修理工作量等。

目前，我国有色金属行业规定：当破碎最终产品作为球磨机给矿时，常规破碎产品粒度宜小于 15mm；超细碎产品可小于 12mm。黑色金属行业规定：大中型选矿厂采用常规碎磨流程时，产品粒度宜小于 12mm；小型选矿厂产品粒度宜小于 16mm。

随着新型超细碎碎矿机及高压辊磨机的应用，可进一步使破碎产品粒度小于 10 ~ 3mm。总之，破碎最终产品粒度的确定，应本着"多碎少磨"的技术原则，使磨矿设备达到最佳负荷率时，调节破碎最终产品的粒度，并经过包括磨矿作业在内的多方案比较后，确定出既经济又可靠的方案。

对棒磨机而言，当棒磨机开路工作时，要求给矿粒度通常是小于 20mm。

采用砾磨机时，需要从第一段或第二段破碎产物中筛出 40 ~ 100mm 的砾石作磨矿介质。

采用自磨机时，只要把矿石破碎到 200 ~ 350mm 即可。

（2）为直接入选的矿石做准备时，根据各选别设备的入选粒度要求来确定。如跳汰机要求入选粒度小于20mm；重介质选矿机要求入选粒度小于150mm；重介质旋流器要求入选粒度小于20mm；重介质振动溜槽要求入选粒度小于75mm。

（3）直接作为成品时，根据用户要求来确定。

一般矿山供给选矿厂原矿最大粒度为200～1400mm，而选矿厂球磨机的给矿粒度为10～16mm。因此，对常规的破碎流程，其总破碎比的范围是：

$$S_{\max} = \frac{D_{\max}}{d_{\min}} = \frac{1400}{10} \approx 140 \tag{2-2}$$

$$S_{\min} = \frac{D_{\min}}{d_{\max}} = \frac{200}{16} \approx 13 \tag{2-3}$$

式中　　S——总破碎比；

　　　　D——原矿粒度，mm；

　　　　d——破碎最终产品粒度，mm。

总破碎比等于各段破碎比的乘积。各段破碎比与各段碎矿机的形式、工作条件和矿石性质有关。各种碎矿机在不同工作条件下的破碎比范围见表2-3。

表 2-3　各种碎矿机在不同工作条件下的破碎比范围

破碎段	碎矿机形式	流程类型	破碎比范围
第一段	颚式或旋回碎矿机	开路	3～6
第二段	标准型圆锥碎矿机	开路	3～5
第二段	中型圆锥碎矿机	闭路	4～8
第三段	短头型圆锥碎矿机	开路	3～6
第三段	短头型圆锥碎矿机	闭路	4～6
第三段	对辊碎矿机	闭路	3～15
第二、三段	反击式碎矿机	闭路	8～40

从式（2-2）、式（2-3）和表2-3可知，采用常规破碎流程时，最小总破碎比为13，一般情况下一段破碎是不可能达到的；而最大总破碎比为140，则可用三段破碎来完成，例如 $S_{\max} = S_1 S_2 S_3 = 4.5 \times 5 \times 6.2 = 140$。因此，常用的破碎流程一般为二段或三段即可满足设计要求。大、中型选矿厂应采用三段一闭路常规破碎流程，小型选矿厂宜采用两段一闭路流程。采用超细碎工艺的中、小型选矿厂，应在两段破碎中增加破碎粗碎产品中过大块的补充作业。

B　各破碎段单元流程的确定

图2-1（a）流程结构最简单，仅由碎矿机即构成一段破碎。使用该单元流程时，设备配置简单，生产易于管理控制；但作业产品粒度不能控制，碎矿机给矿中粒度合格的颗粒仍通过碎矿机，可能导致过粉碎。

图2-1（b）流程是矿石在进入碎矿机之前先进行筛分，筛上产物再进入碎矿机破碎。

此筛分作业称为预先筛分作业。应用预先筛分可以筛出碎矿机给矿中的部分粒度合格的产品，这相应提高了碎矿机的生产能力，同时也可以防止富矿石的过粉碎。因此，图 2-1（b）流程虽然结构较复杂，产品粒度不能控制，设备配置高差增加，生产管理控制稍难，但工艺效果较好，有利于节能降耗，条件允许时开路破碎应尽量采用。

在大多数情况下，矿石粒度特性曲线呈凹线型（参见图 2-4 曲线 II、III 和图 2-5 ~ 图 2-10），也就是说矿石越软，粒度越细，物料中细粒级含量越多。所以在粗、中碎作业选用图 2-1（b）流程，总是有利的。

预先筛分的应用效果，取决于所处理矿石中水分含量和小于本段碎矿机排矿口尺寸的细粒级含量。根据水分含量不同可把矿石分成：含水量少于 3% 的干矿石；3% ~ 4% 的湿矿石；4% ~ 6% 的较湿矿石和大于 6% 的湿矿石 4 个等级。研究表明，当矿石中所含的小于本段碎矿机排矿口尺寸的细粒级的含量超过表 2-4 中所列的数值时，采用预先筛分会是经济合理的，尤其是对潮湿的矿石效果更好，因为潮湿的矿粉会堵塞碎矿机的破碎腔，并显著降低碎矿机的生产能力。利用预先筛分除掉湿而细的矿粉，就保证了碎矿机的正常工作。但是，采用预先筛分作业也会造成厂房高度的增加和车间设备配置的复杂化。因此，是否需要采用预先筛分作业，应根据具体条件，权衡利弊之后再做决定。

表 2-4　采用预先筛分有利的细粒级含量极限值与破碎比的关系

破　碎　比	2	3	4	5	6	7
给矿中细粒级的极限含量/%	28	26	21	17	15	14

通常，粗碎作业选用图 2-1（b）流程，但在下列情况下，粗碎作业可选用图 2-1（a）流程：

（1）当原矿粒度特别大且呈凸线型的粒度特性的矿石。

（2）破碎车间的空间不够，在高度上或平面上难以安装筛分机。

（3）按原矿最大粒度选定的碎矿机有很多的富裕能力和在大型选矿厂采用挤满给矿方式，把矿石直接从车厢翻入旋回碎矿机内。

当中碎作业给矿中含最终产品粒度大于 15% 或矿石潮湿时，中碎前应强化筛分设施，产出最终产品；当中碎给矿中含中碎排矿产品粒级小于 15% 时，应采用图 2-1（b）流程，筛下产品送细碎作业，这样既可以减少中、细碎碎矿机和构成闭路的筛分设备的负荷，又可消除潮而黏的粉矿对破碎、筛分作业的影响；只有在中碎段碎矿机有较多的富裕能力而且矿石中所含潮湿粉矿不会引起碎矿机的堵塞时，才可以选用图 2-1（a）流程。

图 2-1（c）流程是矿石先进入碎矿机进行筛分，碎矿机产物随后进入筛分作业筛分，筛上产物再返回碎矿机继续破碎。此筛分作业称为检查筛分作业。检查筛分的目的是控制破碎产物的最终粒度，充分发挥碎矿机的生产能力。图 2-1（d）~（e）单元流程中则既有预先筛分，又有检查筛分。

各种碎矿机在破碎不同硬度矿石时，破碎产品中过大颗粒含量 β 和最大相对粒度 Z（最大粒度与排矿口宽度之比）列于表 2-5。

表 2-5　碎矿机排矿中过大颗粒含量 β 与最大相对粒度 Z

矿石可碎性	碎 矿 机							
	旋回碎矿机		颚式碎矿机		标准圆锥碎矿机		短头圆锥碎矿机	
	$\beta/\%$	Z	$\beta/\%$	Z	$\beta/\%$	Z	$\beta/\%$	$Z^{①}$
难碎性矿石	35	1.65	38	1.75	53	2.4	75	2.9 ~ 3.0
中等可碎性矿石	20	1.45	25	1.60	35	1.9	60	2.2 ~ 2.7
易碎性矿石	12	1.25	13	1.40	22	1.6	38	1.8 ~ 2.2

①闭路时取小值，开路时取大值。

　　从表2-5可以看出，短头圆锥碎矿机破碎中等可碎性矿石时，排矿中大于排矿口的颗粒含量高达60%，最大颗粒尺寸是排矿口尺寸的2.2～2.7倍。如果为了满足最终产品的粒度要求，在不使用检查筛分的情况下，就得缩小碎矿机的排矿口，其结果必然大大降低碎矿机的生产能力，造成经济上的不合理。另一方面，破碎筛分流程中的最后一段破碎作业，所有情况下应用预先筛分总是必要的。所以，破碎筛分流程中的最后一段破碎作业常选用图2-1（c）~（e）单元流程。

　　应当指出，具有检查筛分的闭路破碎，要比只有预先筛分的开路破碎更复杂一些。同时会引起安装大量的筛子、运输机和给矿机，增加一些产生灰尘的卸料点，所有这些会导致基建费用增加和引起破碎车间配置复杂化，经营费用也相应地增加。但放弃闭路破碎会造成破碎与磨矿的总成本升高，这就形成经济上的不合理。所以在一般情况下，只有最后一段破碎才应用检查筛分，构成闭路破碎。

　　C　破碎筛分流程的基本类型

　　综上所述，破碎筛分流程可归纳为以下几点结论：

　　（1）破碎段数应等于2或3。

　　（2）各段破碎作业前，一般应设预先筛分。

　　（3）检查筛分仅用于最后一段破碎作业。

　　根据上述结论，可以得到4种常用的破碎筛分流程，如图2-3所示。

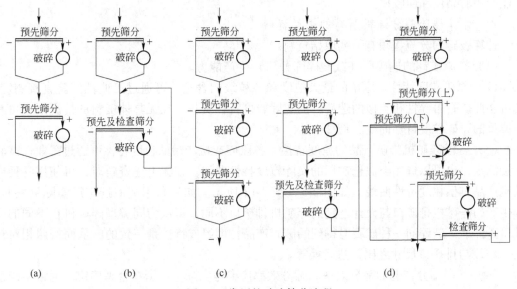

图 2-3　常用的破碎筛分流程

图 2-3（a）和（c）为开路流程，其最终产物粒度较粗，但可以简化破碎厂的设备配置，减少细碎机和筛子的台数，投资较低。因此，处理含泥含水量大的矿石时，可以采用。原矿粒度大于 350mm 时用三段开路破碎，小于 350mm 时可用两段开路破碎。两段开路破碎流程可用于小型选矿厂或工业试验厂，第一段可不设预先筛分。

图 2-3（b）和（d）为闭路流程。同开路流程相比，闭路流程所需设备台数多，配置复杂，投资较高，但破碎产物细，有利于提高磨矿机的生产能力，降低碎磨过程总能耗和生产成本，因此，设计应尽量采用。用两段还是三段破碎流程，要根据矿石硬度、原矿最大粒度、磨矿机的给矿粒度和选矿厂的规模等条件综合确定。一般情况下，当矿石较硬，要求破碎比较大时，应采用三段破碎流程。

D　破碎筛分流程最终方案确定时应遵循的原则

选矿厂大部分的电能消耗在矿石碎磨工序上，为了节省电能，合理利用能源，设计合理的破碎筛分流程显得尤为重要。为此，在确定破碎筛分流程时应遵循如下原则：

（1）根据矿石的物理性质（硬度、含水含泥量、粒度特性、最大粒度等），确定破碎筛分流程，一般应采用闭路破碎流程，最终破碎产品粒度小于 16～12mm 为宜。

（2）破碎系统应强化筛分作业。中碎前宜设置预先筛分，以筛出部分合格产品；同时应适当增大细碎检查筛分设备的面积，提高筛分效率，以减少闭路循环负荷。

（3）大中型选矿厂，宜设置缓冲矿仓，并应采用碎矿机功率自动控制设施，以保证碎矿机接近满负荷运转。

（4）对贫化率较高的矿石，应采用手选、光电选或重介质选矿等工艺，丢弃部分废石。

2.3.2.3　破碎筛分流程的计算

破碎筛分流程计算的目的，是为了确定各个破碎产物和筛分产物的产量和产率，并以此作为选择破碎筛分设备及辅助设备的依据。

如果在破碎筛分流程中还包括手选、洗矿及选别等作业，则应计算手选、洗矿、选别作业产物的品位和回收率。

A　计算破碎筛分流程所需的原始资料

计算破碎筛分流程须有下列原始资料：

（1）按原矿计的选矿厂（或破碎筛分厂）生产能力。

（2）原矿粒度特性。原矿的最大粒度和各粒级的含量，可通过工业性试验直接测定，也可参照矿石可碎性相类似的选矿厂的实际粒度特性资料。在无具体资料的情况下，可利用典型的原矿粒度特性曲线（图 2-4）。

（3）各段碎矿机排矿产品的粒度特性。各段碎矿机产品的粒度特性可通过工业性试验直接测定，也可以选用类似选矿厂的实际粒度特性曲线。在无上述资料时，可使用各种碎矿机产品典型粒度特性曲线，如图 2-5～图 2-10 所示。如果利用类似选矿厂实际资料时，若生产的碎矿机排矿口与设计选定的碎矿机排矿口不同，可认为同类型碎矿机在不同的排矿口条件下，破碎同一种矿石时得到的破碎产品粒度组成特性是一致的，从而按照相对粒度（粒级与排矿口尺寸之比）进行换算。

（4）各段筛分作业的筛分效率。筛分效率应参考实际生产资料合理确定。通常粗碎前的预先筛分可设置固定格筛；中碎前的预先筛分可设固定格筛，也可设振动筛；细碎前的

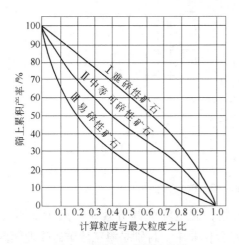

图 2-4　原矿粒度特性曲线

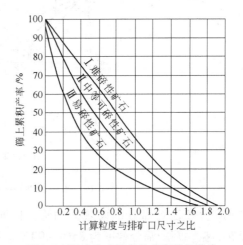

图 2-5　颚式碎矿机产品粒度特性曲线

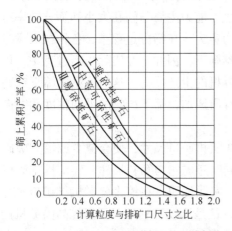

图 2-6　旋回碎矿机产品粒度特性曲线

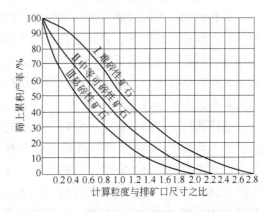

图 2-7　标准圆锥碎矿机产品粒度特性曲线

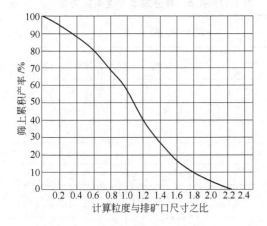

图 2-8　中型圆锥碎矿机闭路破碎产品
　　　　粒度特性曲线

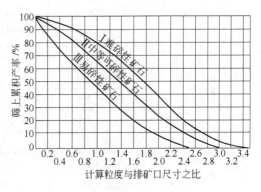

图 2-9　短头圆锥碎矿机开路破碎产品
　　　　粒度特性曲线

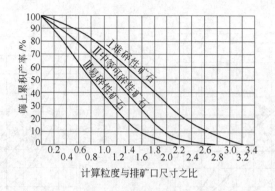

图 2-10　短头圆锥碎矿机闭路破碎产品粒度特性曲线

预先筛分和检查筛分都设置振动筛。根据实际资料，固定筛的筛分效率一般为 55% ~ 65%，振动筛的筛分效率为 85% ~90% 。在检查筛分作业中，特别是第三段破碎作业闭路工作时，筛分效率不仅直接影响循环量的多少，而且也影响筛分机和碎矿机台数的选定，同时也影响磨矿机的生产能力。实际上，筛分机的生产能力主要与筛孔大小和筛分效率有关。筛孔愈大，筛分效率愈低，则筛分机的生产能力愈大。在筛分过程中，各种粒级通过筛孔的过程是不相同的，愈接近筛孔尺寸的粒级愈难筛下。因此，在实际生产过程中，可以用增大筛孔尺寸和降低筛分效率的办法，提高筛分机的生产能力。这时，虽然筛下产物的最大粒度略有增加，但筛下产物中的细粒含量也有所增加，筛下产物的平均粒度和磨矿机的生产能力不会改变。

　　当筛孔尺寸和筛分效率一定时，缩小或增大碎矿机排矿口尺寸，便会减少或增大破碎产物的平均粒度，因此，在决定筛分效率时，必须同时考虑它与筛孔尺寸、碎矿机排矿口尺寸和要求的产物最大粒度之间的关系，见表 2-6。实践证明，在缩小碎矿机排矿口尺寸和降低筛分效率，增大筛孔尺寸的条件下工作时，往往是比较有利的，可以提高筛分机的生产能力，减少筛分机的台数，节省基建投资和便于厂房设备配置。

表 2-6　破碎产品最大粒度 $d_{大}$ 与碎矿机排矿口 e、筛子的筛孔 a、筛分效率 E 之间的关系

矿石的可碎性	破碎流程类型	组 合 关 系		
		碎矿机排矿口 e/mm	筛孔 a/mm	筛分效率 E/%
中　等	闭路（Ⅰ）	$e = d_{大}$	$a = d_{大}$	85
	闭路（Ⅱ）	$e = 0.8d_{大}$	$a = 1.2d_{大}$	80
	闭路（Ⅲ）	$e = 0.8d_{大}$	$a = 1.4d_{大}$	65
	开路（振动筛）	$e = (0.4 \sim 0.5)d_{大}$	$a = d_{大}$	85
难　碎	闭路（Ⅰ）	$e = d_{大}$	$a = d_{大}$	85
	闭路（Ⅱ）	$e = 0.8d_{大}$	$a = 1.15d_{大}$	80
	闭路（Ⅲ）	$e = 0.8d_{大}$	$a = 1.30d_{大}$	65
	开路（振动筛）	$e = (0.3 \sim 0.4)d_{大}$	$a = d_{大}$	85

（5）矿石的物理性质。矿石的物理性质包括矿石的可碎性、含泥量、含水量、密度、透筛性等。

B　破碎筛分流程计算公式

在破碎筛分流程计算时，虽然各个产物的粒度组成发生了变化，但如果少量的机械损失或其他流失在计算过程中可以忽略不计的话，则进入各个作业的产物重量（或产率）与从该作业排出的产物重量（或产率）并不发生变化，即满足矿量平衡及粒级重量平衡的原理。

所谓矿量平衡，就是进入某一作业的各个产物重量之和，应等于从该作业排出的各个产物重量之和。即可按下列平衡方程式求解计算流程中的各产物重量和产率：

$$\Sigma Q_\text{入} = \Sigma Q_\text{出} \quad 或 \quad \Sigma \gamma_\text{入} = \Sigma \gamma_\text{出}$$

式中　$\Sigma Q_\text{入}$——进入各作业各个产物的重量之和；

　　　$\Sigma Q_\text{出}$——从该作业排出的各个产物重量之和；

　　　$\Sigma \gamma_\text{入}$——进入各作业各个产物的产率之和；

　　　$\Sigma \gamma_\text{出}$——从该作业排出的各个产物的产率之和。

所谓粒级重量平衡，就是进入某一非破碎作业的产物中某一粒级的重量之和，应等于从该作业排出的各产物中该粒级的重量之和。各种破碎筛分单元流程的计算公式见表 2-7。例如，预先及检查筛分合一的闭路破碎单元流程 IV 中各产物重量的计算公式如下：

$$Q_3 = Q_2\beta_2 E = (Q_1\beta_1 + Q_5\beta_5)E = Q_1 \tag{2-4}$$

$$Q_5 = \frac{Q_1(1 - \beta_1 E)}{\beta_5 E} = Q_4 \tag{2-5}$$

$$Q_2 = Q_1 + Q_5 \tag{2-6}$$

表 2-7　破碎流程的基本类型及计算公式

流程类型	流程图	计算公式	符号说明
没有筛分的开路破碎单元流程 a		$Q_2 = Q_1$	Q_1—原矿量，t/h；Q_2，Q_3，$\cdots$，Q_n—各产物的重量；β_1，β_2，$\cdots$，β_n—原矿及各产物中小于筛孔的级别含量，%；E—筛分效率，%；C_c—碎矿机的循环负荷，%；C_s——筛子的循环负荷，%
有预先筛分的开路破碎单元流程 b		$Q_2 = Q_1\beta_1 E$ $Q_3 = Q_1(1 - \beta_1 E) = Q_4$ $Q_5 = Q_1$	
有检查筛分的闭路破碎单元流程 c		$Q_5 = Q_3\beta_3 E = Q_1$ $Q_3 = Q_2 = \dfrac{Q_1}{\beta_3 E}$ $Q_4 = \dfrac{Q_1(1 - \beta_3 E)}{\beta_3 E}$ $C_c = \dfrac{Q_4}{Q_1} = \dfrac{1 - \beta_3 E}{\beta_3 E} \times 100$	

流程类型	流程图	计算公式	符号说明
预先及检查筛分合一的闭路破碎单元流程 d		$Q_3 = (Q_1\beta_1 + Q_5\beta_5)E = Q_1$ $Q_5 = \dfrac{Q_1(1 - \beta_1 E)}{\beta_5 E} = Q_4$ $Q_2 = Q_1 + Q_5$ $C_s = \dfrac{Q_5}{Q_1} = \dfrac{1 - \beta_1 E}{\beta_5 E} \times 100$	
预先及检查筛分分开的破碎单元流程 e		$Q_2 = Q_1\beta_1 E_1$ $Q_3 = Q_1 - Q_2 = Q_6$ $Q_5 = \dfrac{Q_6}{\beta_5 E_2} = Q_4$ $Q_7 = Q_5 - Q_6 = Q_4 - Q_3$ $Q_8 = Q_2 + Q_6 = Q_1$ $C_c = \dfrac{Q_7}{Q_3} = \dfrac{1 - \beta_5 E_2}{\beta_5 E_2} \times 100$	

C　破碎筛分流程的设计计算步骤

破碎筛分流程设计及计算一般按下列步骤进行：

（1）确定车间工作制度和设备年作业率，计算破碎车间小时处理量。

（2）根据设计条件确定破碎最终产品粒度，根据原矿最大块粒度和破碎产品最终粒度，计算总破碎比，确定流程破碎段数。

$$S_{总} = \frac{D_{max}}{d_{终}} \tag{2-7}$$

式中　$S_{总}$——总破碎比；

　　　D_{max}——破碎车间给矿中的最大块粒度，mm；

　　　$d_{终}$——破碎车间最终产物的最大粒度，mm。

（3）确定各破碎段采用的单元流程，根据产品样本资料，初步选定各段碎矿机及筛分机的形式、规格，绘出初选的破碎筛分流程图。

（4）根据产品样本资料，分配各破碎段的破碎比，计算各段破碎产物的最大粒度：

根据初步选定的各段碎矿机所能达到的破碎比范围，采用试算法，调整各段碎矿机的破碎比，使

$$S_{总} = S_1 S_2 S_3 \tag{2-8}$$

式中　S_1，S_2，S_3——分别为第一破碎段、第二破碎段、第三破碎段的破碎比。

$$d_{1max} = \frac{D_{max}}{S_1} \tag{2-9}$$

$$d_{2max} = \frac{d_{1max}}{S_2} \tag{2-10}$$

式中　d_{1max}，d_{2max}——分别为第一破碎段、第二破碎段产物的最大粒度。

（5）确定各段碎矿机的排矿口尺寸，核算各段破碎产物的最大粒度：

$$e_1 = \frac{d_{1max}}{z_1} \tag{2-11}$$

$$e_2 = \frac{d_{2max}}{z_2} \tag{2-12}$$

式中 e_1，e_2——分别为第一、二段碎矿机排矿口宽度，mm；

    z_1，z_2——分别为第一、二段碎矿机的最大相对粒度，可查表 2-5 得到。

最终破碎段的碎矿机的排矿口尺寸采用组合制，查表 2-6 得到。

（6）确定各段筛分机的筛孔尺寸及筛分效率。

作为预先筛分的筛孔尺寸，在本段碎矿机排矿口与排矿中最大粒度之间选取，即 $a_预$ $= e \sim d_{max}$；筛分效率根据采用的筛分机类型确定，固定筛的筛分效率一般为 55%～65%，振动筛的筛分效率为 85%～90%。用作检查筛分（即闭路筛分作业）的筛孔尺寸及筛分效率则采用组合制，查表 2-6 得到。生产实践中，为了提高筛子的处理能力和节省筛子台数，往往采用增大筛孔尺寸、降低筛分效率的组合关系。

（7）计算流程中各产物的矿量和产率。

（8）检查计算结果。

（9）绘制破碎筛分数量流程图。

从上述计算步骤可看出，破碎流程计算需结合设备的选择计算同时进行，即流程计算前须知道流程中使用的设备，才能知道相应的产品粒度特性和最大相对粒度 z 值，进而才能计算流程作业参数（各段破碎的产品粒度、指定粒级的含量、筛分作业的筛孔尺寸、筛分效率等），然后方可计算破碎流程的数量指标。而破碎流程的计算结果则是选择计算所需设备的依据，不同的流程计算结果会导致不同的设备选择结果及设备负荷率。当最终选定的设备方案与流程计算时初选的设备方案不同，或者最终确定的流程作业参数与初算流程时制定的作业参数不同，则需按照最终确定的流程作业参数重新进行流程计算。

在破碎流程计算和设备选择时，有时由于受设备规格的限制，可能会出现各段碎矿机的负荷率不均衡，往往要对各段破碎比进行调整，使各段碎矿机的负荷率达到基本均衡。如各段碎矿机的负荷都偏低，就要缩小破碎最终产品粒度，增加总破碎比，以提高设备负荷率；反之，如设备的负荷过高，则应增大破碎最终产品粒度，减少总破碎比，降低设备负荷率。如各段碎矿机的负荷率不均衡，同样可以通过调整各段破碎比来达到目的。

有时选矿厂规模不大，但原矿粒度过大，按原矿最大粒度去选碎矿机，势必造成碎矿机剩余生产能力过大。为了解决这个矛盾，可在原矿仓上增设固定格筛。对格筛上的大块矿石，小选厂可以采用人工手碎，大、中型选厂用液压破碎锤进行破碎，以降低粗碎机的给矿粒度。

2.3.2.4 破碎筛分流程计算实例

设计基础资料原始条件：斑岩铜矿石，按原矿计的选矿厂生产能力为 1Mt/a；矿石松散密度 $\rho_b = 1.7t/m^3$，属中等可碎性矿石；原矿最大粒度 $D_{max} = 500mm$，水分 4%，原矿及破碎产品粒度特性采用典型粒度特性曲线。

（1）确定车间工作制度和设备年作业率，计算破碎车间小时处理量。

碎矿车间工作制度与采矿供矿工作制度一致，粗碎前设置矿石堆场，粗碎与中、细碎之间设置中间矿仓，以便车间均衡生产。因此，碎矿车间工作制度定连续工作制，即全年工作 365 天，确定其设备作业率为 68.0%（相当于全年工作 330 天，每天工作 3 班，每班工作 6h），车间生产能力为：

$$Q_h = \frac{Q_a}{T_a \eta} = \frac{1000000}{8760 \times 0.680} = 168t/h$$

（2）根据设计条件确定破碎最终产品粒度；根据原矿最大块粒度和破碎产品最终粒度，计算总破碎比；确定流程破碎段数。

根据基础资料及设计规范要求，确定破碎最终产物粒度为 12mm。

总破碎比为

$$S_总 = \frac{D_{max}}{d_终} = \frac{500}{12} = 41.67$$

根据总破碎比和矿石的物理性质，参考生产实践经验，决定采用三段破碎流程。

（3）确定各破碎段采用的单元流程，根据产品样本资料，初步选定各段碎矿机及筛分机的形式、规格，绘出初选的破碎筛分流程图。

综合考虑矿石性质、产品样本资料及单元流程选择因素，初定粗、中碎段采用带预先筛分作业的开路单元流程（图 2-1b），细碎段采用带预先检查筛分作业的闭路单元流程（图 2-1d），即采用三段一闭路破碎筛分流程。初步选择粗碎机采用颚式碎矿机，中碎机采用标准圆锥碎矿机，细碎机采用短头圆锥碎矿机；粗碎段使用棒条筛，中细碎段使用振动筛。初选的破碎筛分流程见图 2-11。

（4）根据产品样本资料，分配各破碎段的破碎比，计算各段破碎产物的最大粒度。

计算平均破碎比 $\bar{S} = \sqrt[3]{41.67} = 3.47$。

考虑到初选碎矿设备的性能及所选流程细碎段为闭路作业，则粗碎段的破碎比可小于 $\bar{S}$，而中碎段和细碎段的破碎比则可大于 $\bar{S}$，初步确定为：$S_1 = 1.7$，$S_2 = 5.0$，得

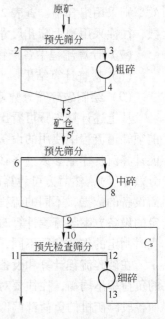

图 2-11　三段一闭路破碎筛分流程

$$S_3 = \frac{S_总}{S_1 S_2} = \frac{41.67}{1.7 \times 5.0} = 4.90$$

$$d_5 = \frac{D_{max}}{S_1} = \frac{500}{1.7} = 294mm$$

$$d_9 = \frac{d_5}{S_2} = \frac{294}{5.0} = 59mm$$

$$d_{11} = \frac{d_9}{S_3} = \frac{59}{4.90} = 12mm$$

（5）确定各段碎矿机的排矿口尺寸，核算各段破碎产物的最大粒度。

已知各段破碎产品的最大粒度，查表 2-5 得到粗、中碎段的最大相对粒度 z 值，计算粗、中碎段碎矿机排矿口宽度，细碎机的排矿口宽度则采用表 2-6 中的组合制 Ⅲ。得

$$e_1 = \frac{d_{1max}}{z_1} = \frac{294}{1.60} = 183.75mm \text{（取 184mm）}$$

$$e_2 = \frac{d_{2max}}{z_2} = \frac{59}{1.9} = 31mm \text{（取 30mm）}$$

$$e_3 = 0.8d_{大} = 0.8 \times 12 = 9.6mm \text{（取 10mm）}$$

核算粗、中碎段破碎产物的最大粒度

$$d_5 = e_1z_1 = 184 \times 1.60 = 294mm$$

$$d_{11} = e_2z_2 = 30 \times 1.9 = 57mm$$

（6）确定各段筛分机的筛孔尺寸及筛分效率。

根据筛孔尺寸应在该段碎矿机排矿口宽度与排矿最大粒度之间选取的原则，确定粗碎段筛分机筛孔尺寸 $a_1 = 200mm$，中碎段筛分机筛孔尺寸 $a_2 = 50mm$；细碎段筛分机筛孔尺寸采用表 2-6 中的组合制Ⅲ，即 $a_3 = 1.4d_{大} = 1.4 \times 12 = 16.8mm$，取 $a_3 = 17mm$。

粗碎段使用棒条筛进行预先筛分，筛分效率取 $E_1 = 60\%$；中碎段使用振动筛进行预先筛分，筛分效率 $E_2 = 85\%$；细碎闭路筛分采用表 2-6 中的组合制Ⅲ，筛分效率 $E_3 = 65\%$。

（7）计算流程中各产物的矿量和产率。

1）粗碎段。

计算粒度/最大粒度 $= 200/500 = 0.40$。查图 2-4 得，$\beta_1^{-200} = 50\%$

$Q_1 = 168t/h$，$\gamma_1 = 100\%$，$Q_2 = Q_1\beta_1^{-200}E = 168 \times 0.50 \times 0.6 = 50.4t/h$

$Q_3 = Q_4 = Q_1 - Q_2 = 168 - 50.4 = 117.6t/h$，$Q_5 = Q_1 = 168t/h$

$\gamma_2 = \beta_1^{-150}E = 0.50 \times 60 = 30.0\%$，$\gamma_3 = \gamma_4 = \gamma_1 - \gamma_2 = 100 - 30.0 = 70.0\%$

$\gamma_5 = \gamma_1 = 100\%$

式中，β_1^{-200} 为原矿中小于 200mm 粒级的含量，查原矿粒度特性曲线求得。

2）中碎段。

计算粒度/排矿口尺寸 $= 50/184 = 0.27$。查图 2-5 得，$\beta_{5'}^{-50} = 30\%$

$Q_{5'} = 168t/h$，$\gamma_{5'} = 100\%$，$Q_6 = Q_5\beta_{5'}^{-50}E = 168 \times 0.3 \times 0.85 = 42.84t/h$

$Q_7 = Q_8 = Q_{5'} - Q_6 = 168 - 42.84 = 125.16t/h$，$Q_9 = Q_{5'} = 168t/h$

$\gamma_6 = \beta_{5'}^{-50}E = 0.3 \times 85 = 25.5\%$，$\gamma_7 = \gamma_8 = \gamma_{5'} - \gamma_6 = 100 - 25.5 = 74.5\%$，$\gamma_9 = \gamma_{5'} = 100\%$

式中，$\beta_{5'}^{-50}$ 为产物 5′中小于 50mm 粒级含量，其数值应等于原矿中小于 50mm 粒级含量与粗碎机排矿中新生小于 50mm 粒级含量之和；但在实际设计计算时，通常只采用粗碎机排矿粒度特性曲线作近似计算。

3）细碎段。

计算粒度/排矿口尺寸 $= 17/30 = 0.57$。查图 2-7 得，$\beta_9^{-17} = 40\%$

计算粒度/排矿口尺寸 $= 17/10 = 1.7$。查图 2-10 得，$\beta_{13}^{-17} = 78\%$

$$C_s = \frac{Q_5}{Q_1} = \frac{1 - \beta_9^{-17}E}{\beta_{13}^{-17}E} \times 100 = \frac{1 - 0.4 \times 0.65}{0.78 \times 0.65} \times 100 = 145.96\%$$

$Q_{13} = C_sQ_9 = 1.4596 \times 168 = 245.21t/h$，$Q_{12} = Q_{13} = 245.21t/h$

$Q_{11} = Q_9 = 168t/h$，$Q_{10} = Q_{11} + Q_{12} = 168 + 245.21 = 413.21t/h$

$\gamma_{13} = C_s = 145.96\%$，$\gamma_{12} = \gamma_{13} = 145.96\%$，$\gamma_{11} = \gamma_9 = 100\%$

$$\gamma_{10} = \gamma_{11} + \gamma_{12} = 100\% + 145.96\% = 245.96\%$$

式中，β_{13}^{-17} 为产物 13 中小于 17mm 粒级的含量，查细碎机闭路破碎产品粒度特性曲线；β_{9}^{-17} 为产物 9 中小于 17mm 粒级的含量，其数值等于产物 5 中小于 17mm 粒级含量与中碎机排矿中新生小于 17mm 粒级含量之和；为简化起见，通常可用中碎机排矿粒度特性曲线作近似计算。

（8）检查计算结果。（略）

（9）绘制破碎筛分数量流程图。

绘制破碎筛分数量流程图如图 2-12 所示。

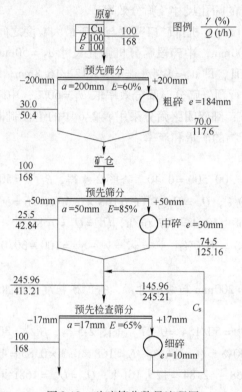

图 2-12　破碎筛分数量流程图

2.3.3　磨矿流程的设计与计算

有用矿物的单体解离，是进行选别的先决条件；合适的入选粒度，是选别的基本要求。磨矿则是实现有用矿物单体解离与提供适合入选粒度的重要手段，是选矿厂的关键性工序。它直接影响到选别效果的好坏，同时由于磨矿车间的基建投资、电能消耗也最大，因此，合理设计磨矿流程显得十分重要。

2.3.3.1　磨矿分级流程的设计

A　磨矿分级流程的基本类型

磨矿分级流程的基本作业，包括磨矿与分级。分级作业又分为预先分级、检查分级和控制分级。所以磨矿分级流程包括磨矿段数，磨矿机与分级机的各种组合形式。磨矿机与分级机以不同形式组合，可得到如图 2-13 所示的单元流程。以图 2-13 所示的单元流程，考虑磨矿段数进行组合，则可得到各种不同类型的磨矿分级流程。

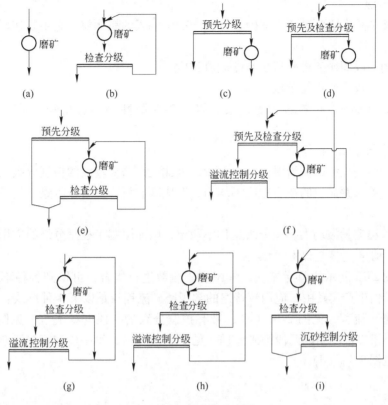

图 2-13 磨矿单元流程

B 磨矿分级流程中的分级作业

a 预先分级

应用预先分级的目的是为了预先把磨矿机给矿中已经合格的粒级分出来，以提高磨矿机的处理能力和减少泥化。预先分出原生矿泥或有害可溶性盐类，以便单独处理。

实践表明，磨矿机按新生成产品计算的生产能力 ΔP 与磨矿机内大于成品粒级的粗粒级的平均含量 R_{CP} 成直线比例关系，即 $\Delta P = K R_{CP}$（K 为比例系数）。由于预先分出合格粒级使 R_{CP} 增加，导致 ΔP 的增大，从而提高了磨矿机的生产能力。但一般情况下，一段磨矿前，只有当给矿粒度不大于 6~7mm，给矿中合格粒级含量不少于 14%~15% 时，才应用预先分级作业。

b 检查分级

在闭路磨矿循环中应用检查分级，主要目的是控制磨矿产物粒度，保证溢流粒度符合分选作业的要求；同时将粗粒返回磨矿机，增加磨矿机单位时间内的矿石通过量，提高磨矿机的生产能力，减少矿石过粉碎现象。

由于检查分级形成一定的循环量，降低了给入磨矿机物料的平均粒度，因此可以提高磨矿机的生产能力。磨矿动力学研究表明，循环负荷率从 0 增加到 100% 时，磨矿机生产能力增加 50%；而循环负荷由 400% 增加到 500% 时，磨矿机生产能力仅提高 2%。由此可见，为了使闭路磨矿流程的磨矿机能有效地工作，循环负荷不应少于 150%~200%，但过高的循环负荷则是不可取的。

c　控制分级

控制分级的目的是消除（或减少）分级产品中混入的粗颗粒。它主要在以下3种情况中应用：

（1）利用一段磨矿流程获得更细的溢流粒度。

（2）利用一段磨矿进行阶段选别。

（3）减少返砂中合格粒级含量，最大限度避免脆性物料过粉碎，提高磨矿机生产能力。

采用控制分级的缺点是：

（1）由于检查分级的溢流量大于原矿量，因此往往需要较大的控制分级面积。

（2）由于给入磨矿机的矿石粒度不均匀，造成磨矿机合理装球困难，使磨矿机工作效率降低。

（3）由于溢流量波动大，使分级工作不稳定，因而限制了控制分级的应用。

C　常用的常规磨矿流程及其应用

虽然以图2-13所示的单元流程，考虑磨矿段数进行组合，可得到各种不同类型的磨矿分级流程，但生产实践中，应用较普遍的常规磨矿流程只是以下4种形式：即具有检查分级的一段磨矿流程，见图2-14（a）；带有控制分级的一段磨矿流程，见图2-14（b）；第一段开路、第二段闭路的两段磨矿流程，见图2-14（c），第一段和第二段全闭路的两段磨矿流程，见图2-14（d）。

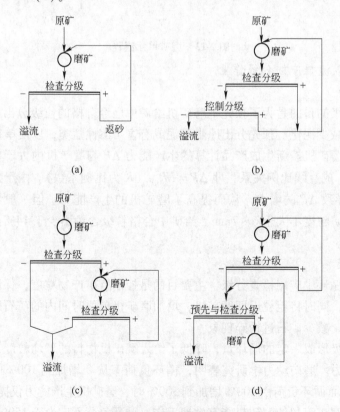

图 2-14　常规磨矿流程

a 一段磨矿流程的应用

当磨矿粒度要求大于 0.15mm（即 –0.074mm 级别含量不超过 70%）时，可采用一段磨矿流程（图 2-14 （a））。对于小型选矿厂，若磨矿产品粒度较细（ –0.074mm 级别含量超过80%），为简化流程、节省投资，也可采用溢流控制分级的一段磨矿流程（图 2-14 （b））。

一段磨矿流程的主要优点是：所需分级设备少，投资省；配置简单，调节方便；磨矿产物不需转运。该流程的缺点是：当给矿粒度范围很宽时，因合理装球困难，磨矿机难以有效工作；溢物产物粒度较粗，一般不好实现阶段选别。

b 两段磨矿流程的应用

为了获得细粒级的磨矿最终产物（ <0.15mm），以及需要进行阶段选别时，可采用两段磨矿流程。

（1）第一段开路的两段磨矿流程。由于第一段是开路磨矿，因此所需分级面积少，常用棒磨机。给矿粒度可大到 20～25mm，流程调节简单，便于合理装球，可以得到粗或细粒的最终产物。它的缺点是：第二段磨矿机的容积必须比第一段大 50%～100%，才能保证第一段磨矿机的有效工作，因而使用上受到限制。这种流程常为要求磨矿细度在 55%～70% –0.074mm 的大型选矿厂所采用。同时由于第一段磨矿机的产物必须按照第二段磨矿机的台数进行再分配，且因一段产物粒度粗、浓度大，需要较陡的自流坡度，这就促使第一段和第二段磨矿机不能安装在同一水平上，导致设备配置和管理的复杂化。

（2）两段全闭路磨矿流程。该流程常用于处理硬度大、嵌布粒度细的矿石，磨矿粒度为小于 0.15mm（70%～80% –0.074mm）或要求磨矿粒度更细的大、中型选矿厂。为了充分发挥第一、第二两段磨矿机的工作效率，必须正确分配两段磨矿机的负荷。第一段溢流粒度过细或过粗，都会使第二段磨矿机出现负荷不足或过负荷，这将降低磨矿机的总生产能力。第一段溢流粒度可以通过改变溢流浓度来调节。这种流程的优点是：可以得到较细的最终磨矿产品；可以进行阶段选别，便于合理装球；第一段分级溢流不需陡坡流槽输送。其缺点是：调节磨矿工作因素较困难，所需分级机面积大，投资费用高，磨矿车间设备配置比一段磨矿流程复杂，但比第一段开路的两段磨矿流程简单，磨矿机可安装在同一水平面上。

D 自磨流程

传统的破碎—磨矿流程能得到预期的生产效果，根据我国国情，应优先考虑。但它也存在一些缺点，例如工艺流程长，设备类型数量多，金属消耗量大；基建投资经营费用高，建厂周期长等。为了解决这些问题，在原矿性质适宜时，可考虑采用自磨工艺替代常规碎磨工艺。

生产实践表明，自磨工艺在生产、基建投资等方面均表现出许多优点。它的主要特点是：

（1）自磨机允许原矿直接给入或经粗碎后给入，而自磨机的产品经分级后进行选别，因而破碎比大，减少了破碎磨矿的段数，大大简化了破碎磨矿流程。

（2）减少了破碎磨矿设备和厂房占地面积，基建投资低。

（3）节省了钢球、衬板等钢材消耗，操作人员少，生产管理费用低。

因此，在设计选矿厂时，应该充分考虑采用自磨流程的可能性。但自磨工艺能耗高、费用大，且并不是对所有矿石都是有效的。在设计应用自磨工艺时，必须对矿石进行充分的研究，在实验的基础上与常规磨矿流程进行比较后再确定。

自磨工艺分为干磨和湿磨两种。干式自磨具有衬板消耗低、分级效率高、过粉碎少等优点。但它电耗大、分级系统比较复杂、易产生大量粉尘、不适宜处理潮湿矿石，因而在多数情况下，除在缺水地区建厂时才采用外，其他均应采用湿式自磨。

和通常的磨矿流程一样，湿式自磨分一段磨矿和两段磨矿流程。当采用两段磨矿流程时，第一段都是采用自磨机，而第二段可采用球磨机或砾磨机。为了处理自磨过程中产生的难磨临界粒子，可从自磨机引出难磨粒子，用细碎机破碎后，再返回到自磨机进行处理。

为了提高自磨机的磨矿效率和解决难磨粒子的问题，对一些矿石可采用半自磨流程。所谓半自磨，就是在自磨机中加入少量大直径的钢球，通常所加的钢球量不超过自磨机容积的 10%（一般为 5% ~ 8%）。

常用的湿式自磨流程有五种。

a   单段自磨（半自磨）流程

这种流程（图 2-15）中的自磨机常带有自返筛，磨矿产物的粒度较粗，上限可达 3mm，有利于重选和磁选的粗粒抛尾，且流程简单。当磨矿细度为 0.2mm 左右时，可与螺旋分级机或水力旋流器组成回路。单段半自磨流程，在流程结构上与单段自磨相同，不同之处是在自磨机中加入占容积 5% ~ 8% 的钢球，以消除难磨顽石（难磨粒子），提高磨矿机的生产能力。该类流程的碎磨比太大，生产能力低，故应用不广。

b   自磨加细碎流程

在单段自磨流程中加用细碎作业（图 2-16），可消除难磨顽石在自磨机中的积累，提高磨机生产能力并降低能耗，因而对易产生顽石的矿石极为合适。

c   自磨加砾磨流程

自磨加砾磨流程又称全自磨流程（图 2-17）。第二段砾磨机用的砾石，可由破碎系统供给，也可由自磨机（开砾石窗）供给。该流程的磨矿产物最终粒度大致与常规的两段磨矿流程相同。砾磨机的介质是砾石（矿石），因而要求产量相同时，其容积要大于球磨机。砾磨机单位容积处理能力只有球磨机处理能力的 30% ~ 50%。有时只需引出砾石的一部分作为砾磨机的砾石介质用，多余部分仍需返回自磨机，增加了流程的复杂性。因此，此流程只有在从第一段自磨机产出足够良好砾磨介质的情况下才应用，否则不宜采用此流程。

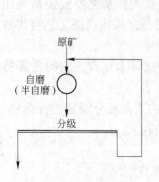
图 2-15   单段自磨流程

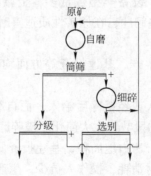
图 2-16   自磨加细碎流程

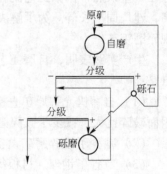
图 2-17   自磨加砾磨流程

d 自磨加球磨流程

自磨加球磨流程简便、实用（图2-18）。两段的磨矿回路均可展开，比较灵活，便于实现阶段选矿。在该流程的基础上，如在自磨机内加入部分钢球做磨矿介质，即成为半自磨加球磨流程。这种流程可以消除难磨的顽石，提高了磨矿机的生产能力，是当前使用较广的流程。

e 自磨球磨加细碎流程

自磨球磨加细碎流程常称为 ABC 流程（图2-19），与半自磨加球磨相比较，电耗相近，但节省了钢球消耗；原矿性质变化不会对流程引起较大的波动，生产稳定。该流程的细碎作业又分为开路破碎和闭路破碎两种，开路破碎的产物直接进入球磨机，使自磨机的能力得以充分发挥，闭路破碎的产物则返回自磨机（图中点划线所示）。流程中自磨产物圆筒筛分级的筛下产物用水力旋流器分级时，需考虑矿浆运输用的耐磨泵。

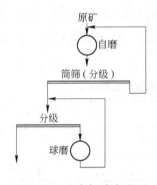

图2-18 自磨加球磨流程

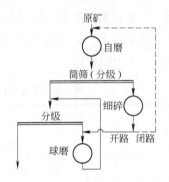

图2-19 自磨球磨加细碎流程

E 磨矿流程设计原则

磨矿流程的设计，主要是依据矿石性质及矿物粒度嵌布特性等条件而定。这些特性应在选矿试验研究报告中提出。因此，设计时可根据试验所提供的数据、设计原始条件及选矿厂的规模等因素，进行磨矿流程设计。设计磨矿流程的原则是：

（1）矿石中含泥含水较多且有大量黏土矿物时，若采用常规的破碎磨矿流程，破碎很难畅通，此时若增加洗矿作业，将使流程复杂，对大型选矿厂更是不利。这时应考虑采用湿式自磨工艺的可能性和必要性。如果常规流程和自磨流程均可，则除了考虑矿石性质外，还必须通过技术经济比较来做最后决定。

（2）当要求矿石入选粒度在 55%～65% −0.074mm 时，可以考虑采用以下方案：

1）矿石破碎到 10～15mm 后，采用一段磨矿流程。

2）选矿厂规模较大时，可将矿石破碎到 20～25mm，用第一段开路的两段磨矿流程，第一段磨矿可用棒磨机。

3）矿石破碎到 300～350mm，用自磨加球磨，半自磨加球磨，或自磨、球磨加细碎流程来处理。

（3）当要求矿石入选粒度很细，−0.074mm 粒级在 75% 以上时，或要进行阶段选别时，可采用两段全闭路磨矿流程。

（4）当原矿中含有一定量的贵金属时，这些贵金属又可能在磨矿回路中聚集，可考虑在第一段闭路磨矿流程的返砂处设置重砂分选作业。

2.3.3.2　磨矿分级流程计算

磨矿分级流程计算的原则，仍然是根据各作业进入与排出的产物的重量和某一计算级别重量平衡的关系，计算各产物的重量 Q（t/h）和产率 γ（%），以供选择计算磨矿分级设备，同时为计算矿浆流程提供基础资料。

A　磨矿分级流程计算所需的原始资料

（1）磨矿作业的生产能力。对于浮选厂和磁选厂而言，磨矿作业的生产能力一般即为选矿厂的原矿处理量（t/h）。但在重选厂或某些阶段选别流程、联合流程的选矿厂，磨矿的生产能力则是流程中实际进入磨矿回路的新给矿量。

（2）要求的磨矿细度。一般由选矿试验确定。

（3）最适宜的循环负荷。所谓最适宜的循环负荷，是指经济上最有利、磨矿费用最少的循环负荷。它能使磨矿获得最佳效果，反映在加速合格产品的排出、磨矿机的处理能力提高和降低电能消耗上。最适宜的循环负荷一般是通过工业试验确定的。当没有实际资料时，可参用表 2-8 中的数据。

表 2-8　不同磨矿条件下最适宜的循环负荷率 C

磨　矿　条　件		$C/\%$
磨矿机和分级机自流配置		
第一段	粗磨至 0.5 ~ 0.3mm	150 ~ 350
	细磨至 0.3 ~ 0.1mm	250 ~ 600
第二段	由 0.3mm 磨至 0.1mm 以下	200 ~ 400
磨矿机和水力旋流器配置		
第一段	磨至 0.4 ~ 0.2mm	200 ~ 350
	磨至 0.2 ~ 0.1mm	300 ~ 500
第二段	由 0.2mm 磨至 0.1mm 以下	150 ~ 350

当最适宜的循环负荷值选定之后，还需用磨矿机允许最大通过能力进行校核，即磨矿机单位容积的小时通过量（新给矿加返砂）不得大于 $12t/(m^3 \cdot h)$，否则磨矿机将会被矿浆过分充塞而导致不能正常工作，此时应减少所选定的循环负荷。

（4）原矿及磨矿产物中计算级别的含量。在磨矿分级流程计算过程中，通常把 $-0.074mm$（-200 目）作为标准，称为计算级别。对很细的物料，可用 $-0.043mm$（-325 目）作为计算级别；对粗的物料，可用 $-0.15mm$ 作为计算级别。

原矿中计算级别的含量可由选矿试验测得，或采用类似选矿厂的实际生产资料，也可由表 2-9 查取。

在磨矿分级流程计算时，还必须知道分级机返砂中计算级别的含量，它与分级机溢流产物的粒度有关，见表 2-10。

表 2-9　给矿中 −0.074mm 粒级的含量　　　　　　　　　　（%）

给矿粒度/mm	40	20	10	5	3
难碎矿石	2	5	8	10	15
中等可碎矿石	3	6	10	15	23
易碎矿石	5	8	15	20	25

表 2-10　分级机溢流产物的粒度与产物中 −0.074mm 级别含量间的关系

分级机溢流产物的最大粒度/mm	−0.074mm 级别的含量/%	
	分级机溢流中	分级机返砂中
0.4	35 ~ 40	3 ~ 5
0.3	45 ~ 55	5 ~ 7
0.2	55 ~ 65	6 ~ 9
0.15	70 ~ 80	8 ~ 12
0.10	80 ~ 90	9 ~ 15
0.074	95	10 ~ 16

注：表中所列溢流产物粒度与分级返砂中 −0.074mm 级别含量的关系是对密度为 2.7 ~ 3.0t/m³ 的中硬矿石而言的。对于密度大的矿石（如致密块状硫化矿石和铁矿石），返砂中 −0.074mm 级别的含量将增大 1.5 ~ 2.0 倍；对预先分级或溢流的控制分级，若分级中 −0.074mm 级别的含量超过 30% ~ 40%，则返砂中 −0.074mm 级别的含量应采用表中上限数值；用水力旋流器分级时，其沉砂中计算级别的含量，通常要比表中所列数据高 15% 左右。

　　（5）用水力旋流器预先分级的基础资料。当使用水力旋流器作预先分级时，需知旋流器给料的粒度组成、分离界限及各窄级别在旋流器沉砂及溢流中的分配率。上述资料一般依据同类性质的工业实践数据确定，必要时应通过半工业试验获得。根据上述资料可以比较准确地计算出预先分级后进入磨矿机的物料量。当无法得到分配率数据时，可将旋流器给料中大于分离粒度的累积含量除以按沉砂计算的旋流器效率 E_u，即可得到沉砂量。根据日本的旋流器统计资料，对于第一段粗磨，E_u 取 0.75 ~ 0.85，对于第二段磨矿或再磨，E_u 取 0.6 ~ 0.7。

　　（6）计算自磨流程（包括半自磨 + 球磨、自磨 + 球磨、"ABC"等）的基础资料。包括自磨机的循环负荷和需要进行细碎的"顽石"量，以及自磨机的排出量、砾石消耗量等。这些产物的产率与磨矿条件，与矿石机械物理性质有关，需由半工业性试验或工业试验确定。

　　（7）两段磨矿时，第二段磨矿机容积与第一段磨矿机容积之比 m 值。当第一段磨矿为开路（或采用棒磨机）、第二段为闭路时，通常 $m = 2 ~ 3$；当第一段、第二段都为闭路时，$m = 1$。第二段磨矿机按新生计算级别计的单位生产能力与第一段磨矿机按新生计算级别计的单位生产能力之比 K，K 根据生产实际资料或试验确定；如无生产实际资料或试验数据时，可取 $K = 0.80 ~ 0.85$。

　　B　常规磨矿流程计算
　　不同类型的磨矿分级流程所用计算公式，如表 2-11 所示。

表 2-11　常规磨矿流程及计算公式

流程类型	流 程 图	已知条件	计算公式
有检查分级的 单段磨矿流程 I		Q_1、C	$Q_4 = Q_1$ $Q_5 = CQ_1$ $Q_2 = Q_3 = Q_1 + Q_5 = Q_1(1 + C)$
预先及检查分级合一 的单段磨矿流程 II		Q_1、C、β_1、β_3、β_4	$Q_3 = Q_1$ $Q_4 = Q_5 = Q_1 \dfrac{\beta_3 - \beta_1}{\beta_3 - \beta_4}(1 + C)$ $Q_2 = Q_1 + Q_5$
有预先分级的 单段磨矿流程 III		Q_1、C、β_1、 β_2、β_3、β_6	$Q_8 = Q_1$ $Q_3 = Q_6 = Q_1 \dfrac{\beta_2 - \beta_1}{\beta_2 - \beta_3}$ $Q_2 = Q_1 - Q_3$ $Q_7 = CQ_3$ $Q_4 = Q_5 = Q_3 + Q_7 = Q_3(1 + C)$ $\beta_8 = \dfrac{Q_2\beta_2 + Q_6\beta_6}{Q_8}$
有溢流控制分级的 单段磨矿流程 IV		Q_1、C、β_4、β_6、β_7	$Q_6 = Q_1$ $Q_3 = Q_2$ $Q_4 = Q_6 \dfrac{\beta_6 - \beta_7}{\beta_4 - \beta_7}$ $Q_7 = Q_4 - Q_6$ $Q_8 = CQ_1$ $Q_5 = Q_8 + Q_7$ $Q_3 = Q_4 + Q_5 = Q_1 + Q_8$
第一段开路的 两段磨矿流程 V		Q_1、C、β_1、 $\beta_9 = \beta_3 = \beta_7$、 β_4、m、K	$Q_2 = Q_9 = Q_1$ $\beta_2 = \beta_1 + \dfrac{\beta_9 - \beta_1}{1 + Km}$ $Q_4 = Q_7 = Q_2 \dfrac{\beta_3 - \beta_2}{\beta_3 - \beta_4}$ $Q_3 = Q_2 - Q_4$ $Q_8 = CQ_4$ $Q_6 = Q_5 = Q_4 + Q_8 = Q_4(1 + C)$

流程类型	流程图	已知条件	计算公式
两段全闭路磨矿流程Ⅵ		Q_1、C_1、C_2、β_1、β_7、β_8、m、K	$Q_7 = Q_4 = Q_1$ $\beta_4 = \beta_1 + \dfrac{\beta_7 - \beta_1}{1 + Km}$ $Q_5 = C_1 Q_1$ $Q_2 = Q_3 = Q_1 + Q_5 = Q_1(1 + C_1)$ $Q_8 = Q_9 = Q_4 \dfrac{\beta_7 - \beta_4}{\beta_7 - \beta_8}(1 + C_2)$ $Q_6 = Q_4 + Q_9 = Q_7 + Q_8$

注：计算公式的符号说明如下：Q_1，Q_2，…，Q_n——各产物的重量，t/h；β_1，β_2，…，β_n——各产物中计算级别含量，查表2-9和表2-10；K——第二段磨矿机按新生计算级别计的单位容积生产能力与第一段磨矿机按新生计算级别计的单位容积生产能力之比；m——第二段磨矿机有效容积与第一段磨矿机有效容积之比；C、C_1、C_2——磨矿机循环负荷率，%；

表2-11中两段全闭路磨矿流程Ⅵ的计算公式推导如下：

由流程图可知，第一段流程只需知道 Q_1、C_1，即可求出 $Q_2 \sim Q_5$；而第二段流程计算则需根据已知条件，求出第一段的磨矿细度 β_4，才能进行后续计算。为此，现设 A_1、A_2 分别为第一段和第二段磨矿机新生成计算级别的重量；q_1、q_2 分别为第一段和第二段磨矿机按新生成计算级别计算的单位容积生产能力；V_1、V_2 分别为第一段和第二段磨矿机的容积。将流程等效变换为图2-20流程。

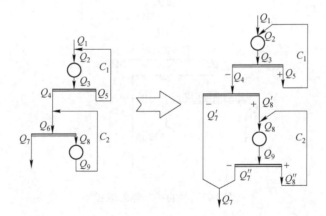

图2-20 磨矿流程第二段的等效形式

产物4中，其计算级别的含量 β_4，由原矿1中带来的计算级别含量 β_1 与第一段磨矿中新生成计算级别的含量组成。

已知两段磨矿总的新生计算级别的含量为 $\beta_7 - \beta_1$，则第一段磨矿中新生计算级别含量与第一段磨矿中新生计算级别的重量的比值应等于两段磨矿总的新生计算级别含量与两段磨矿总的新生计算级别的重量之比，即

$$\frac{\beta_4 - \beta_1}{A_1} = \frac{\beta_7 - \beta_1}{A_1 + A_2}$$

所以

$$\beta_4 = \beta_1 + \frac{A_1}{A_1 + A_2}(\beta_7 - \beta_1)$$

而

$$A_1 = q_1 V_1, \quad A_2 = q_2 V_2 = Kq_1 m V_1$$

则

$$\beta_4 = \beta_1 + \frac{A_1}{A_1 + A_2}(\beta_7 - \beta_1) = \beta_1 + \frac{q_1 V_1}{q_1 V_1 + Kmq_1 V_1}(\beta_7 - \beta_1) = \beta_1 + \frac{\beta_7 - \beta_1}{1 + Km}$$

于是由图 2-20 可得

$$Q_8 = Q_{8'} + Q_{8''} = Q_{8'} + C_2 Q_{8''} = Q_{8'}(1 + C_2)$$

而 $Q_{8'}$ 可以通过下列平衡方程组联立求解

$$\begin{cases} Q_4 = Q_{7'} + Q_{8'} \\ Q_4 \beta_4 = Q_{7'}\beta_{7'} + Q_{8'}\beta_{8'} \end{cases}$$

解得

$$Q_8 = Q_4 \frac{\beta_{7'} - \beta_4}{\beta_{7'} - \beta_{8'}}(1 + C_2) = Q_4 \frac{\beta_7 - \beta_4}{\beta_7 - \beta_8}(1 + C_2)$$

至此，其余各产物的重量计算公式如同表 2-11 中所示。

C　自磨流程的计算

自磨流程的计算与常规磨矿流程的计算基本相同，现以自磨加球磨流程为例加以说明。流程如图 2-21 所示，已知产物 1 的重量为 Q_1，产物 3 中小于筛孔级别含量为 β_3^{-a}，产物 4 的计算级别的含量为 β_4，产物 7 的计算级别的含量为 β_7。

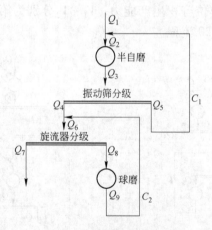

图 2-21　半自磨加球磨流程

对于自磨作业，可按破碎流程的计算方法进行计算，即套用有检查筛分的闭路破碎单元流程的计算公式进行计算。对于球磨分级作业，则按预先及检查分级合一的单段磨矿流程进行计算。

D　磨矿流程计算实例

某选矿厂采用两段全闭路磨矿流程Ⅵ，已知 $Q_1 = 200\text{t/h}$；$C_1 = 350\%$，$C_2 = 300\%$；$\beta_1 = 10\%$，$\beta_7 = 85\%$；$K = 0.82$，$m = 1$。

计算如下：

$$Q_7 = Q_4 = Q_1 = 200\text{t/h}$$

$$\beta_4 = \beta_1 + \frac{\beta_7 - \beta_1}{1 + Km} = 10 + \frac{85 - 10}{1 + 0.82 \times 1} = 51.21\%$$

$$Q_5 = C_1 Q_1 = 3.5 \times 200 = 700\text{t/h}$$

$$Q_2 = Q_3 = Q_1 + Q_5 = Q_1(1 + C_1) = 200 + 700 = 900\text{t/h}$$

查表 2-10，当 $\beta_7 = 85\%$ 时，取 $\beta_8 = 12\%$，于是

$$Q_8 = Q_9 = Q_4 \frac{\beta_7 - \beta_4}{\beta_7 - \beta_8}(1 + C_2) = 200 \times \frac{0.85 - 0.5121}{0.85 - 0.12}(1 + 3.0) = 370.30\text{t/h}$$

$$Q_6 = Q_4 + Q_9 = Q_7 + Q_8 = 200 + 370.30 = 570.30\text{t/h}$$

$$\gamma_7 = \gamma_4 = \gamma_1 = 100\%$$

$$\gamma_5 = \frac{Q_5}{Q_1} = C_1 = 350\%$$

$$\gamma_2 = \gamma_3 = \gamma_1 + \gamma_5 = (100 + C_1) = 450\%$$

$$\gamma_8 = \gamma_9 = \frac{Q_9}{Q_4} = \frac{\beta_7 - \beta_4}{\beta_7 - \beta_8}(1 + C_2) = \frac{0.85 - 0.5121}{0.85 - 0.12}(1 + 3.0) = 185.15\%$$

$$\gamma_6 = \gamma_4 + \gamma_9 = \gamma_7 + \gamma_8 = 100\% + 185.15\% = 285.15\%$$

2.4 选别流程的设计与计算

2.4.1 选别流程的设计与流程论证

选别流程的设计是整个选矿厂设计中的关键部分，设计的成功与否，关系到未来选矿厂能否选出合格的精矿产品，能否给企业带来最大的经济效益和社会效益。为此，必须在占有充分可靠资料的基础上，进行多方案的技术经济比较和论证，设计最佳流程方案。

选别流程是由各种选矿方法构成的。根据选矿方法的不同，选别流程可分为浮选流程、重选流程、磁选流程、化学选矿流程、重选—浮选联合流程、重选—浮选—磁选联合流程等。每个选别流程均有选别段数、选别循环的区别，在流程内部结构上也存在精选、扫选次数和中矿处理等的不同。

选别流程设计的主要依据是经过鉴定的选矿试验报告中所推荐的选别流程（必要时还要根据矿石性质相类似的生产厂的实际资料进行适当的修正），经过必要的技术经济论证后确定的。

一般说来，影响选别流程的主要因素，有以下几个方面：

（1）矿石（床）类型。矿石（床）类型是制定选别流程的主要依据。对于不同类型的矿石，可能采用完全不同的选别方法和选别流程进行处理。例如，矿石属于单一硫化矿石，一般采用单一浮选流程；对于氧化程度较深的混合矿石，则可能采用浮选—化学选矿联合流程；对于含铜磁铁矿石，则常采用浮选—磁选联合流程。

（2）矿石性质。矿石中有用矿物的物理性质和化学性质，是选择选别方法和选别流程的主要根据。如选别矿物密度差别大的粗粒嵌布的矿石，一般可用重选流程；选别矿物表面润湿性差别较大且呈细粒嵌布的矿石，大多数采用浮选流程。对于金矿物，由于它具有

密度大，可浮性好，当有氧存在时，易溶于稀的氰化物溶液，且易与汞选择性地润湿形成汞齐，因此，金矿石可采用重选法、浮选法选别，也可以利用混汞法和氰化法提取。

（3）浸染特性。矿石中有用矿物的浸染特性，是确定选别段数的主要因素。例如，对于有色金属矿石，当处理粗粒浸染和共生关系简单的矿石，一般采用一段选别流程；处理集合浸染或不均匀浸染的矿石，采用两段或多段选别流程。对于微细浸染或不均匀浸染的矿石，往往要采用多段选别流程。在选金当中，粗粒金可用重选或混汞法处理，而细粒金常常以浮选法或氰化法回收。

（4）矿泥含量。矿石中原生矿泥和次生矿泥的含量及其性质，是影响选别方法和选别流程的重要因素。原生矿泥的影响程度由围岩及其碎散程度、原矿中黏土含量和可溶性盐类的含量来决定。例如，浮选含有大量因风化作用而生成的原生矿泥和可溶性盐类的矿石时，宜采用矿砂和矿泥分选的流程。如原矿中含有大量的黏土，将促使细粒结块。为了分散被黏土所黏结的矿块，原矿必须经过预先的洗矿作业，然后才能进行选别。次生矿泥是指在破碎和磨矿作业中产生的细泥。有用矿物和脉石的过粉碎和泥化，都将使选别指标恶化。因此，在处理易过粉碎和易泥化的矿石时，应增加选别段数，以减少矿泥的产生。

（5）有用成分的种类与含量。矿石中有用成分的种类与含量对选别流程的制定有较大的影响。如多金属矿石与单金属矿石的选别流程就不相同。多金属硫化矿富矿，可直接优先浮选；多金属硫化矿贫矿，则宜采用混合浮选。另外，在确定选别流程时，还应考虑对矿石中伴生有用金属的综合回收，特别要注意回收稀有金属和贵金属。

（6）其他。在设计选别流程时，当前的选矿技术水平、经济效果、用户对精矿质量的要求、选矿厂的规模、建厂地区的自然气候条件以及环保规定的要求等，都要考虑并恰当处理。

选矿厂设计时，选别流程论证一般按照下列步骤进行：

（1）论证的目的和要求。

（2）论证基础资料综述。

（3）原矿性质综述。

（4）原则流程的合理性论证。

（5）流程内部结构的合理性论证。

（6）结论。

2.4.2　选别流程的计算

选别流程计算的目的在于确定选别流程中各产物的工艺指标。这些指标是反映产物特性的数量指标和质量指标，即产物的重量 Q、产率 γ、品位 β、金属量 P、金属分布率 ε（回收率）、作业回收率 E 等。有时，为了某种特殊需要，还用补充指标，即富集（矿）比 i 和选矿比 K。

产物的数量指标 Q、γ、P、ε（或 E）属于分配指标，各产物的重量（Q）是选择设备的重要依据。产物的质量指标（即品位 β）属于计算指标，各产物的品位和回收率指标是评价或取舍某一作业的重要依据。

选别流程的计算，是假定在选矿过程中，只是机械的富集，不发生化学反应和变化，不考虑选矿过程的机械损失和流失，即进入某作业的各个产物的重量之和应等于从该作业

排出的各个产物的重量之和

$$\Sigma Q_人 = \Sigma Q_出 , \quad \Sigma P_入 = \Sigma P_出 \qquad (2\text{-}13)$$

式中　$\Sigma Q_人$——进入某作业各个产物的重量之和，t/h；

　　　$\Sigma Q_出$——从某作业排出的各个产物的重量之和，t/h；

　　　$\Sigma P_人$——进入某作业的各个产物的某种金属量之和，t/h；

　　　$\Sigma P_出$——从某作业排出的各个产物的某种金属量之和，t/h。

根据上述原则，进入各个作业的产物和从该作业排出的产物的分配指标，可用平衡方程式表示。流程计算时，只需将已知的原始指标代入平衡方程式，通过一般数学方法，即可求未知的工艺指标。

2.4.2.1 选别流程计算的原始指标

任何一个工艺流程的计算，都必须具备充分必要的已知条件，才能进行。如计算破碎流程必须已知原矿的最大粒度（D_{max}）和破碎最终产物的最大粒度（d_{max}）、筛孔尺寸和筛分效率、碎矿机产物的粒度特性曲线等。计算磨矿流程必须已知给矿量（Q_1）和计算级别的含量（$\beta^{-0.074}$）以及循环负荷 C 等。这些已知条件一般称为必需的原始指标。所谓必需的原始指标，包含两个意思：一是必需的，二是充分的，即原始指标总数不能多也不能少。因为选别流程的计算是利用解平衡方程式的方法进行的，根据数学知识，要解联立方程式已知数（即原始指标数）不能多，多了就可能会出现矛盾方程式；反之，已知数少了就会成为不定方程式。因此，选别流程计算前，首先确定必要而充分的原始指标数显得非常重要。

A 必需的原始指标数的确定

流程计算的目的，就是要确定反映产物特性的量的指标，这里所说的量，包括两个概念：一是指反映产物物料数量的重量，另一个是指反映产物质量的有用成分的含量。流程计算的原始指标，也必须包括这两种类型的指标，通常称为计算成分，用 C 表示。例如，破碎流程的计算，假定各产物的金属含量是相等的，只需要确定各产物的重量指标，则计算成分 $C=1$；单金属矿石选别流程的计算，不仅需要确定产物的重量，还要确定金属成分的含量，则计算成分 $C=2$；依此类推，两种金属矿石选别流程的计算，计算成分 $C=3$；3 种金属矿石选别流程的计算，计算成分 $C=4$，等等，即

$$C = 1 + e \qquad (2\text{-}14)$$

式中　C——计算选别流程的计算成分；

　　　e——矿石中金属的种类数。

一个选别流程中的作业包括选别作业和混合作业两类。选别作业是将一个给矿分成若干个产物，且产物的有用组分含量与给矿比发生变化，精矿产物的有用组分发生富集；混合作业则是若干个给矿混合成一个产物，产物的有用组分含量与给矿比也发生变化。选别作业的产物称为选别产物，混合作业的产物称为混合产物。

若计算成分 C 为已知，选别流程总的选别产物数为 n_P、总的选别作业数为 a_P，则不包括原矿指标的选别流程计算所必需的原始指标数 N_P 可由下式求得：

$$N_P = C(n_P - a_P) \qquad (2\text{-}15)$$

式（2-15）表明，当已知原矿指标时，计算选别流程的必要而充分的原始指标数，等于计算成分乘以流程中的选别产物数和选别作业数之差。

B 原始指标的组成

按式（2-15）只能解决流程计算所必需的原始指标总数，从选别流程计算的可能性来看，原始指标总数 N 或 N_P 可以选用任何指标，即产物的重量 Q，产率 γ、品位 β、回收率 ε、作业回收率 E、富集比 i 和金属量 P 等。但为了计算方便，实际上最常用的是以相对数值表示的指标，即产率 γ、品位 β、回收率 ε 和作业回收率 E。只有原矿数量采用绝对数值表示的指标，即原矿量 Q。

如果选别流程计算仅用指标（γ、β、ε）作原始指标，对单金属矿石，原始指标总数应是 γ、β、ε 等各类指标之和，即

$$N_P = N_\gamma + N_\varepsilon + N_\beta \tag{2-16}$$

式中 N_γ——作为原始指标的产物的产率指标数目；

N_β——作为原始指标的产物的品位指标数目；

N_ε——作为原始指标的产物的回收率指标数目。

式（2-16）中各类原始指标数也不能任意选取，必须满足下列条件，否则也会出现矛盾方程式，这些条件是

$$N_\gamma \leqslant n_P - a_P \tag{2-17}$$

$$N_\varepsilon \leqslant n_P - a_P \tag{2-18}$$

$$N_\beta \leqslant 2(n_P - a_P) \tag{2-19}$$

上述条件都是各类原始指标选取的极限值，选取时都不能超过此极限值，其中某一类原始指标（如 N_γ），也可以不选为原始指标数。但不管怎样选取，各类原始指标数之和一定要等于原始指标总数 N_P。

同理，对多金属矿石，原始指标总数和各类原始指标数也都应满足下列条件

$$N_P = N_\gamma + N_{\varepsilon'} + N_{\beta'} + N_{\varepsilon''} + N_{\beta''} + \cdots = C(n_P - a_P) \tag{2-20}$$

$$N_\gamma \leqslant n_P - a_P \tag{2-21}$$

$$N_{\varepsilon'} \leqslant n_P - a_P \tag{2-22}$$

$$N_{\beta'} \leqslant 2(n_P - a_P) \tag{2-23}$$

$$N_{\varepsilon''} \leqslant n_P - a_P \tag{2-24}$$

$$N_{\beta''} \leqslant 2(n_P - a_P) \tag{2-25}$$

$$\vdots$$

各类原始指标数之和应该是

$$N_\gamma + N_{\varepsilon'} + N_{\beta'} \leqslant 2(n_P - a_P) \tag{2-26}$$

$$N_\gamma + N_{\varepsilon''} + N_{\beta''} \leqslant 2(n_P - a_P) \tag{2-27}$$

$$\vdots$$

C 各类原始指标的选取

选别流程计算所需的原始指标数 N_P，可由不同的 N_γ、N_ε、N_β 组成很多方案，但在选择时应遵循以下原则：

（1）对同一产物不能同时选取产率 γ、品位 β 和回收率 ε 指标作原始指标，且选定的指标也不能只有数量指标而没有品位指标，即只能是产率指标（γ）和品位指标（β）或者回收率指标（ε）和品位指标（β）。因为 γ、β、ε 三者互为函数关系，即

$$\varepsilon = \frac{\gamma\beta}{\alpha} \tag{2-28}$$

式中　α——原矿品位。

否则，其中一个指标不起作用，又会使原始指标总数不足，使流程计算无法进行。

（2）所选取的指标，应该是生产中最稳定、影响最大而且必须加以控制的指标。这些指标通常是精矿回收率（ε）和精矿品位（β）。因为回收率指标（ε）是反映选矿效果的指标，且波动范围小，比较稳定；精矿品位指标（β）是反映精矿质量的指标，是一个非常重要的指标。有时也可选择作业回收率指标（E）作原始指标。

这样，对于浮选、重选和磁选等两种产物的选别作业，应该选取精矿品位指标（β）和精矿回收率指标（ε），特别是最终精矿品位和回收率指标。对于重选、磁选、电选等 3 种产物的选别作业，除选择精矿品位和回收率指标之外，还可选择中矿的产率和品位指标，因为中矿将返回前一作业，对稳定生产有重要作用。对于 4 种产物的重选作业，应选择精矿、次精矿品位和回收率指标以及中矿的产率和尾矿的回收率指标。

（3）对重选按粒度分离的洗矿、脱泥、分级作业，溢流或沉砂是随原矿粒度组成不同而变化，一般视为与品位无关，因此，流程计算时，不能按金属量平衡来计算产物的产率，应按某一粒级（如 $-0.074\mathrm{mm}$ 或 $0.1\mathrm{mm}$）含量平衡关系来求产物的产率。

（4）确定原始指标的具体数值，应以选矿试验报告为主要依据，同时参照同类选矿厂现场生产资料，有时要进行调整。调整的原则是：

1）若设计的原矿品位小于试验的原矿品位，当差值不超过 10% ~ 15%，该试验报告可以作为选择原始指标的依据。如果相差很大，首先应该复查矿样的代表性，代表性不足时，应重新采样进行选矿试验。

2）若设计流程与选矿试验流程相同时，则可直接选取选矿试验报告的指标作原始指标。如设计流程与选矿试验流程不同（增加或减少某些作业），则可按类似选矿的现场资料或根据作业富矿比（i）和作业回收率（E）来调整确定。

3）增加选矿作业扫选或精选次数时，可按该作业产物的指标随选别时间变化规律进行调整。一般增加精选次数为提高精矿品位，而精矿回收率则要下降；增加扫选次数精矿品位要降低，精矿回收率则可提高。

2.4.2.2　单金属矿石选别流程的计算

单金属矿石的选别流程，可根据选别产物的多少，分为以下几种典型结构。

A　两种选别产物的流程

两种选别产物的流程见图 2-22。

（1）计算必需的原始指标总数。

$$N_{\mathrm{p}} = C(n_{\mathrm{p}} - a_{\mathrm{p}}) = 2 \times (2 - 1) = 2$$

只需要确定两个原始指标（原矿指标除外），即可算出全部产物的全部工艺指标。

（2）选择原始指标。

方案 1：如果选择各产物的品位 β_2、β_3 作为原始指标时，计算如下：

根据重量平衡和金属平衡列平衡方程式

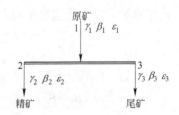

图 2-22　两种选别产物的流程

$$\gamma_1 = \gamma_2 + \gamma_3$$
$$\gamma_1 \beta_1 = \gamma_2 \beta_2 + \gamma_3 \beta_3$$

解联立方程式得：

$$\gamma_2 = \frac{\beta_1 - \beta_3}{\beta_2 - \beta_3} \gamma_1$$

$$\gamma_3 = \gamma_1 - \gamma_2$$

式中 γ_1，γ_2，γ_3——选别作业中给矿、精矿、尾矿的产率，%；

         β_1，β_2，β_3——选别作业中给矿、精矿、尾矿的品位，%。

计算出各产物的产率之后，根据公式 $\varepsilon_n = \dfrac{\gamma_n \beta_n}{\beta_1}$ 及重量平衡计算出各产物的回收率 ε_2 和

ε_3。即

$$\varepsilon_2 = \frac{\gamma_2 \beta_2}{\beta_1}, \ \varepsilon_3 = \varepsilon_1 - \varepsilon_2$$

根据 $Q_n = Q_1 \gamma_n$、$P_n = Q_n \beta_n = P_1 \varepsilon_n$ 计算出各个产物的矿量 Q_2、Q_3 和金属量 P_2 和 P_3。

方案 2：如果选择精矿品位 β_2 和回收率 ε_2 作为原始指标，根据 $\gamma_n = \dfrac{\beta_1 \varepsilon_n}{\beta_n}$ 可计算各个产

物的产率指标，即

$$\gamma_2 = \frac{\beta_1 \varepsilon_2}{\beta_2}, \ \gamma_3 = \gamma_1 - \gamma_2$$

$$\varepsilon_3 = \varepsilon_1 - \varepsilon_2, \ \beta_3 = \frac{\beta_1 \varepsilon_3}{\gamma_3}$$

式中 β_1，β_2，β_3——给矿、精矿、尾矿的品位，%；

         γ_1，γ_2，γ_3——给矿、精矿、尾矿的产率，%；

         ε_1，ε_2，ε_3——给矿、精矿、尾矿的回收率，%。

     B   三种选别产物的流程（图 2-23）

（1）计算必需的原始指标总数：

$$N_P = C(n_P - a_P) = 2 \times (3 - 1) = 4$$

上式说明，计算该流程只需 4 个原始指标（原矿指标除外）就可计算出各个产物的全
部工艺指标。

（2）选择原始指标并计算。

方案 1：选择各选别产物的品位 β_2、β_3、β_4 和中矿产率
γ_3 作原始指标。按重量平衡和金属量平衡列平衡方程式

$$\gamma_1 = \gamma_2 + \gamma_3 + \gamma_4$$
$$\gamma_1 \beta_1 = \gamma_2 \beta_2 + \gamma_3 \beta_3 + \gamma_4 \beta_4$$

γ_3 为已知，解联立方程式可得

$$\gamma_2 = \frac{\gamma_1(\beta_1 - \beta_4) - \gamma_3(\beta_3 - \beta_4)}{\beta_2 - \beta_4}, \ \gamma_4 = \gamma_1 - \gamma_2 - \gamma_3$$

然后根据 $\varepsilon_n = \dfrac{\gamma_n \beta_n}{\beta_1}$ 计算出各个产物的回收率指标 ε_2、ε_3、ε_4。再根据 $Q_n = Q_1 \gamma_n$、$P_n = Q_n \beta_n$

图 2-23   三种选别产物的流程

$=P_1 \varepsilon_n$ 计算出各个产物的其他工艺指标。

方案2：选择精矿回收率 ε_2 和各个产物的品位指标作原始指标。根据 $\gamma_n = \dfrac{\beta_1 \varepsilon_n}{\beta_n}$ 计算出

$$\gamma_2 = \frac{\beta_1 \varepsilon_2}{\beta_2}$$

再按

$$\gamma_1 = \gamma_2 + \gamma_3 + \gamma_4$$
$$\gamma_1 \beta_1 = \gamma_2 \beta_2 + \gamma_3 \beta_3 + \gamma_4 \beta_4$$

γ_3 已求出，解联立方程式可计算出 γ_3、γ_4，再根据 $Q_n = Q_1 \gamma_n$、$P_n = Q_n \beta_n = P_1 \varepsilon_n$ 计算出各个产物的其他工艺指标。

C 四种选别产物作业的流程

四种选别产物作业的流程见图2-24。

（1）计算必需的原始指标总数。

$$N_{\mathrm{P}} = C(n_{\mathrm{P}} - a_{\mathrm{P}}) = 2 \times (4-1) = 6$$

只需确定6个原始指标（原矿除外），即可算出各个产物的全部工艺指标。

（2）选择原始指标和计算。计算此流程，一般选择精矿和次精矿的品位（β_2、β_3）和回收率（ε_2、ε_3），中矿产率（γ_4）和尾矿的回收率（ε_5）作原始指标进行计算。

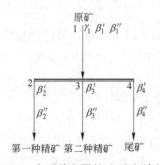

图2-24 四种选别产物的流程

计算步骤如下：

$$\gamma_2 = \frac{\beta_1 \varepsilon_2}{\beta_2}, \quad \gamma_3 = \frac{\beta_1 \varepsilon_3}{\beta_3}, \quad \gamma_5 = \gamma_1 - \gamma_2 - \gamma_3 - \gamma_4$$

$$\varepsilon_4 = \varepsilon_1 - \varepsilon_2 - \varepsilon_3 - \varepsilon_5, \quad \beta_4 = \frac{\beta_1 \varepsilon_4}{\gamma_4}, \quad \beta_5 = \frac{\beta_1 \varepsilon_5}{\gamma_5}$$

计算 γ_n、ε_n、β_n 之后，再根据 $Q_n = Q_1 \gamma_n$，$P_n = Q_n \beta_n = P_1 \varepsilon_n$ 计算其他工艺指标。

计算此流程也可选择各个产物的品位指标（β_2、β_3、β_4、β_5）和精矿、次精矿的回收指标（ε_2、ε_3）作原始指标，计算过程同前。

2.4.2.3 多金属矿石选别流程的计算

多金属矿石的选别流程，可根据金属种类的多少，又可分为含两种金属（图2-25）、3种金属（图2-26）或3种以上金属的选别流程。多金属矿石选别流程的计算复杂而繁琐，计算工作量大，设计实践中可按照计算原理编制计算机程序进行计算。

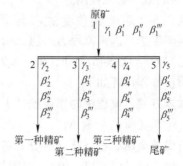

图2-25 含两种金属的矿石选别流程

图2-26 含三种金属的矿石选别流程

2.4.2.4　单金属两产物流程（浮选流程）计算步骤

总的思路是根据原始指标的组成（N_ε、N_β两者组成还是N_β单一组成），首先计算出最终产物指标；然后根据流程结构特点，依次列出各作业平衡方程，算出各产物的全部指标。

（1）当采用N_ε、N_β两者组成的原始指标时，计算步骤如下：

1）计算必需指标数N_P。

2）根据选矿试验报告及生产实际资料选取原始指标，对于浮选流程通常选取各选别作业的精矿的品位及回收率。

3）列各作业的回收率平衡方程，计算流程中未知的产物回收率。

4）利用公式$\gamma_n = \dfrac{\varepsilon_n \beta_1}{\beta_n}$计算各作业精矿的产率，流程其余产物的产率通过列各作业的产率平衡方程求出。

5）利用公式$\beta_n = \dfrac{\beta_1 \varepsilon_n}{\gamma_n}$计算流程中未知的产物品位值。

6）利用公式$Q_n = Q_1 \gamma_n$、$P_n = Q_n \beta_n = P_1 \varepsilon_n$计算各作业精矿产物的矿量和金属量，流程中其余产物的矿量和金属量通过列各作业的矿量平衡方程和金属量平衡方程求出。

7）绘制数质量流程图。

（2）当采用N_β单一组成的原始指标时，计算步骤如下：

1）计算必需指标数N_P。

2）根据选矿试验报告及生产实际资料选取原始指标，对于浮选流程则选取各选别作业产物的品位值。

3）列各选别作业的产率平衡方程及相对金属量平衡方程，解联立方程式求得流程中各选别产物产率，混合产物的产率则由混合作业产率平衡方程求得。

4）利用公式$\varepsilon_n = \dfrac{\gamma_n \beta_n}{\beta_1}$计算各作业精矿的回收率，流程其余产物的回收率通过列各作业的回收率平衡方程求出。

5）利用公式$\beta_n = \dfrac{\beta_1 \varepsilon_n}{\gamma_n}$计算流程中未知的产物品位值。

6）利用公式$Q_n = Q_1 \gamma_n$、$P_n = Q_n \beta_n = P_1 \varepsilon_n$计算各作业精矿产物的矿量和金属量，流程中其余产物的矿量和金属量通过列各作业的矿量平衡方程和金属量平衡方程求出。

7）绘制数质量流程图。

2.4.2.5　浮选数质量流程计算实例

某铜矿浮选厂选别流程为一粗二精二扫流程（如图2-27所示），最终产物为铜精矿和尾矿。已知$Q_1 = Q_4 = 45.5\mathrm{t/h}$，$\beta_4 = 0.9\%$，$\gamma_1 = \gamma_4 = 100\%$，$\varepsilon_1 = \varepsilon_4 = 100\%$。

数质量流程计算如下：

为计算方便，流程中的作业编号Ⅰ～Ⅶ，产物编号1～19。

A　计算必需指标数N_P

矿石属单金属矿石，计算成分C等于2；流程中的选别产物有10个（产物7、8、11、12、13、14、16、17、18、19），选别作业5个（粗选、精选Ⅰ、精选Ⅱ、扫选Ⅰ、扫选

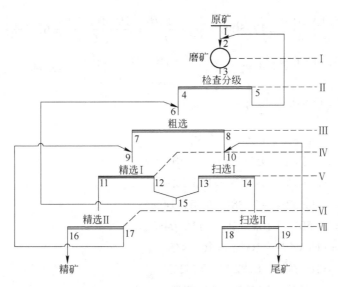

图 2-27　浮选流程

Ⅱ），则流程计算必需指标数 N_P 为

$$N_P = C(n_P - a_P) = 2 \times (10 - 5) = 10$$

原始指标（不包括原矿指标）的分配要求

$$N_P = N_\gamma + N_\varepsilon + N_\beta = 10$$

$$N_\gamma \leqslant n_P - a_P = 5$$

$$N_\varepsilon \leqslant n_P - a_P = 5$$

$$N_\beta \leqslant 2(n_P - a_P) = 10$$

根据原始指标的组成要求，原始指标选取方案可有两个：

方案Ⅰ选取 β_7、β_{11}、β_{13}、β_{16}、β_{18}、ε_7、ε_{11}、ε_{13}、ε_{16}、ε_{18}；

方案Ⅱ选取 β_7、β_8、β_{11}、β_{12}、β_{13}、β_{14}、β_{16}、β_{17}、β_{18}、β_{19}。

B　按方案Ⅰ进行后续计算如下：

（1）根据选矿试验报告及生产实际资料选取原始指标，对于浮选流程，通常选取各选别作业的精矿的品位及回收率：

$\beta_7 = 6.854\%$、$\beta_{11} = 12.653\%$、$\beta_{13} = 0.831\%$、$\beta_{16} = 17.190\%$、$\beta_{18} = 0.915\%$、$\varepsilon_7 = 95.19\%$、$\varepsilon_{11} = 96.30\%$、$\varepsilon_{13} = 8.14\%$、$\varepsilon_{16} = 89.39\%$、$\varepsilon_{18} = 2.42\%$。

（2）列各作业的回收率平衡方程，计算流程中未知的产物回收率：

$\varepsilon_{19} = \varepsilon_4 - \varepsilon_{16} = 100\% - 89.39\% = 10.61\%$，$\varepsilon_{14} = \varepsilon_{18} + \varepsilon_{19} = 2.42\% + 10.61\% = 13.03\%$

$\varepsilon_{10} = \varepsilon_{13} + \varepsilon_{14} = 8.14\% + 13.03\% = 21.17\%$，$\varepsilon_8 = \varepsilon_{10} - \varepsilon_{18} = 21.17\% - 2.42\% = 18.75\%$

$\varepsilon_6 = \varepsilon_7 + \varepsilon_8 = 95.19\% + 18.75\% = 113.94\%$，$\varepsilon_{15} = \varepsilon_6 - \varepsilon_4 = 113.94\% - 100\% = 13.94\%$

$\varepsilon_{12} = \varepsilon_{15} - \varepsilon_{13} = 13.94\% - 8.14\% = 5.80\%$，$\varepsilon_9 = \varepsilon_{11} + \varepsilon_{12} = 96.30\% + 5.80\% = 102.10\%$

$\varepsilon_{17} = \varepsilon_9 - \varepsilon_7 = 102.10\% - 95.19\% = 6.91\% = \varepsilon_{11} - \varepsilon_{16}$

（3）利用公式 $\gamma_n = \dfrac{\varepsilon_n \beta_4}{\beta_n}$ 计算各作业精矿的产率，流程其余产物的产率通过列各作业的产率平衡方程求出：

$$\gamma_7 = \frac{\varepsilon_7 \beta_4}{\beta_7} = \frac{95.19 \times 0.9}{6.854} = 12.50\% \ , \quad \gamma_{11} = \frac{\varepsilon_{11} \beta_4}{\beta_{11}} = \frac{96.30 \times 0.9}{12.653} = 6.85\%$$

$$\gamma_{13} = \frac{\varepsilon_{13} \beta_4}{\beta_{13}} = \frac{8.14 \times 0.9}{0.831} = 8.82\% \ , \quad \gamma_{16} = \frac{\varepsilon_{16} \beta_4}{\beta_{16}} = \frac{89.39 \times 0.9}{17.190} = 4.68\%$$

$$\gamma_{18} = \frac{\varepsilon_{18} \beta_4}{\beta_{18}} = \frac{2.42 \times 0.9}{0.915\%} = 2.38\%$$

$$\gamma_{19} = \gamma_4 - \gamma_{16} = 100\% - 4.68\% = 95.32\%$$

$$\gamma_{14} = \gamma_{18} + \gamma_{19} = 2.38\% + 95.32\% = 97.70\%$$

$$\gamma_{10} = \gamma_{13} + \gamma_{14} = 8.82\% + 97.7\% = 106.52\%$$

$$\gamma_8 = \gamma_{10} - \gamma_{18} = 106.52\% - 2.38\% = 104.14\%$$

$$\gamma_6 = \gamma_7 + \gamma_8 = 12.50\% + 104.14\% = 116.64\%$$

$$\gamma_{15} = \gamma_6 - \gamma_4 = 116.64\% - 100\% = 16.64\%$$

$$\gamma_{12} = \gamma_{15} - \gamma_{13} = 16.64\% - 8.82\% = 7.82\%$$

$$\gamma_9 = \gamma_{11} + \gamma_{12} = 6.85\% + 7.82\% = 14.67\%$$

$$\gamma_{17} = \gamma_9 - \gamma_7 = 14.67\% - 12.50\% = 2.17\% = \gamma_{11} - \gamma_{16}$$

（4）利用公式 $\beta_n = \dfrac{\beta_4 \varepsilon_n}{\gamma_n}$ 计算流程中未知的产物品位值：

$$\beta_6 = \frac{\beta_4 \varepsilon_6}{\gamma_6} = \frac{0.9 \times 113.94}{116.64} = 0.879\% \ , \quad \beta_8 = \frac{\beta_4 \varepsilon_8}{\gamma_8} = \frac{0.9 \times 18.75}{104.14} = 0.162\%$$

$$\beta_9 = \frac{\beta_4 \varepsilon_9}{\gamma_9} = \frac{0.9 \times 102.10}{14.67} = 6.264\% \ , \quad \beta_{10} = \frac{\beta_4 \varepsilon_{10}}{\gamma_{10}} = \frac{0.9 \times 21.17}{106.52} = 0.179\%$$

$$\beta_{12} = \frac{\beta_4 \varepsilon_{12}}{\gamma_{12}} = \frac{0.9 \times 5.80}{7.82} = 0.668\% \ , \quad \beta_{14} = \frac{\beta_4 \varepsilon_{14}}{\gamma_{14}} = \frac{0.9 \times 13.03}{97.70} = 0.120\%$$

$$\beta_{15} = \frac{\beta_4 \varepsilon_{15}}{\gamma_{15}} = \frac{0.9 \times 13.94}{16.64} = 0.754\% \ , \quad \beta_{17} = \frac{\beta_4 \varepsilon_{17}}{\gamma_{17}} = \frac{0.9 \times 6.91}{2.17} = 2.866\%$$

$$\beta_{19} = \frac{\beta_4 \varepsilon_{19}}{\gamma_{19}} = \frac{0.9 \times 10.61}{95.32} = 0.100\%$$

（5）利用公式 $Q_n = Q_4 \gamma_n$ 计算各作业精矿产物的矿量，流程中其余产物的矿量通过列各作业的矿量平衡方程求出：

$$Q_7 = Q_4 \gamma_7 = 45.5 \times 0.125 = 5.69 \text{t/h}, \quad Q_{11} = Q_4 \gamma_{11} = 45.5 \times 0.0685 = 3.12 \text{t/h}$$

$$Q_{13} = Q_4 \gamma_{13} = 45.5 \times 0.0882 = 4.01 \text{t/h}, \quad Q_{16} = Q_4 \gamma_{16} = 45.5 \times 0.0468 = 2.13 \text{t/h}$$

$$Q_{18} = Q_4 \gamma_{18} = 45.5 \times 0.0238 = 1.08 \text{t/h}, \quad Q_{17} = Q_9 - Q_7 = 6.68 - 5.69 = 0.99 \text{t/h} = Q_{11} - Q_{16}$$

$$Q_{19} = Q_4 - Q_{16} = 45.5 - 2.13 = 43.37 \text{t/h}, \quad Q_{14} = Q_{18} + Q_{19} = 1.08 + 43.37 = 44.45 \text{t/h}$$

$$Q_{10} = Q_{13} + Q_{14} = 4.01 + 44.45 = 48.46 \text{t/h}, Q_8 = Q_{10} - Q_{18} = 48.46 - 1.08 = 47.38 \text{t/h}$$

$$Q_6 = Q_7 + Q_8 = 5.69 + 47.38 = 53.07 \text{t/h}, \quad Q_{15} = Q_6 - Q_4 = 53.07 - 45.5 = 7.57 \text{t/h}$$

$$Q_{12} = Q_{15} - Q_{13} = 7.57 - 4.01 = 3.56 \text{t/h}, \quad Q_9 = Q_{11} + Q_{12} = 3.12 + 3.56 = 6.68 \text{t/h}$$

流程中各产物的金属量计算过程从略。

（6）绘制数质量流程图。

绘制数质量流程图（见图2-28）。

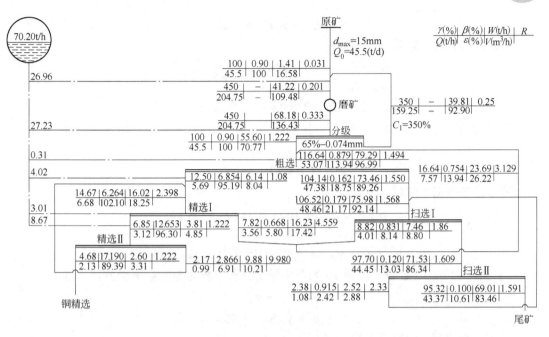

图 2-28 浮选数质量流程

C 按方案 Ⅱ 进行后续计算

（1）根据选矿试验报告及生产实际资料选取如下原始指标：

$\beta_7 = 6.584\%$，$\beta_8 = 0.162\%$，$\beta_{11} = 12.653\%$，$\beta_{12} = 0.668\%$，$\beta_{13} = 0.831\%$，$\beta_{14} = 0.120\%$，$\beta_{16} = 17.190\%$，$\beta_{17} = 2.866\%$，$\beta_{18} = 0.915\%$，$\beta_{19} = 0.100\%$

（2）列各选别作业的产率平衡方程及相对金属量平衡方程，解联立方程式求得流程中各选别产物产率，混合产物的产率则由混合作业产率平衡方程求得：

1）由产物 4、产物 16、产物 19 列产率平衡方程及相对金属量平衡方程，得

$$\gamma_4 = \gamma_{16} + \gamma_{19}$$

$$\gamma_4 \beta_4 = \gamma_{16} \beta_{16} + \gamma_{19} \beta_{19}$$

带入已知数据，解联立方程式得：

$$\gamma_{16} = \frac{\beta_4 - \beta_{19}}{\beta_{16} - \beta_{19}} \gamma_4 = \frac{0.9 - 0.100}{17.19 - 0.100} \times 100 = 4.68\%$$

$$\gamma_{19} = \gamma_4 - \gamma_{16} = 100\% - 4.68\% = 95.32\%$$

2）由产物 11、产物 16、产物 17 列产率平衡方程及相对金属量平衡方程，得

$$\gamma_{11} = \gamma_{16} + \gamma_{17}$$

$$\gamma_{11} \beta_{11} = \gamma_{16} \beta_{16} + \gamma_{17} \beta_{17}$$

带入已知数据，解联立方程式得：

$$\gamma_{11} = \frac{\beta_{17} - \beta_{16}}{\beta_{17} - \beta_{11}} \gamma_{16} = \frac{2.866 - 17.19}{2.866 - 12.653} \times 4.68 = 6.85\%$$

$$\gamma_{17} = \beta_{11} - \beta_{16} = 6.85\% - 4.68\% = 2.17\%$$

3）由产物 14、产物 18、产物 19 列产率平衡方程及相对金属量平衡方程，得

$$\gamma_{14} = \gamma_{18} + \gamma_{19}$$

$$\gamma_{14}\beta_{14} = \gamma_{18}\beta_{18} + \gamma_{19}\beta_{19}$$

带入已知数据，解联立方程式得：

$$\gamma_{18} = \frac{\beta_{19} - \beta_{14}}{\beta_{14} - \beta_{18}}\gamma_{19} = \frac{0.100 - 0.120}{0.120 - 0.915} \times 95.32 = 2.38\%$$

$$\gamma_{14} = \beta_{18} + \beta_{19} = 2.38\% + 95.32\% = 97.70\%$$

4）由产物 8、产物 13、产物 19 列产率平衡方程及相对金属量平衡方程，得

$$\gamma_8 = \gamma_{13} + \gamma_{19}$$

$$\gamma_8\beta_8 = \gamma_{13}\beta_{13} + \gamma_{19}\beta_{19}$$

带入已知数据，解联立方程式得：

$$\gamma_{13} = \frac{\beta_{19} - \beta_8}{\beta_8 - \beta_{13}}\gamma_{19} = \frac{0.100 - 0.162}{0.162 - 0.831} \times 95.32 = 8.82\%$$

$$\gamma_8 = \gamma_{13} + \gamma_{19} = 8.82\% + 95.32\% = 104.14\%$$

5）由产物 7、产物 12、产物 16 列产率平衡方程及相对金属量平衡方程，得

$$\gamma_7 = \gamma_{16} + \gamma_{12}$$

$$\gamma_7\beta_7 = \gamma_{16}\beta_{16} + \gamma_{12}\beta_{12}$$

带入已知数据，解联立方程式得：

$$\gamma_7 = \frac{\beta_{12} - \beta_{16}}{\beta_{12} - \beta_7}\gamma_{16} = \frac{0.668 - 17.190}{0.668 - 6.854} \times 4.68 = 12.50\%$$

$$\gamma_{12} = \gamma_7 - \gamma_{16} = 12.50\% - 4.68\% = 7.82\%$$

$$\gamma_{15} = \gamma_{13} + \gamma_{12} = 8.82\% + 7.82\% = 16.64\%$$

$$\gamma_6 = \gamma_{15} + \gamma_4 = 16.64\% + 100\% = 116.64\%$$

$$\gamma_{10} = \gamma_{13} + \gamma_{14} = 8.82\% + 97.70\% = 106.52\%$$

$$\gamma_9 = \gamma_{11} + \gamma_{12} = 6.85\% + 7.82\% = 14.67\%$$

（3）利用公式 $\varepsilon_n = \dfrac{\gamma_n\beta_n}{\beta_4}$ 计算各作业精矿的回收率，流程其余产物的回收率通过列各作业的回收率平衡方程求出：

$$\varepsilon_7 = \frac{\gamma_7\beta_7}{\beta_4} = \frac{12.50 \times 6.854}{0.9} = 95.19\%，\quad \varepsilon_{11} = \frac{\gamma_{11}\beta_{11}}{\beta_4} = \frac{6.85 \times 12.653}{0.9} = 96.30\%$$

$$\varepsilon_{13} = \frac{\gamma_{13}\beta_{13}}{\beta_4} = \frac{8.82 \times 0.831}{0.9} = 8.14\%，\quad \varepsilon_{16} = \frac{\gamma_{16}\beta_{16}}{\beta_4} = \frac{4.68 \times 17.190}{0.9} = 89.39\%$$

$$\varepsilon_{18} = \frac{\gamma_{18}\beta_{18}}{\beta_4} = \frac{2.38 \times 0.915}{0.9} = 2.42\%$$

$$\varepsilon_{19} = \varepsilon_4 - \varepsilon_{16} = 100\% - 89.39\% = 10.61\%，\quad \varepsilon_{14} = \varepsilon_{18} + \varepsilon_{19} = 2.42\% + 10.61\% = 13.03\%$$

$$\varepsilon_{10} = \varepsilon_{13} + \varepsilon_{14} = 8.14\% + 13.03\% = 21.17\%，\quad \varepsilon_8 = \varepsilon_{10} - \varepsilon_{18} = 21.17\% - 2.42\% = 18.75\%$$

$$\varepsilon_6 = \varepsilon_7 + \varepsilon_8 = 85.19\% + 18.75\% = 113.94\%，\quad \varepsilon_{15} = \varepsilon_6 - \varepsilon_4 = 113.94\% - 100\% = 13.94\%$$

$$\varepsilon_{12} = \varepsilon_{15} - \varepsilon_{13} = 13.94\% - 8.14\% = 5.80\%，\quad \varepsilon_9 = \varepsilon_{11} + \varepsilon_{12} = 96.30\% + 5.80\% = 102.10\%$$

$$\varepsilon_{17} = \varepsilon_9 - \varepsilon_7 = 102.10\% - 95.19\% = 6.91\% = \varepsilon_{11} - \varepsilon_{16}$$

（4）利用公式 $\beta_n = \dfrac{\beta_4\varepsilon_n}{\gamma_n}$ 计算流程中未知的产物品位值：

$$\beta_6 = \frac{\beta_4 \varepsilon_6}{\gamma_6} = \frac{0.9 \times 113.94}{116.64} = 0.879\% \ , \quad \beta_9 = \frac{\beta_4 \varepsilon_9}{\gamma_9} = \frac{0.9 \times 102.10}{14.67} = 6.264\%$$

$$\beta_{10} = \frac{\beta_4 \varepsilon_{10}}{\gamma_{10}} = \frac{0.9 \times 21.17}{106.52} = 0.179\% \ , \quad \beta_{15} = \frac{\beta_4 \varepsilon_{15}}{\gamma_{15}} = \frac{0.9 \times 13.94}{16.64} = 0.754\%$$

后续计算与方案 I 计算过程相同。

比较两个方案的计算过程，显然方案 I 较为简便，故设计实践中计算浮选数质量流程时，常采用方案 I 的计算步骤进行流程计算。

2.5　矿浆流程的计算

矿浆流程计算的目的，在于确定每个产物和作业的液固比（或浓度）、水量、矿浆的体积、补加水量（或脱水量），并据此确定全厂的总用水量和单位用水量，为选择供水、排水、脱水以及选矿设备等提供必要的依据。

矿浆流程的计算同样是根据各作业的产物数量平衡进行的，即进入某作业的水量之和应等于该作业排出的水量之和，以及进入该作业的矿浆体积之和应等于该作业排出的矿浆体积之和。在计算中通常对机械损失或小量流失忽略不计。

2.5.1　矿浆流程计算指标、计算公式及所需原始指标

2.5.1.1　计算指标及计算公式

（1）矿浆浓度。矿浆浓度用矿浆中固体含量的百分数表示，其计算公式为：

$$C_w = \frac{Q}{W + Q} \times 100\% \tag{2-29}$$

式中　C_w——矿浆中固体的重量百分数，%；

　　　Q——干矿量，t/h；

　　　W——水量，m^3/h 或 t/h。

生产实践中常用含水量表达原矿的性质，其计算公式为：

$$K = \frac{W}{W + Q} \times 100\% \tag{2-30}$$

式中　K——原矿含水量，%；

　　　其他符号的意义同上。

（2）液固比。矿浆中液体重量与固体重量之比，计算公式为：

$$R = \frac{W}{Q} \tag{2-31}$$

式中　R——液固比；

　　　其他符号的意义同上。

对同一矿浆而言，矿浆浓度、含水量与液固比之间存在如下换算关系：

$$C_w = \frac{1}{R + 1} \times 100\% \tag{2-32}$$

$$R = \frac{1 - C_w}{C_w} \quad （C_w 用小数表示） \tag{2-33}$$

$$R = \frac{K}{1 - K} \quad (K \text{ 用小数表示}) \tag{2-34}$$

以上三式中各符号的意义同上。

（3）矿浆体积。矿浆体积的计算公式为：

$$V = Q\left(R + \frac{1}{\rho}\right) \tag{2-35}$$

式中　V——矿浆体积，m^3/h；

　　　ρ——矿石的密度，t/m^3；

其他符号的意义同上。

（4）总用水量及单位用水量。根据水量平衡关系，有

$$\sum W_{进入作业} + L = W_{作业} \tag{2-36}$$

$$W_{作业} = \sum W_{自作业排出} \tag{2-37}$$

式中　$\sum W_{进入作业}$——进入某作业的所有产物的水量之和；

　　　L——某作业的补加水量；

　　　$W_{作业}$——某作业的水量；

　$\sum W_{自作业排出}$——自某作业排出的所有产物的水量之和。

对于整个流程而言，有

$$W_1 + \sum L = \sum W_K$$

得
$$\sum L = \sum W_K - W_1 \tag{2-38}$$

式中　W_1——原矿带入选别流程的水量；

　　　$\sum L$——总的补加水量；

　　$\sum W_K$——最终产物（包括精矿、尾矿、溢流等）排出的总水量。

如果选矿厂利用部分回水，则需要补加的新鲜水量为：

$$L_{新} = \sum L - \sum W_{返} = \sum W_K - W_1 - \sum W_{返} \tag{2-39}$$

式中　$L_{新}$——补加的新鲜水量；

　　$\sum W_{返}$——利用的回水总量。

上述计算只考虑工艺用水量，其他用水量未计算在内，如设备冷却用水、泵水封用水、地面冲洗用水等。这些水量一般估计为选矿工艺用水的 10% ~ 15%，所以，选矿厂的总耗水量为：

$$W_{总} = \sum L + (0.1 \sim 0.15)\sum L = (1.1 \sim 1.15)\sum L \tag{2-40}$$

处理单位矿石的耗水量为：

$$W_g = \frac{W_{总}}{Q_1} \tag{2-41}$$

式中　W_g——处理每吨矿石的耗水量，m^3/t；

　　　$W_{总}$——总耗水量，m^3/h；

　　　Q_1——原矿量，t/h。

2.5.1.2　计算矿浆流程所需的原始指标

矿浆流程的计算需要一定的原始指标，应选择那些在操作过程中最稳定和必须加以控制的指标作为原始指标。这些指标可分为以下三种类型：

（1）最适宜的作业浓度和产物浓度（必须保证的）。对许多作业来说，为了保证生产操作的正常进行，必须保持一个最适宜的作业浓度，如磨矿、水力旋流器分级、浮选、湿式磁选、某些重选作业以及过滤、干燥等。同样，有些产物也应有必要的适宜浓度值，例如机械分级机的溢流浓度。所有这些浓度均要求在生产操作过程予以保证。因此，在矿浆流程计算时，可预先确定，以此作为原始指标。

（2）含水量稳定的产物浓度（不可调节的）。这些产物的浓度通常都是不可调节的，如机械分级机或水力旋流器的返砂浓度、浮选泡沫产品浓度、重选及磁选精矿的浓度等。尽管这些作业的给水量可能有某些变化，但对其产物浓度影响较小，计算时也可以作为原始指标。

（3）生产过程各作业的补加水量。为实现技术操作，必须向作业补加一定的水量，如跳汰机补加的上升水，摇床的冲洗水，洗矿的冲洗水和浮选精矿（泡沫产品）的补加水等，都是在生产过程中必需的用水。这些水量按单位矿量计算的数值也是比较稳定的，因此也可以作为原始指标。

上述三类指标应根据对流程的分析以及选矿试验资料和类似选矿厂的生产资料来选择，在不同的条件下，同类产物的浓度可能有较大的差异，因此很难规定出一个统一的数值。表 2-12 和表 2-13 中的数值是统计数值，可供设计时参考。但在使用时还应考虑以下因素：

（1）密度大的矿石浓度亦大。

（2）块状和粒度粗的矿石比粉状矿石的浓度要大。

（3）品位高、易浮游矿石的泡沫产品浓度比难浮贫矿石的泡沫产品浓度要高。

（4）跳汰和水力分级作业处理粗粒矿石的耗水量比细粒矿石的耗水量要大。

（5）洗矿用水量应根据矿石可洗性决定。

表 2-12　某些作业和产物浓度范围

作业及产物名称		作　业		产　物	
		浓度/%	液固比	浓度/%	液固比
棒磨机、球磨机磨矿		65 ~ 80	0.54 ~ 0.25		
自磨机磨矿		80 ~ 85	0.25 ~ 0.18		
分级机溢流	0.3mm 以下			28 ~ 50	2.57 ~ 1
	0.2mm 以下			25 ~ 45	3 ~ 1.22
	0.15mm 以下			20 ~ 35	4 ~ 1.86
	0.1mm 以下			15 ~ 30	5.67 ~ 2.33
螺旋分级机返砂				80 ~ 85	0.25 ~ 0.18
ϕ500mm 水力旋流器	溢流（分离粒度小于 0.074mm）			15 ~ 20	5.67 ~ 4
	沉　砂			50 ~ 75	1 ~ 0.33
ϕ250mm 水力旋流器	溢流（分离粒度小于 0.037mm）			10 ~ 15	9 ~ 5.67
	沉　砂			40 ~ 60	1.5 ~ 0.67
ϕ125mm 水力旋流器	溢流（分离粒度小于 0.019mm）			5 ~ 10	19 ~ 9
	沉　砂			30 ~ 50	2.33 ~ 1

作业及产物名称		作业		产物	
		浓度/%	液固比	浓度/%	液固比
φ75mm 水力旋流器	溢流（分离粒度小于0.01mm）			3~8	32.33~11.5
	沉砂			30~50	2.33~1
浮选	粗选作业	25~45	3~1.22		
	精选作业	10~25	9~3		
	扫选作业	20~35	4~1.86		
	粗选精矿			20~50	4~1
	精选精矿			30~50	2.33~1
	扫选精矿			20~35	4~1.86
跳汰作业	给矿	15~30	5.67~2.33		
	精矿			30~50	2.33~1
摇床作业	给矿	25~35	3~1.86		
	精矿			40~60	1.5~0.67
	中矿			30~45	2.33~1.22
水力分级作业	作业	30~50	2.33~1		
	沉砂			20~50	4~1
离心选矿机给矿				15~25	5.67~3
磁选机	给矿	20~25	4~3		
	精矿			40~60	1.5~0.67
磁水脱水槽	给矿	20~30	4~2.33		
	精矿			50~65	1~0.54
浓密机	给矿	15~35	5.67~1.86		
	排矿（底流）			50~65	1~0.54
过滤机	给矿	40~60	1.5~0.67		
	排矿（滤饼）			80~85	0.25~0.18

表 2-13　某些作业必要的补加水定额

作业名称	补加水定额
浮选泡沫槽冲洗水	±0.8m³/t
圆筒筛洗矿	3~10m³/t
圆筒擦洗机洗矿	±3.0m³/t
槽式擦洗机洗矿	4~6m³/t
在固定筛上冲洗脉矿	1.0m³/t
在固定筛上冲洗砂矿	1~2m³/t
在振动筛上冲洗矿	1~2.5m³/t
双层筛湿式筛分	1~2.5m³/t

作业名称		补加水定额
云锡式多室水力分级箱上升水	第 1 段每箱	$50 \sim 60 \mathrm{m}^3 /(\mathrm{d} \cdot 台)$
	第 2 段每箱	$45 \sim 50 \mathrm{m}^3 /(\mathrm{d} \cdot 台)$
	第 3 段每箱	$30 \sim 35 \mathrm{m}^3 /(\mathrm{d} \cdot 台)$
四室水力分级机上升水		$0.5 \sim 1.5 \mathrm{m}^3 / \mathrm{t}$
摇床冲洗水		$50 \sim 60 \mathrm{m}^3 /(\mathrm{d} \cdot 台)$
摇床处理钨矿时的冲洗水	粒度 $2 \sim 0.5 \mathrm{mm}$	$2 \sim 4 \mathrm{m}^3 / \mathrm{t}$
	粒度 $0.5 \sim 0.2 \mathrm{mm}$	$1.2 \sim 1.8 \mathrm{m}^3 / \mathrm{t}$
	粒度 $< 0.2 \mathrm{mm}$	$0.8 \mathrm{m}^3 / \mathrm{t}$
摇床处理锡矿时的冲洗水	第 1 段	$40 \sim 50 \mathrm{m}^3 /(\mathrm{d} \cdot 台)$
	第 2 段	$25 \sim 30 \mathrm{m}^3 /(\mathrm{d} \cdot 台)$
	第 3 段	$25 \sim 30 \mathrm{m}^3 /(\mathrm{d} \cdot 台)$
	一次复洗	$60 \sim 70 \mathrm{m}^3 /(\mathrm{d} \cdot 台)$
	二次复洗	$50 \sim 55 \mathrm{m}^3 /(\mathrm{d} \cdot 台)$
	中矿复洗	$35 \sim 40 \mathrm{m}^3 /(\mathrm{d} \cdot 台)$
	泥矿	$20 \sim 25 \mathrm{m}^3 /(\mathrm{d} \cdot 台)$
跳汰机上升水	粗级别（$12 \sim 76 \mathrm{mm}$）	$4.0 \mathrm{m}^3 / \mathrm{t}$
	中级别（$6 \sim 12 \mathrm{mm}$）	$3.0 \mathrm{m}^3 / \mathrm{t}$
	细级别（$< 1.5 \mathrm{mm}$ 或 $3.0 \mathrm{mm}$）	$2.5 \sim 3.0 \mathrm{m}^3 / \mathrm{t}$
$\phi 850 \mathrm{mm}$ 螺旋洗矿机处理 $0.02 \sim 0.04 \mathrm{mm}$ 级别冲洗水		$1.0 \sim 1.5 \mathrm{m}^3 /(台 \cdot \mathrm{h})$
$\phi 1000 \mathrm{mm}$ 螺旋选矿机冲洗水		$0.5 \sim 1.8 \mathrm{m}^3 /(台 \cdot \mathrm{h})$

2.5.2 矿浆流程的计算

2.5.2.1 矿浆流程的计算步骤

矿浆流程计算是在选别数质量流程之后进行的，主要是利用流程中各产物的重量 Q_n 来求产物的水量 W_n 和矿浆体积 V_n，并根据水量平衡求出各作业的补加水量。计算时，根据已定出的各作业和各产物的浓度 C_w（或液固比 R）等原始指标，按下列步骤计算：

（1）列出磨选流程各产物的矿量表。

（2）根据选矿试验资料和类似选矿厂的生产资料，或参考表 2-12 和表 2-13 的数据，选定矿浆流程计算必需的 R_n 或补加水的单位定额。

（3）利用公式 $W_n = Q_n R_n$ 计算已确定 R_n 值的各作业或产物的水量 W_n。

（4）根据水量平衡计算其余各作业和各产物的水量及补加水量 L_n 值。

如果在流程中随矿石进入作业的水量不能满足该作业所必要的适宜浓度，则必须向作业补加水。反之，进入作业的水量过多，则必须脱水，这就需增加占地面积很大并消耗动力的脱水设备。因此，除非在不得已的情况下才脱水，一般总是借助于改变进入作业的水量或作业本身的浓度等办法来避免增加脱水过程，亦即 $L_n \geqslant 0$。

（5）根据公式 $R_n = W_n/Q_n$ 计算流程中未知的作业及产物的 R_n 值。

（6）按公式 $V_n = Q_n(R_n + \dfrac{1}{\rho_n})$ 计算与矿浆流程计算必需的 R_n 对应的各作业和产物的矿浆体积 V_n 值，其余作业和产物的矿浆体积由矿浆平衡方程求出。

（7）列流程水量平衡表。

水量平衡表一般按照表 2-14 的格式编制。

表 2-14　流程总水量平衡表

进入流程的水量/$m^3 \cdot h^{-1}$	自流程排出水量/$m^3 \cdot h^{-1}$
原矿水量：W_1	精矿产物水量：W_C
作业Ⅰ补加水量：$L_Ⅰ$	尾矿产物水量：W_X
作业Ⅱ补加水量：$L_Ⅱ$	其他产物排出水量：W_t
⋮	⋮
总计：	总计：

（8）计算水耗指标 W_g。

（9）绘制矿浆流程图。

矿浆流程的计算结果可用流程图表示，即在流程图上分别注出各作业和各产物的 Q_n、R_n、W_n、V_n、L_n 等数值。该图称为矿浆流程图，有时也把矿浆流程图与数、质量流程图合并为一张图（见图 2-28）。

2.5.2.2　矿浆流程计算实例

某铜矿浮选厂磨矿选别流程如图 2-27 所示，最终产物为铜精矿和尾矿。已知 $Q_1 = 45.5 t/h$，原矿含水量 3%，矿石密度 $\rho = 3.0 t/m^3$。

矿浆流程计算如下：

（1）列出磨选流程各产物的矿量表。

计算磨矿流程各产物矿量，查表，取循环负荷率 $C = 350\%$，则

$Q_4 = Q_1 = 45.5 t/h$，$Q_5 = Q_1 C = 45.5 \times 3.50 = 159.25 t/h$

$Q_3 = Q_2 = Q_1 + Q_5 = 45.45 + 159.25 = 204.75 t/h$

表 2-15 列出磨选流程各产物的矿量。

表 2-15　磨选流程各产物矿量

产物编号	1	2	3	4	5	6	7	8	9	10
矿量/$t \cdot h^{-1}$	45.5	204.75	204.75	45.5	159.25	53.07	5.69	47.38	6.68	48.46
产物编号	11	12	13	14	15	16	17	18	19	
矿量/$t \cdot h^{-1}$	3.12	3.56	4.01	44.8	7.57	2.13	0.99	1.08	43.37	

（2）根据选矿试验资料和类似选矿厂的生产资料，并参考表 2-12 的数据选定矿浆流程计算必需的 R_n 值如下。

必须保证的 R_n 值：

磨矿作业 $R_Ⅰ = 0.333$（$C = 75\%$）；分级机溢流 $R_4 = 1.222$（$C = 45\%$）；粗选作业

$R_{\text{Ⅲ}} = 1.5$（$C = 40\%$）；精选Ⅰ作业 $R_{\text{Ⅳ}} = 3.0$（$C = 25\%$）；扫选Ⅰ作业 $R_{\text{Ⅴ}} = 1.63$（$C =$ 38%）；精选Ⅱ作业 $R_{\text{Ⅵ}} = 4.0$（$C = 20\%$）；扫选Ⅱ作业 $R_{\text{Ⅶ}} = R_{14}$（根据生产实践，浮选扫选作业一般不补加水）。

不可调节的 R_n 值：

原矿 $R_1 = 0.031$（$K = 3\%$）；分级机返砂 $R_5 = 0.25$（$C = 80\%$）；粗选精矿 $R_7 = 1.08$（$C = 48\%$）；精选Ⅰ精矿 $R_{11} = 1.222$（$C = 45\%$）；精选Ⅱ精矿 $R_{16} = 1.222$（$C = 45\%$）；扫选Ⅰ精矿 $R_{13} = 1.86$（$C = 35\%$）；扫选Ⅱ精矿 $R_{18} = 2.33$（$C = 30\%$）。

（3）利用公式 $W_n = Q_n R_n$ 计算已确定 R_n 值的各作业和产物的水量 W_n。

$W_{\text{Ⅰ}} = Q_2 R_{\text{Ⅰ}} = 204.75 \times 0.333 = 68.18\text{t/h}$，　$W_4 = Q_4 R_4 = 45.5 \times 1.222 = 55.60\text{t/h}$

$W_{\text{Ⅲ}} = Q_6 R_{\text{Ⅲ}} = 53.07 \times 1.5 = 79.60\text{t/h}$，　$W_{\text{Ⅳ}} = Q_9 R_{\text{Ⅳ}} = 6.68 \times 3.0 = 20.04\text{t/h}$

$W_{\text{Ⅴ}} = Q_{10} R_{\text{Ⅴ}} = 48.46 \times 1.63 = 78.99\text{t/h}$，　$W_{\text{Ⅵ}} = Q_{11} R_{\text{Ⅵ}} = 3.12 \times 4.0 = 12.48\text{t/h}$

$W_{\text{Ⅶ}} = Q_{14} R_{\text{Ⅶ}} = Q_{14} R_{14} = W_{14}$，　$W_1 = Q_1 R_1 = 45.5 \times 0.031 = 1.41\text{t/h}$

$W_5 = Q_5 R_5 = 159.25 \times 0.25 = 39.81\text{t/h}$，　$W_7 = Q_7 R_7 = 5.69 \times 1.08 = 6.14\text{t/h}$

$W_{11} = Q_{11} R_{11} = 3.12 \times 1.222 = 3.81\text{t/h}$，　$W_{13} = Q_{13} R_{13} = 4.01 \times 1.86 = 7.46\text{t/h}$

$W_{16} = Q_{16} R_{16} = 2.13 \times 1.222 = 2.60\text{t/h}$，　$W_{18} = Q_{18} R_{18} = 1.08 \times 2.33 = 2.52\text{t/h}$

（4）根据水量平衡计算其余各作业和各产物的水量及补加水量 L_n 值。

根据公式 $W_{\text{作业}} = \sum W_{\text{自作业排出}}$，有

$W_3 = W_{\text{Ⅰ}} = 68.18\text{t/h}$，　$W_{\text{Ⅱ}} = W_4 + W_5 = 55.60 + 39.81 = 95.41\text{t/h}$

$W_2 = W_1 + W_5 = 1.41 + 39.81 = 41.22\text{t/h}$

$W_8 = W_{\text{Ⅲ}} - W_7 = 79.60 - 6.14 = 73.46\text{t/h}$

$W_{12} = W_{\text{Ⅳ}} - W_{11} = 20.04 - 3.81 = 16.23\text{t/h}$

$W_{14} = W_{\text{Ⅴ}} - W_{13} = 78.99 - 7.46 = 71.53\text{t/h}$

$W_{17} = W_{\text{Ⅵ}} - W_{16} = 12.48 - 2.60 = 9.88\text{t/h}$

$W_{19} = W_{\text{Ⅶ}} - W_{18} = W_{14} - W_{18} = 71.53 - 2.52 = 69.01\text{t/h}$

$W_{15} = W_{12} + W_{13} = 16.23 + 7.46 = 23.69\text{t/h}$

$W_6 = W_4 + W_{15} = 55.60 + 23.69 = 79.29\text{t/h}$

$W_9 = W_7 + W_{17} = 6.14 + 9.88 = 16.02\text{t/h}$

$W_{10} = W_8 + W_{18} = 73.46 + 2.52 = 75.98\text{t/h}$

根据公式 $\sum W_{\text{进入作业}} + L = W_{\text{作业}}$，得

$L_{\text{Ⅰ}} = W_{\text{Ⅰ}} - W_2 = 68.18 - 41.22 = 26.96\text{t/h}$

$L_{\text{Ⅱ}} = W_{\text{Ⅱ}} - W_3 = 95.41 - 68.18 = 27.23\text{t/h}$

$L_{\text{Ⅲ}} = W_{\text{Ⅲ}} - W_6 = 79.60 - 79.29 = 0.31\text{t/h}$

$L_{\text{Ⅳ}} = W_{\text{Ⅳ}} - W_9 = 20.04 - 16.02 = 4.02\text{t/h}$

$L_{\text{Ⅴ}} = W_{\text{Ⅴ}} - W_{10} = 78.99 - 75.98 = 3.01\text{t/h}$

$L_{\text{Ⅵ}} = W_{\text{Ⅵ}} - W_{11} = 12.48 - 3.81 = 8.67\text{t/h}$

$L_{\text{Ⅶ}} = W_{\text{Ⅶ}} - W_{14} = 0\text{t/h}$

（5）根据公式 $R_n = W_n / Q_n$ 计算流程中未知的作业及产物的 R_n 值。

$R_3 = W_3 / Q_3 = R_{\text{Ⅰ}} = 0.333$，　$R_{\text{Ⅱ}} = W_{\text{Ⅱ}} / Q_3 = 95.41 / 204.75 = 0.466$

$R_2 = W_2 / Q_2 = 41.22 / 204.75 = 0.201$，　$R_8 = W_8 / Q_8 = 73.46 / 47.38 = 1.550$

$R_{12} = W_{12}/Q_{12} = 16.23/3.56 = 4.559$，　$R_{14} = W_{14}/Q_{14} = 71.53/44.45 = 1.609$

$R_{17} = W_{17}/Q_{17} = 9.88/0.99 = 9.980$，　　$R_{19} = W_{19}/Q_{19} = 69.01/43.37 = 1.591$

$R_{15} = W_{15}/Q_{15} = 23.69/7.57 = 3.129$，　$R_6 = W_6/Q_6 = 79.29/53.07 = 1.494$

$R_9 = W_9/Q_9 = 16.02/6.68 = 2.398$，　　　$R_{10} = W_{10}/Q_{10} = 75.98/48.46 = 1.568$

（6）按公式 $V_n = Q_n \left(R_n + \dfrac{1}{\rho_n} \right)$ 计算与矿浆流程计算必需的 R_n 对应的各作业和产物的矿浆体积 V_n 值，其余作业和产物的矿浆体积由矿浆平衡方程求出。

$$V_1 = Q_2 \left(R_1 + \frac{1}{\rho} \right) = 204.75 \times \left(0.333 + \frac{1}{3.0} \right) = 136.43 \, \text{m}^2/\text{h}$$

$$V_4 = Q_4 \left(R_4 + \frac{1}{\rho} \right) = 45.5 \times \left(1.222 + \frac{1}{3.0} \right) = 70.77 \, \text{m}^3/\text{h}$$

$$V_{\text{III}} = Q_6 \left(R_{\text{III}} + \frac{1}{\rho} \right) = 53.07 \times \left(1.5 + \frac{1}{3.0} \right) = 97.30 \, \text{m}^3/\text{h}$$

$$V_{\text{IV}} = Q_9 \left(R_{\text{IV}} + \frac{1}{\rho} \right) = 6.68 \times \left(3.0 + \frac{1}{3.0} \right) = 22.27 \, \text{m}^3/\text{h}$$

$$V_{\text{V}} = Q_{10} \left(R_{\text{V}} + \frac{1}{\rho} \right) = 48.46 \times \left(1.63 + \frac{1}{3.0} \right) = 95.14 \, \text{m}^3/\text{h}$$

$$V_{\text{VI}} = Q_{11} \left(R_{\text{VI}} + \frac{1}{\rho} \right) = 3.12 \times \left(4.0 + \frac{1}{3.0} \right) = 13.52 \, \text{m}^3/\text{h}$$

$$V_{\text{VII}} = Q_{14} \left(R_{\text{VII}} + \frac{1}{\rho} \right) = Q_{14} \left(R_{14} + \frac{1}{\rho} \right) = V_{14}$$

$$V_1 = Q_1 \left(R_1 + \frac{1}{\rho} \right) = 45.5 \times \left(0.031 + \frac{1}{3.0} \right) = 16.58 \, \text{m}^3/\text{h}$$

$$V_5 = Q_5 \left(R_5 + \frac{1}{\rho} \right) = 159.25 \times \left(0.25 + \frac{1}{3.0} \right) = 92.90 \, \text{m}^3/\text{h}$$

$$V_7 = Q_7 \left(R_7 + \frac{1}{\rho} \right) = 5.69 \times \left(1.08 + \frac{1}{3.0} \right) = 8.04 \, \text{m}^3/\text{h}$$

$$V_{11} = Q_{11} \left(R_{11} + \frac{1}{\rho} \right) = 3.12 \times \left(1.222 + \frac{1}{3.0} \right) = 4.85 \, \text{m}^3/\text{h}$$

$$V_{13} = Q_{13} \left(R_{13} + \frac{1}{\rho} \right) = 4.01 \times \left(1.86 + \frac{1}{3.0} \right) = 8.80 \, \text{m}^3/\text{h}$$

$$V_{16} = Q_{16} \left(R_{16} + \frac{1}{\rho} \right) = 2.13 \times \left(1.222 + \frac{1}{3.0} \right) = 3.31 \, \text{m}^3/\text{h}$$

$$V_{18} = Q_{18} \left(R_{18} + \frac{1}{\rho} \right) = 1.08 \times \left(2.33 + \frac{1}{3.0} \right) = 2.88 \, \text{m}^3/\text{h}$$

$V_3 = V_{\text{I}} = 136.43 \, \text{m}^3/\text{h}$

$V_{\text{II}} = V_4 + V_5 = 70.77 + 92.90 = 163.67 \, \text{m}^3/\text{h}$

$V_2 = V_1 + V_5 = 16.58 + 92.90 = 109.48 \, \text{m}^3/\text{h}$

$V_8 = V_{\text{III}} - V_7 = 97.30 - 8.04 = 89.26 \, \text{m}^3/\text{h}$

$V_{12} = V_{\text{IV}} - V_{11} = 22.27 - 4.85 = 17.42 \, \text{m}^3/\text{h}$

$V_{14} = V_{\text{V}} - V_{13} = 95.14 - 8.80 = 86.34 \, \text{m}^3/\text{h}$

$V_{17} = V_{\text{VI}} - V_{16} = 13.52 - 3.31 = 10.21 \, \text{m}^3/\text{h}$

$V_{19} = V_{\text{VII}} - V_{18} = V_{14} - V_{18} = 86.34 - 2.88 = 83.46 \, \text{m}^3/\text{h}$

$$V_{15} = V_{12} + V_{13} = 17.42 + 8.80 = 26.22 \text{m}^3/\text{h}$$

$$V_6 = V_4 + V_{15} = 70.77 + 26.22 = 96.99 \text{m}^3/\text{h}$$

$$V_9 = V_7 + V_{17} = 8.04 + 10.21 = 18.25 \text{m}^3/\text{h}$$

$$V_{10} = V_8 + V_{18} = 89.26 + 2.88 = 92.14 \text{m}^3/\text{h}$$

（7）列流程水量平衡表，见表2-16。

表2-16　流程总水量平衡表

进入流程的水量/$\text{m}^3 \cdot \text{h}^{-1}$	自流程排出水量/$\text{m}^3 \cdot \text{h}^{-1}$
原矿水量：$W_1 = 1.41$	精矿产物水量：$W_{16} = 2.60$
磨矿作业补加水量：$L_{\text{I}} = 26.96$	尾矿产物水量：$W_{19} = 69.01$
作业检查分级补加水量：$L_{\text{II}} = 27.23$	
粗选作业补加水量：$L_{\text{III}} = 0.31$	
精选 I 作业补加水量：$L_{\text{IV}} = 4.02$	
扫选 I 作业补加水量：$L_{\text{V}} = 3.01$	
精选 II 作业补加水量：$L_{\text{VI}} = 8.67$	
扫选 II 作业补加水量：$L_{\text{VII}} = 0$	
总计：71.61	总计：71.61

（8）计算水耗指标 W_g。

$$\sum L = \sum W_K - W_1 = 71.61 - 1.41 = 70.20 \text{m}^3/\text{h}$$

$$W_{\text{总}} = \sum L + (0.1 \sim 0.15) \sum L = (1.1 \sim 1.15) \sum L = 1.15 \times 70.20 = 80.73 \text{m}^3/\text{h}$$

$$W_g = \frac{W_{\text{总}}}{Q_1} = \frac{80.73}{45.5} = 1.77 \text{m}^3/\text{t}$$

（9）绘制矿浆流程图（见图2-28）。

复习思考题

2-1　选矿厂各车间小时生产能力是否相同，为什么？

2-2　选矿厂工艺流程是根据哪些因素确定的？

2-3　某铜矿选矿厂入选原矿 $\alpha_{\text{Cu}} = 0.5\%$，精矿回收率 $\varepsilon_{\text{Cu}} = 95\%$，该厂每年生产含铜品位 $\beta_{\text{Cu}} = 25\%$ 的精矿 1140t，问该选矿厂属何种规模？

2-4　破碎筛分流程的设计应解决哪些主要问题？

2-5　破碎段数是根据什么确定的？

2-6　预先筛分作业、检查筛分作业的应用是根据什么原则确定的？

2-7　常用的破碎筛分流程有哪几种形式，它们有什么特点，各在什么情况下采用？

2-8　破碎最终产物的粒度是根据什么原则确定的，目前我国有色金属矿山规定球磨机的给矿粒度是多少？

2-9　什么叫"多碎少磨"原则，实行这种原则有什么优越性？

2-10　常用的磨矿分级流程的基本形式有哪几种？

2-11　预先分级作业和检查分级作业在磨矿分级流程中起什么作用？

2-12　一段磨矿与两段磨矿流程各有什么特点，在什么情况下应用？

2-13　自磨流程有什么优点，常用的湿式自磨流程有哪几种形式？

2-14　磨矿流程的设计应根据什么原则？

2-15　计算磨矿分级流程需要哪些原始资料？

2-16　影响选别流程的主要因素是什么？

2-17　选矿厂设计时选别流程论证的步骤有哪些？

2-18　计算单金属矿石选别流程必需的原始指标数如何确定？

2-19　计算选别流程的各类原始指标如何选取？

2-20　什么是最适宜的矿浆浓度，如何确定？

能力训练项目

能力训练项目 1：设计某铜矿选矿厂碎矿流程并计算选定流程。

设计基础资料：

某铜矿选矿厂规模为 4800t/d；原矿最大粒度是 500mm，要求的破碎最终产物粒度是 10mm；原矿中含水 3%，含泥 2%，中等可碎性；原矿及各碎矿机排矿产品粒度特性按典型粒度特性曲线查取。

能力训练项目 2：计算某铜矿选矿厂磨矿浮选数质量流程。

计算基础资料：

流程图如图 2-29 所示。$Q_1 = 120t/h$，磨矿作业实测得各产物中 $-0.074mm$ 粒级的含量为：$\beta_1^{-0.074mm} = 6.5\%$，$\beta_4^{-0.074mm} = 45\%$，$\beta_6^{-0.074mm} = 50\%$，$\beta_8^{-0.074mm} = 71.5\%$，$\beta_9^{-0.074mm} = 27.7\%$；各产物铜品位为：$\beta_1 = \beta_4 = 0.87\%$，$\beta_{11} = 7.56\%$，$\beta_{12} = 0.24\%$，$\beta_{14} = 13.57\%$，$\beta_{15} = 3.34\%$，$\beta_{16} = 1.28\%$，$\beta_{17} = 0.083\%$，$\beta_{20} = 26.43\%$，$\beta_{21} = 8.9\%$，$\beta_{22} = 34.35\%$，$\beta_{23} = 17.72\%$。

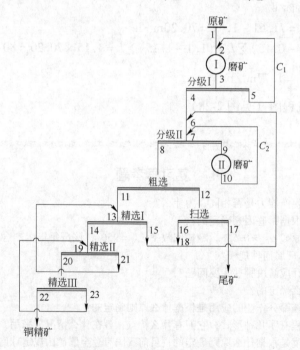

图 2-29　某铜矿选矿厂磨浮流程

能力训练项目 3：根据能力训练项目 2 的计算成果，计算某铜矿选矿厂磨矿浮选矿浆流程。

计算基础资料：

原矿含水量 5%，矿石密度 $\rho = 2.85t/m^3$；必须保证和不可调节的 R_n 值参考表 2-12 的数据选取。

3 主要工艺设备的选择和计算

本章学习要点：

（1）了解选矿设备生产能力计算的常用方法。

（2）了解磨矿机生产能力计算常用的方法。

（3）了解重选和磁电选设备选择与计算的步骤、内容、计算公式。

（4）掌握破碎设备选择与计算的步骤、内容、计算公式。

（5）掌握筛分设备选择与计算的步骤、内容、计算公式。

（6）掌握磨矿设备选择与计算的步骤、内容、计算公式。

（7）掌握分级设备选择与计算的步骤、内容、计算公式。

（8）掌握浮选设备选择与计算的步骤、内容、计算公式。

（9）掌握脱水设备选择与计算的步骤、内容、计算公式。

选矿厂的主要设备，是指用于直接加工矿石原料并改变矿石工艺性质的设备，包括破碎、筛分、磨矿、分级、选别、脱水以及焙烧设备等。而用于矿石储存、运输以及调整控制工艺过程的设备则称为辅助设备，如砂泵、胶带运输机、给矿机等。目前市场上的各种选矿主要设备基本上已经系列化和定型化，选择此类设备时，只需选择设备的形式，按设备规格及其工作条件计算出生产能力，然后确定出所需数量即可。在选择设备形式时，要注意参考类似厂的实际生产经验，当遇到在同一作业中有几种不同形式的设备可供选用时，应按主要技术经济条件进行比较，选择其中最优的一种。

3.1　一般原则和计算方法

3.1.1　工艺设备选择和计算的一般原则

选矿厂设计中，工艺设备的选择与计算需具备的基础资料包括：

（1）选矿厂的规模及工作制度；

（2）所处理矿石的物理化学性质和用户对产品数质量的要求及产品的经济价值；

（3）设计的工艺流程图（即数质量矿浆流程图）；

（4）设备计算参数的试验资料及类似厂的生产指标；

（5）拟建厂的机械装备水平和自控水平及设备的年作业率；

（6）设备产品样本，新设备鉴定资料；

（7）设备的工作条件。

工艺设备选择计算的任务是在满足选矿工艺过程需要的条件下，经过技术经济比较，正确地选定设备的类型、规格和数量。在选择计算设备时，必须遵循下列原则：

（1）选矿厂主要工艺设备的形式与规格，应与矿石性质、选矿厂规模相适应，所选设备应能满足生产能力的要求，并应符合大规格、少系列、高效、节能、耐用以及备品备件来源可靠的要求；不得选用淘汰产品。

（2）设备选择计算应有一定的矿量波动系数，波动系数的大小应依据矿石性质、工艺条件、上段作业工艺设备类型等确定。

（3）选矿厂前后工序的设备负荷率应比较均衡；计算主要工艺设备能力时，其负荷率可取100%，振动筛的负荷率应低于80%。

（4）注意设备配套，同类设备的形式和规格要尽量单一化，同一工序的设备类型、规格应相同，以便于设备配置。

（5）选矿厂的破碎、磨矿、浮选、磁选和浓缩等主要生产设备不应整机备用；为确保主机的作业率，与主机相关的设备应按实际需要给予一定数量的备品备件。

（6）设备处理能力应通过计算，或按设备厂家提供的数据，并依据类似选矿厂生产指标确定。

3.1.2　选矿设备生产能力计算的常用方法

选矿设备生产能力的计算方法很多，设计中常用的计算方法有下列几种：

（1）按理论公式计算生产能力。如水力分级机及旋流器是根据固体在重力及惯性力的作用下，在水中运动的理论来计算其生产能力的。

（2）按经验公式计算生产能力。如颚式、旋回、圆锥碎矿机的计算，固定筛、振动筛、螺旋分级机的计算。

（3）按单位负荷定额计算生产能力。如按单位面积负荷定额计算浓缩机、过滤机，按单位容积负荷定额计算磨矿机和干燥机。

单位负荷按以下方法测定：可以选择一种矿石，其生产能力已由现厂资料得出。将标准矿石与试验矿石在试验中进行对比，得出生产能力的相对系数，即可求出试验矿石的单位负荷。

（4）按产品目录生产能力或类似生产厂的单位台时产量，进行适当修正，得出设备的生产能力。跳汰机、离心选矿机、溜槽、螺旋选矿机、摇床等重选设备，以及磁选机、电选机等，均采用此方法计算；新设备也常采用此方法确定所需规格、数量。

（5）按矿石在设备中停留的时间计算生产能力。浮选机、搅拌槽的计算就采用此方法。

在主要设备的选择计算时，除按推荐的方法和公式计算外，还要根据处理类似矿石的实际生产设备的生产能力加以校核，重要的新设备还应进行通过能力试验。

为了适应矿山供矿不均衡及给矿设备给矿量波动的影响，选择计算碎矿设备时，应考虑设备生产能力不均衡系数。不均衡系数视具体情况取值在1.0~1.25之间，与筛分作业上下连续的胶带运输机不均衡系数取值为1.2~1.5，稳定时取小值。

选别作业矿量波动系数，应符合下列规定：

（1）一般浮选作业1.05~1.1；

（2）湿式自磨后的浮选作业 1.3~1.5；

（3）混合浮选或精选作业 1.2~1.5；

（4）重选作业 1.1~1.15；

（5）重选流程中的中矿及精矿 1.5~2.0。

为了保证选矿厂的正常生产和设备的必要检修，在决定设备台数时，还应考虑设备的备用问题。如振动筛数量等于或多于 4 台时，应有 25% 的备用量；在磨矿回路中作分级用的水力旋流器，一般应有 1~2 台备用；脱泥用水力旋流器则应考虑 50%~100% 的备用量；每一台工作的砂泵应有一台备用；当对一产品需多台砂泵输送时，也可每两台砂泵备用一台。

3.2 破碎筛分设备的选择与计算

3.2.1 碎矿机的选择与计算

3.2.1.1 碎矿机的选择

碎矿机的类型与规格的选择，主要与所处理矿石的物理性质（硬度、密度、含泥含水量、给矿中的最大粒度等）、处理量、破碎产品粒度以及设备配置条件等因素有关。有时，设备及其备件的供应情况、设备的机修条件等也会影响到设备的选型。

选择碎矿机时，应与破碎筛分流程的选择计算同时进行，以便使各段碎矿机均能满足给矿粒度、排矿粒度及生产能力的要求。给矿中的最大块粒度，对粗碎机一般不大于碎矿机给矿口宽度的 0.80~0.85 倍，对于中细碎机不大于 0.85~0.90 倍。虽然在碎矿机排矿口的调节范围内，碎矿机均能正常工作，但根据待破碎物料的特性，每种碎矿机都有一个最佳的排矿口宽度。通常在中间排矿口宽度下工作，可获得更高的破碎效率，并能够延长碎矿机的寿命。若排矿口调得过小，会降低碎矿机生产能力，且衬板磨损加剧。因此，选择碎矿机时，应尽量避免设备在最大破碎比时的最小排矿口条件下工作。

A 粗碎设备的选择

选矿厂破碎各种硬度矿石时，粗碎设备基本上只有三种不同形式的碎矿机，即颚式碎矿机、旋回碎矿机和反击式碎矿机，它们均有各自不同的性能特点。

当处理原矿粒度不太大（小于 800mm），硬度为中硬或软的矿石，或者磨蚀性弱的矿石时，粗碎设备可考虑选用反击式碎矿机。

工业上广泛采用的颚式碎矿机有两种类型，即双肘简单摆动型和单肘复杂摆动型。颚式碎矿机的优点是：结构简单、坚固、维修方便、机体高度小、工作可靠、价格便宜；调节排矿口方便，破碎潮湿矿石及含黏土多的矿石时，破碎腔不易堵塞；既适宜地面破碎，也能用于井下破碎，配置方便。它的缺点是：衬板易磨损；生产能力比相同给矿口宽度的旋回碎矿机低；破碎产品粒度不均匀，过大粒多，尤其是破碎片状矿石时；要求给矿均匀，需设置给矿机。

旋回碎矿机是一种破碎能力较高的设备，主要用于大、中型选矿厂破碎各种硬度的矿石。与颚式碎矿机相比，其优点是：电耗少，能连续破碎矿石、处理量大；衬板磨损均匀；破碎产品中过大粒少，粒度较均匀；给矿口宽度 900mm 以上的大型旋回碎矿机可以不设给矿机，由矿车直接倒入碎矿机破碎，即"挤满"给矿。旋回碎矿机的缺点是：设备构造复杂、机身重，要求有坚固的基础；机体高，增加了厂房的高度，基建和维修费用高；传统的弹簧型旋回碎矿机无保险装置，调节排矿口困难。现在生产的液压旋回碎矿机，有效地改善了碎矿机的保险及调节排矿口的性能。为了适应破碎各种硬度的矿石及生产能力的需要，还在液压旋回碎矿机系列中加入了轻型液压旋回碎矿机，它适于破碎较软的矿石；轻型和普通型的液压旋回碎矿机的结构及工作原理完全相同，前者重量轻，仅生产能力稍低。

在选矿厂设计中，粗碎设备类型的选择，主要是考虑给矿中的最大块粒度和要求达到的生产能力。对于同样的机器重量，颚式碎矿机能给入较大粒度的给料；就单个矿块而言，同样机器重量的颚式碎矿机能给入的最大矿块重量为旋回碎矿机的 3~4 倍。而同样的给矿粒度，旋回碎矿机的生产能力较颚式碎矿机大很多（当然机重也相应增加）。选择粗碎设备类型时，首先按最大给矿粒度进行选择，如果一台颚式碎矿机的生产能力能够满足要求，就应选用颚式碎矿机；如果不能满足要求，再看用一台旋回碎矿机是否能满足生产能力要求，如果满足要求，就选用旋回碎矿机。也就是说，当给矿粒度大而要求的生产能力较小时，宜选用颚式碎矿机；反之，则应选用旋回碎矿机。另外，在缓坡或平地建厂时，为了节约建筑费用和辅助设施，也应选用颚式碎矿机而不选用旋回碎矿机。

粗碎机的选择计算应综合考虑选矿厂规模和原矿粒度要求，有时满足了原矿给矿粒度要求，而碎矿机的负荷率极低，就需考虑小一规格的粗碎机。此时，需设置液压破碎锤用于破碎超过粗碎矿机最大给矿粒度的大块矿石。

总之，选择何种粗碎设备，应从矿石性质、设备功率、设备重量、投资费用、安装条件及与操作有关的因素等方面考虑，经过技术经济比较，确定选用方案。一般来说，若比较结果两者相当或旋回碎矿机略优于颚式碎矿机时，应采用颚式碎矿机；如果旋回碎矿机比颚式碎矿机有较大优越性时，则采用旋回碎矿机。

　　B　中细碎设备的选择

选矿厂中破碎硬矿石和中硬矿石的中细碎设备，一般选用圆锥碎矿机。通常，中碎选用标准型，细碎选用短头型。中小型选矿厂采用两段破碎时，细碎可选用中间型圆锥碎矿机。破碎易碎性矿石时，中细碎设备也可选用对辊式碎矿机、反击式碎矿机和锤式碎矿机。

单缸液压圆锥碎矿机具有结构简单、重量轻、破碎力大、外形尺寸小、生产能力大、易于实现过铁保护和排矿口自动调节等优点；其缺点是液压系统和动锥支承结构复杂，检修偏心套、液压缸和动锥时较麻烦。弹簧型圆锥碎矿机与单缸液压圆锥碎矿机相比，具有价格便宜、功耗低、产品粒度较均匀、适合破碎硬矿石等优点；它的缺点是生产能力相对较低，破碎黏性矿石时破碎腔易堵塞，过铁保护装置不够可靠。

对辊式碎矿机适用于破碎脆性物料和需避免过粉碎的物料。其优点是结构简单、紧凑轻便、工作可靠，破碎产品粒度可达 3mm；自由给料时过粉碎轻，处理黏性物料时不易堵塞；其缺点是生产能力低、占地面积较大，辊筒易磨损。常规对辊碎矿机通常用作小型选矿厂的细碎设备，特别是脆性的贵重矿物（钨、锡）的细碎，可以减轻有价矿物的过粉碎。小型选矿厂黏性矿石的细碎也常用对辊碎矿机。高压对辊碎矿机也可用于大中型选矿厂的超细碎作业。

反击式碎矿机或锤式碎矿机适用于破碎中硬矿石，特别是易碎性矿石，如石灰石、黄铁矿、磷矿石、石棉、焦炭及煤等。反击式碎矿机的优点是：破碎能耗低，破碎效率高；产品粒度均匀，具有选择性破碎作用；设备重量轻、体积小、结构简单；破碎比大，一般为 30 ~ 40；可以简化破碎流程，节省投资费用。它的缺点是磨损严重；运动部件要求精确平衡，否则设备会发生很大的振动；噪声大、粉尘多。长期以来，反击式碎矿机只在建筑、化工及一些脆性及硬度不大的矿石破碎中采用，在矿石硬度大的金属矿山选矿厂应用较少。然而，由于反击式碎矿机具有突出的优越性，随着高强度耐磨材料的应用及机器结构的改进，其在金属矿山已得到相当程度的应用。

短头圆锥碎矿机排矿口不能调得太小，通常最小控制在 6mm 左右。排矿口过小会导致设备处理能力降低很多，碎矿机在这种条件下工作，既不合理也不经济。因此，大型选矿厂处理硬度较大矿石，最终破碎产品粒度要求小于 12mm 时，可选用超重型圆锥碎矿机；矿石硬度小、粉矿多、产品粒度要求小于 15mm 的破碎筛分厂，可选用单缸液压圆锥碎矿机；小型选矿厂破碎产品粒度要求较小、含泥含水少时，宜选用旋盘式碎矿机、大破碎比的 JC 型深腔颚式碎矿机或细碎型颚式碎矿机。

各种碎矿机的技术性能见附表 1 ~ 附表 6。

3.2.1.2 碎矿机生产能力的计算

碎矿机的生产能力与待破碎物料的物理性质（矿石可碎性、密度、解理、湿度、粒度组成等）、碎矿机结构参数及工艺要求（破碎比、开路或闭路工作）、负荷率、给矿均匀性等因素有关。由于目前还没有把所有影响因素都包括进去的理论计算公式，因此，在设计中多采用经验公式进行概略计算，并根据实际条件及类似厂的实际生产数据加以校正。

A 开路破碎时颚式、旋回、圆锥碎矿机生产能力的计算

开路破碎时，颚式、旋回、圆锥碎矿机的生产能力按下式计算：

$$Q = K_1 K_2 K_3 K_4 Q_0 \tag{3-1}$$

式中 Q——在设计条件下碎矿机的生产能力，t/h；

Q_0——标准条件下（中硬矿石，松散密度为 $1.6t/m^3$），开路破碎时碎矿机的生产能力，t/h，按下式计算：

$$Q_0 = q_0 e \tag{3-1a}$$

q_0——碎矿机单位排矿口宽度的处理量，$t/(mm \cdot h)$，见表 3-1 ~ 表 3-5；

e——碎矿机排矿口宽度，mm；

K_1——矿石可碎性系数，见表 3-6；

K_2——矿石密度修正系数，按下式计算：

$$K_2 = \frac{\rho_b}{1.6} \approx \frac{\rho}{2.7} \tag{3-1b}$$

ρ_b——矿石松散密度，t/m^3；

ρ——矿石密度，t/m^3；

K_3——给矿粒度或破碎比修正系数，见表 3-7 及表 3-8；

K_4——水分修正系数，见表 3-9。

表 3-1　颚式碎矿机 q_0 值

碎矿机规格/mm	250×400	400×600	600×900	900×1200	1200×1500	1500×2100
q_0/t·(mm·h)$^{-1}$	0.40	0.65	0.95~1.0	1.25~1.30	1.90	2.70

表 3-2　旋回碎矿机 q_0 值

碎矿机规格/mm	500/75	700/130	900/160	1200/180	1500/180	1500/300
q_0/t·(mm·h)$^{-1}$	2.5	3.0	4.5	6.0	10.5	13.5

表 3-3　开路破碎时标准、中型圆锥碎矿机 q_0 值

碎矿机规格/mm	ϕ600	ϕ900	ϕ1200	ϕ1750	ϕ2200
q_0/t·(mm·h)$^{-1}$	1.0	2.5	4.0~4.5	8.0~9.0	14.0~15.0

注：排矿口小时取大值，排矿口大时取小值。

表 3-4　开路破碎时短头圆锥碎矿机 q_0 值

碎矿机规格/mm	ϕ900	ϕ1200	ϕ1750	ϕ2200
q_0/t·(mm·h)$^{-1}$	4.0	6.5	14.0	24.0

表 3-5　开路破碎时单缸液压圆锥碎矿机 q_0 值

碎矿机规格/mm		ϕ900	ϕ1200	ϕ1750	ϕ2200
q_0/t·(mm·h)$^{-1}$	标准型	2.52	4.6	8.15	16.0
	中　型	2.76	5.4	9.6	20.0
	短头型	4.25	6.7	14.0	25.0

表 3-6　矿石可碎性系数 K_1 值

矿石性质	极限抗压强度/MPa（kgf·cm^{-2}）	普氏硬度 f	K_1 值
硬	156.9~196.1（1600~2000）	16~20	0.9~0.95
中硬	78.45~156.9（800~1600）	8~16	1.0
软	<78.45（<800）	<8	1.1~1.2

表 3-7　粗破碎设备的给矿粒度修正系数 K_3 值

给矿最大粒度 D_{max} 和给矿口宽度 B 之比 $\dfrac{D_{max}}{B}$	0.85	0.70	0.6	0.5	0.4	0.3
K_3	1.00	1.04	1.07	1.11	1.16	1.23

表 3-8　中碎与细碎圆锥碎矿机破碎比修正系数 K_3 值

标准或中型圆锥碎矿机		短头圆锥碎矿机	
$\dfrac{e}{B}$	K_3	$\dfrac{e}{B}$	K_3
0.60	0.90~0.98	0.40	0.90~0.94
0.55	0.92~1.00	0.25	1.00~1.05

标准或中型圆锥碎矿机		短头圆锥碎矿机	
$\dfrac{e}{B}$	K_3	$\dfrac{e}{B}$	K_3
0.40	0.96 ~ 1.06	0.15	1.06 ~ 1.12
0.35	1.00 ~ 1.10	0.075	1.14 ~ 1.20

注：1. e 为在开路破碎时上段碎矿机排矿口宽；B 为本段中碎或细碎圆锥碎矿机给矿口宽。

2. 在闭路破碎时，$\dfrac{e}{B}$ 指闭路碎矿机的排矿口与给矿口宽度之比。

3. 设有预先筛分时 K_3 取小值，不设预先筛分时取大值。

表3-9 水分修正系数 K_4 值

矿石中水分含量/%	4	5	6	7	8	9	10	11
K_4	1.0	1.0	0.95	0.90	0.85	0.80	0.75	0.65

注：矿石中除含水外，还要有成球的粉矿时才能引用 K_4 系数。

B 短头型（或中型）圆锥碎矿机闭路破碎时生产能力的计算

闭路破碎时，由于返回产品使给到碎矿机的矿石平均粒度降低，改善了破碎条件，碎矿机生产能力得到了提高。因此，闭路破碎的碎矿机按通过矿量计算的生产能力，可用开路条件下的生产能力乘以一个修正系数而得出，即

$$Q_c = K_c Q_s \tag{3-2}$$

式中　Q_c——闭路破碎时，按闭路通过矿量计的生产能力，t/h；

　　　Q_s——开路破碎时，碎矿机的生产能力，按式（3-1）计算，t/h；

　　　K_c——闭路破碎时，平均给矿粒度变细的修正系数，K_c 值一般取 1.15 ~ 1.40，硬矿石取小值，软矿石取大值。

C 开路破碎时光面对辊碎矿机、反击式碎矿机生产能力的计算

（1）光面对辊碎矿机和反击式碎矿机的生产能力可按下式计算：

$$Q = 60\pi\mu DnLe\rho_b \tag{3-3}$$

式中　Q——对辊碎矿机的生产能力，t/h；

　　　π——圆周率；

　　　μ——碎矿机排出口的充满系数，μ 取值为 0.2 ~ 0.4，破碎粗粒矿石或硬矿石时取大值，反之取小值；

　　　D——碎矿机辊子直径，m；

　　　n——碎矿机辊子转速，r/min；

　　　L——碎矿机辊子长度，m；

　　　e——碎矿机辊子之间排矿口宽度，m；

　　　ρ_b——破碎矿石的松散密度，t/m³。

选择光面对辊碎矿机，辊子啮角有很大意义，一般按下式计算：

$$\cos\frac{\alpha}{2} = \frac{D+e}{D+d} \tag{3-4}$$

式中　α——啮角，(°)；

D ——辊子直径，mm；

e ——辊子之间排矿口宽度，mm；

d ——最大给矿粒度，mm。

当对辊机破碎矿石时，其最大啮角 α 不大于 $33°40' \sim 38°40'$。为了防止被破碎物料溅出，使碎矿机能有效工作，所选碎矿机辊子直径应大于最大给矿粒度 $22 \sim 25$ 倍。

（2）单转子反击式碎矿机的生产能力按下式计算：

$$Q = 60Kc(h + a)bdn\rho_b \tag{3-5}$$

式中　Q ——反击式碎矿机的生产能力，t/h；

K ——理论生产能力与实际生产能力的修正系数，一般 K 值取为 0.1；

c ——转子上板锤的数目；

h ——板锤高度，m；

a ——反击板与板锤之间的间隙，m；

b ——板锤宽度，m；

d ——破碎产品的最大粒度，m；

n ——转子的转速，r/min；

ρ_b ——矿石的松散密度，t/m³。

转子直径和给矿中的最大粒度应满足下式要求：

$$D \geqslant 1.25D_{max} + 200 \tag{3-6}$$

式中　D ——反击式碎矿机转子直径，mm；

D_{max} ——给矿最大粒度，mm。

（3）双转子反击式碎矿机的生产能力，以排矿端转子为准，近似地按单转子反击式碎矿机计算。但须注意，这种计算方法并没有反映出双转子反击式碎矿机的特征。实践表明，对于相同规格的反击式碎矿机，双转子式的生产能力比单转子式增加 50% 左右。因此，在设计选用双转子反击式碎矿机时，对计算结果要进行适当的修正。

以上计算公式都有局限性，应注意其使用条件，允其是颚式碎矿机、旋回碎矿机及圆锥碎矿机，因制造厂家不同，相同类型及规格的设备的破碎腔、偏心距、转速、功率等都可能不同，生产能力也各不相同。上述公式中的修正系数尚未考虑这些设备结构参数不同而造成的生产能力的不同。因此，设计计算时，可以按样本（产品目录）的生产能力乘以被破碎物料的硬度、密度、给矿粒度和水分等修正系数来得出开路破碎时设计条件下的设备生产能力。

　　D　按样本（产品目录）生产能力计算法

颚式、旋回和圆锥碎矿机的生产能力也可根据样本（产品目录）的处理量用下式计算：

$$Q = Q_0 K_1 K_2 K_3 K_4 \tag{3-7}$$

式中　Q ——开路破碎时，碎矿机的生产能力，t/h；

Q_0 ——产品样本中，碎矿机的生产能力，t/h；

K_1 ——矿石硬度（可碎性）修正系数，见表 3-10；

K_2 ——矿石密度修正系数，用式（3-1b）求出；

K_3 ——给矿粒度修正系数，见表 3-10；

K_4——水分修正系数，见表3-9。

表3-10 矿石硬度及给矿粒度修正系数表

矿石硬度修正系数 K_1										
矿石硬度等级	软		中 硬				硬			特 硬	
普氏硬度系数	10	11	12	13	14	15	16	17	18	19	20
K_1	1.2	1.15	1.10	1.05	1.0	0.95	0.90	0.85	0.80	0.75	0.70

给矿粒度修正系数 K_3						
最大矿块粒度与给矿口尺寸之比，d_{max}/B	0.3	0.4	0.5	0.6	0.7	0.85
K_3	1.5	1.4	1.3	1.2	1.1	1.0

3.2.1.3 碎矿机台数及设备负荷率的计算

设计需要的碎矿机台数按下式计算：

$$n_d = \frac{KQ_d}{Q} \tag{3-8}$$

式中 n_d——设计需要的碎矿机台数；

Q_d——设计流程中通过碎矿机的矿量，t/h；

Q——选用碎矿机在设计条件下的单台生产能力，t/h；

K——矿量不均衡系数，K 值视矿量波动情况取值为 $1.0 \sim 1.25$。

计算出设计需要的碎矿机台数后，将小数进位取整，即为选定的碎矿机台数。选定碎矿机台数后，设备负荷率按下式计算：

$$\eta = \frac{n_d}{n} \tag{3-9}$$

式中 η——设备负荷率,% ；

n_d——设计计算出的需要碎矿机台数；

n——选定碎矿机的台数。

3.2.1.4 碎矿机功率计算法简介

欧美国家对碎矿机的设计选择一般是根据邦德的破碎功耗理论进行的。下面简单介绍用邦德功指数计算和选择粗碎矿机的大致步骤。

（1）通过冲击可碎性试验测得平均冲击破碎系数，然后由下式求得待破碎矿石的冲击功指数 W_i：

$$W_i = \frac{2.59c}{\rho} \tag{3-10}$$

式中 W_i——冲击功指数，kW·h/t；

c——平均冲击破碎系数，m·kg/m；

ρ——待破碎矿石的密度，kg/m³。

（2）根据设计要求的给矿粒度和产品粒度，用邦德公式求破碎矿石的功耗：

$$W = 10W_i \left(\frac{1}{\sqrt{P}} - \frac{1}{\sqrt{F}} \right) \tag{3-11}$$

式中 W——破碎矿石的功耗，kW·h/t；

P ——破碎产品粒度，80% 通过筛孔，μm；

F ——破碎给矿粒度，80% 通过筛孔，μm。

（3）求破碎矿石的总功率：

$$N_0 = Q_0 W \tag{3-12}$$

式中 N_0 ——破碎矿石的总功率，kW；

Q_0 ——设计中需要碎矿机的生产能力，t/h。

（4）根据破碎矿石总功率，从产品目录或与制造厂家联系选出所需碎矿机的规格及数量。

3.2.1.5 碎矿机选择计算实例

设计基础资料：斑岩铜矿石，按原矿计的选矿厂生产能力为 1Mt/a。矿石松散密度 ρ_b = 1.7t/m³，属中等可碎性矿石。原矿最大粒度 D_{max} = 500mm，水分 4%。原矿及破碎产品粒度特性采用典型粒度特性曲线。流程选择计算结果见本书第 2.3.2.4 节。试选择和计算所需碎矿设备。

A 粗破设备选择计算

根据所给设计基础资料，结合各类碎矿机的性能特点，查设备技术性能表，设计可采用 PEF600×900 颚式碎矿机或 PXZ-500/60 液压重型旋回碎矿机来满足要求。

方案 I：若选用 PEF600×900 颚式碎矿机，其排矿口调节范围为 75～200mm。设计排矿口宽度 e 为 184mm。

该碎矿机在标准条件下的生产能力为：$Q_0 = q_0 e$。查表 3-1 得：$q_0 = 0.95 t/(mm \cdot h)$，于是

$$Q_0 = q_0 e = 0.95 \times 184 = 174.8 t/h$$

考虑矿石可碎性、密度、给矿粒度、水分等因素影响，修正后的生产能力为：

$$Q = K_1 K_2 K_3 K_4 Q_0$$

查表 3-6，对于中等可碎性矿石，K_1 值为 1.0；由式（3-1b）可求出 K_2 值为：

$$K_2 = \frac{\rho_b}{1.6} = \frac{1.7}{1.6} = 1.0625$$

查表 3-7，给矿最大粒度与碎矿机给矿口宽度之比 $a = \frac{500}{600} = 0.83$，采用内插法的 K_3 值为 1.00；查表 3-9，原矿含水 4%，则 K_4 值为 1.0，于是

$$Q = 1.0 \times 1.0625 \times 1.00 \times 1.0 \times 174.8 = 185.72 t/h$$

设备所需台数 $n_d = \frac{KQ_d}{Q}$，因为颚式碎矿机前均应设置贮矿仓及给矿机，矿量波动不大，故 K 值取为 1.0，于是

$$n_d = \frac{KQ_d}{Q} = \frac{1.0 \times 117.6}{185.72} = 0.63 \text{ 台}$$

选用 1 台，则设备负荷率为：

$$\eta = \frac{n_d}{n} = \frac{0.63}{1} = 63\%$$

方案 II：选用 PXZ-500/60 液压重型旋回碎矿机，其允许最大给矿粒度为 425mm，而

设计原矿最大粒度 $D_{max}=500mm$，因此需在原矿仓顶加格筛，筛孔尺寸 $425mm$，筛上过大块以人工手碎或液压锤破碎后，使之通过格筛进入矿仓。PXZ-500/60 排矿口调节范围为 $60\sim 75mm$，若选择排矿口宽度 e 为 $75mm$，则破碎产品粒度 $d_{排}$ 为：

$$d_{排}=Ze=1.45\times 75=109mm（满足设计要求）$$

式中，Z 为最大相对粒度，查表 2-3 得到。

该碎矿机在标准条件下的生产能力为：$Q_0=q_0e$。查表 3-2，得：$q_0=2.5t/(mm\cdot h)$，于是

$$Q_0=q_0e=2.5\times 75=187.5t/h$$

考虑矿石可碎性、密度、给矿粒度、水分等因素影响，修正后的生产能力为：

$$Q=K_1K_2K_3K_4Q_0$$

K_1、K_2、K_4 同前面计算，分别为：$K_1=1.0$；$K_2=1.0625$；$K_4=1.0$。

查表 3-7，给矿最大粒度与碎矿机给矿口宽度之比 $a=\dfrac{425}{500}=0.85$，得 K_3 值为 1.00。于是

$$Q=1.0\times 1.0625\times 1.00\times 1.0\times 187.5=199.22t/h$$

设备所需台数 $n_d=\dfrac{KQ_d}{Q}$，由于所选旋回碎矿机规格较小，碎矿机前仍需设置贮矿及给矿机，故矿量波动不大，K 值取为 1.0。于是

$$n_d=\frac{KQ_d}{Q}=\frac{1.0\times 117.6}{199.22}=0.59\ 台$$

选用 1 台，则设备负荷率为：

$$\eta=\frac{n_d}{n}=\frac{0.59}{1}=59\%$$

列表进行方案比较，见表 3-11。

表 3-11 粗碎设备方案比较

方案	设备规格与类型	所需台数	设备安装功率/kW	设备价值/万元	设备重量/t	设备最大检修件重量/t	设备负荷率/%	产品粒度/mm
I	PEF600×900	1	75	17.5	16.08	7.55	63	294
II	PXZ–500/60 液压型	1	130		44.1	8.7	59	109

由表 3-11 中可看出，采用 PXZ-500/60 型碎矿机能够获得较细的产品，有利于降低随后的中细碎作业的负荷，且该方案碎矿机生产能力还有富余，便于灵活组织生产；但此方案设备重量大，安装功率高，设备投资大，设备维护检修麻烦。而采用 PEF600×900 型碎矿机虽然产品粒度较粗，增加了中细碎作业的负担，但此方案设备重量、安装功率、设备投资均较低，且设备配置和维护检修都方便。综上所述，并考虑实际生产经验和设计的给矿粒度较大、生产规模相对较小等因素，决定选用 PEF600×900 颚式碎矿机来满足设计要求。

B 中碎设备选择计算

根据所给设计基础资料，结合各类碎矿机的性能特点，查设备技术性能表，设计可采

用 PYY2200/350 标准型单缸液压圆锥碎矿机来满足要求。

选用 PYY2200/350 标准型单缸液压圆锥碎矿机，其最大允许给矿粒度为 300mm，排矿口调节范围为 30~60mm，满足设计作业参数要求。

该碎矿机在标准条件下的生产能力为：$Q_0 = q_0 e$。查表 3-1 得：$q_0 = 16.0t/(mm \cdot h)$，设计排矿口宽度 e 为 30mm，于是

$$Q_0 = q_0 e = 16.0 \times 30 = 480t/h$$

考虑矿石可碎性、密度、给矿粒度、水分等因素影响，修正后的生产能力为：

$$Q = K_1 K_2 K_3 K_4 Q_0$$

K_1、K_2、K_4 同前面计算，分别为：$K_1 = 1.0$；$K_2 = 1.0625$；$K_4 = 1.0$。

查表 3-8，粗碎机排矿口宽度与本段中碎机给矿口宽度之比 $\dfrac{e}{B} = \dfrac{184}{350} = 0.53$，则采用内插法得 K_3 值为 0.925，于是

$$Q = 1.0 \times 1.0625 \times 0.925 \times 1.0 \times 480 = 471.75t/h$$

设备所需台数 $n_d = \dfrac{KQ_d}{Q}$，因为中碎前应设置贮矿仓及给矿机，矿量波动不大，故 K 值取为 1.0，于是

$$n_d = \frac{KQ_d}{Q} = \frac{1.0 \times 125.16}{471.75} = 0.27 \text{ 台}$$

选用 1 台，则设备负荷率为：

$$\eta = \frac{n_d}{n} = \frac{0.27}{1} = 27\%$$

最终确定选用 1 台，其允许给矿粒度、排矿口宽度均能满足设计要求，但设备负荷率偏低。

C　细碎设备选择计算

根据所给设计基础资料，结合各类碎矿机的性能特点，查设备技术性能表，设计可采用 PYY2200/130 短头型单缸液压圆锥碎矿机来满足要求。

选用 PYY2200/130 短头型单缸液压圆锥碎矿机，其最大允许给矿粒度为 110mm，排矿口调节范围为 8~15mm，满足设计作业参数要求。

该碎矿机在标准条件下的开路生产能力为：$Q_0 = q_0 e$。查表 3-1 得：$q_0 = 25.0t/(mm \cdot h)$，设计排矿口宽度 e 为 10mm，于是

$$Q_0 = q_0 e = 25.0 \times 10 = 250t/h$$

考虑矿石可碎性、密度、给矿粒度、水分等因素影响，修正后的生产能力为：

$$Q = K_1 K_2 K_3 K_4 Q_0$$

K_1、K_2、K_4 同前面计算，分别为：$K_1 = 1.0$；$K_2 = 1.0625$；$K_4 = 1.0$。

查表 3-8，细碎机排矿口宽度与给矿口宽度之比 $\dfrac{e}{B} = \dfrac{10}{130} = 0.077$，则采用内插法得 K_3 值为 1.14，于是

$$Q = 1.0 \times 1.0625 \times 1.14 \times 1.0 \times 250 = 302.81t/h$$

原矿为中等可碎性矿石，取 $K_e = 1.25$，则细碎机闭路条件的生产能力为：

$$Q_c = K_c Q_s = 1.25 \times 302.81 = 378.51 \text{t/h}$$

设备所需台数 $n_d = \dfrac{KQ_d}{Q}$，因为细碎段矿量波动不大，故 K 值取为 1.0，于是

$$n_d = \frac{KQ_d}{Q} = \frac{1.0 \times 245.21}{378.51} = 0.65 \text{ 台}$$

选用 1 台，则设备负荷率为：

$$\eta = \frac{n_d}{n} = \frac{0.65}{1} = 65\%$$

最终确定选用 1 台，其允许给矿粒度、排矿口宽度均能满足设计要求。

3.2.2 筛分机的选择与计算

筛分作业广泛地用于选矿厂及冶金、建筑和磨料等工业部门。在选矿厂中，筛分作业是矿石准备作业中的一个重要和必不可少的作业。按照应用目的和使用场合的不同，筛分作业可以分为独立筛分、准备筛分、辅助筛分（预先筛分和检查筛分）等。筛分也可用来脱除物料中的水分或分离矿浆，如选煤和洗矿产物的脱水及重介质选矿产物脱除介质等。在某些情况下，筛分产物的质量不同，筛分起到分选有用矿物的作用。这种筛分称为选择筛分，如铁矿选矿厂中将细筛用于铁精矿再磨循环中，用细筛来提高铁精矿的品位。

筛分所用的设备种类繁多，选矿厂常用的筛子有筛面不动的固定筛，筛面做圆运动或直线振动的各种振动筛，以及近年来发展起来的细筛设备。有时，选矿厂也用滚轴筛筛分粗粒矿石，用圆筒筛作为洗矿、脱泥及隔渣的设备。

3.2.2.1 筛分设备的选择

A 影响筛分设备类型选择的主要因素

影响筛分设备类型选择的主要因素有：

（1）被筛物料的特性（包括物料的粒度特性、水分和黏土的含量、密度、硬度、颗粒形状等）。

（2）筛分设备的结构性能（包括筛网面积、筛网层数、筛孔尺寸和形状、筛分机的振幅和转速等）。

（3）选矿工艺要求（包括生产能力、筛分效率、筛分方法、筛分机的安装倾角等）。

B 各类筛分设备的性能特点及用途

a 振动筛

振动筛是选矿厂应用最多的一种筛分设备。按照筛箱的运动轨迹不同，振动筛可分为圆运动振动筛和直线振动筛两类，前者包括单轴惯性振动筛、自定中心振动筛和重型振动筛，后者包括双轴惯性振动筛（直线振动筛）和共振筛。各种类型的振动筛的性能特点及应用略有差别，具体选用时可参考有关资料确定。

振动筛之所以在选矿厂广泛应用，是因为它具有下列突出的优点：筛箱做低振幅高振次的强烈振动，最大限度地消除了物料堵塞现象，使筛子有较高的生产能力及筛分效率，此类筛子的筛分效率可达 80%～90%；构造简单，操作维护及检修比较方便；由于生产能力大及筛分效率高，故筛分每吨物料的单位能耗较低，所需筛网面积较小，这就可以节省厂房建筑费用；适应性强，应用范围广，可用于粗、中、细粒物料的筛分，还可用于脱

水、脱泥、脱介等工艺过程。振动筛的缺点是要求给矿均匀，否则筛子振幅波动大，筛分效率不稳定；筛分时粉尘较多，需要良好的通风除尘设施，以保证操作人员的身体健康。

各种振动筛的技术性能见附表7。

b 固定筛

选矿厂常见的固定筛有两种：格筛及条筛。它们都是用固定的钢条或钢棒构成筛面而完成筛分工作的。

固定格筛通常水平安装在粗碎原矿仓顶部，借助纵横排列的格条组成平面筛面，目的是保证进入粗碎机的矿石粒度满足粗碎机给矿粒度的要求。筛上过大块以人工手碎或其他方法破碎后，使之通过格筛进入矿仓。

固定条筛也叫棒条筛，它由平行排列的棒条组成筛面，棒条间由横向拉杆保持间距。棒条筛需倾斜安装，物料在筛面上借助自重滑落实现筛分。因此，筛面倾角应大于物料对筛面的摩擦角，一般为 45°~55°，物料粒度粗时取小值，反之取大值；棒条间距（筛孔尺寸）为要求的筛下粒度的 1.1~1.2 倍，且一般不能小于 50mm；筛面长度一般为宽度的 2 倍，而宽度至少应为物料最大块粒度的 2.5~3.0 倍，以防止大块物料在筛面上架拱。棒条筛构造简单、易于就地制造、无运动部件、不耗动力、价格便宜；但它易堵塞、需要的安装高差大；筛分效率低，只有 50%~60%。棒条筛对脆性物料粉碎作用大，筛分黏性物料时筛分效率急剧降低，筛孔堵塞严重，故不适宜筛分黏性和脆性物料。但在粗、中碎矿机前筛分效率要求不高且要求耐冲击，则宜使用棒条筛作为预先筛分设备。

c 滚轴筛

滚轴筛常用于粗粒物料的筛分作业，给料粒度可达 500mm，特别适于筛分大块煤、石灰石和页岩，也可作洗矿机或给矿机使用。与棒条筛比较，它的优点是筛分效率高，被筛物料过粉碎较少，安装高度低；缺点是构造复杂、笨重，筛分硬物料时滚轴磨损快。目前滚轴筛在金属矿山已很少使用，多被重型振动筛所取代。

d 圆筒筛

圆筒筛可用作为中、细粒物料的分级筛分，可得两种以上产品。它的优点是构造简单，维修容易，管理方便，工作平稳可靠，振动较轻。缺点是单位面积生产能力低，筛分效率低；筛孔易堵塞、机体笨重；筛面易磨损、耗电高；对物料粉碎作用大。圆筒筛已很少用作碎矿流程的筛分设备，多用于建筑部门对砂石和碎石的分级或用于洗选厂洗矿前的隔渣及重选厂作洗矿隔泥或隔渣之用。

3.2.2.2 筛分设备生产能力的计算

影响筛分设备生产能力的因素主要有 3 个方面：

（1）物料性质。物料的粒度组成特性对筛分设备的生产能力有重大影响；被筛物料中"易筛粒"、"难筛粒"以及粒度为 1~1.5 倍筛孔尺寸的"阻碍粒"的含量对筛子的生产能力影响很大；物料的含水量及黏土含量对筛子的生产能力影响也很大；此外，物料的颗粒形状及密度对筛子的生产能力也有影响。

（2）筛子特性。包括筛面的种类及工作参数，如筛孔形状及尺寸、有效筛分面积大小、筛子的长度及宽度、筛面倾角、筛子的运动状态等。

（3）操作条件。如给矿的均匀性、要求的筛分效率以及采用的筛分方法（干筛或湿筛）等。对一定的筛子来说，影响生产能力的主要因素是入筛物料的性质、要求的筛分效率及采用的筛分方法。至于操作条件，在一定范围内是可以通过调整而达到最佳状态的。

由于影响筛分设备生产能力的因素很多，目前还不能用理论公式来计算筛分设备的生产能力。在选矿厂设计中，筛分设备的生产能力的计算，通常是以单位筛分面积的平均生产能力为基本生产能力，再根据影响筛分设备生产能力的主要因素进行修正而得出，或者采用经验公式来计算。在设计过程中，一般是根据要求的矿石处理量计算出所需的筛分面积，然后选择筛子的规格和计算所需筛子的台数。

A 振动筛生产能力的计算

a 振动筛生产能力的计算

国内计算振动筛生产能力的方法是经验公式法，此法是根据振动筛单位面积筛网的平均生产能力，考虑对矿石筛分有显著影响的因素进行修正而确定振动筛的生产能力。计算所用的单位筛分面积的平均生产能力、修正系数等都是从经验中得来的，并基于多年的实际应用而修正成目前值。振动筛的生产能力按下式进行计算：

$$Q = \varphi F \rho_b K_1 K_2 K_3 K_4 K_5 K_6 K_7 K_8 \tag{3-13}$$

式中　Q ——振动筛的生产能力，t/h；

　　　φ ——有效筛分面积系数，单层筛或多层筛的上层筛面 φ 值为 0.8 ~ 0.9；第 2 层筛面 φ 值为 0.65 ~ 0.7；第 3 层筛面 φ 值为 0.5 ~ 0.6；双层筛作单层筛使用时，下层筛面 φ 值为 0.6 ~ 0.7；

　　　ρ_b ——被筛物料的松散密度，t/m³；

　　　F ——振动筛几何筛分面积，m²；

　　　V ——振动筛单位筛分面积的平均容积生产能力，m³/(m² · h)，V 值见表 3-12；

$K_1 \sim K_8$——考虑各种影响生产能力因素的修正系数，见表 3-13。

表 3-12　振动筛单位筛分面积的平均容积生产能力

筛孔尺寸/mm	0.15	0.2	0.3	0.5	0.8	1	2	3	4	5	6	9
V/m³ · (m² · h)⁻¹	1.1	1.6	2.3	3.2	4.0	4.4	5.6	6.3	8.7	11.0	12.9	15.8
筛孔尺寸/mm	10	12	14	16	20	25	30	40	50	60	80	100
V/m³ · (m² · h)⁻¹	18.2	20.1	21.7	23.1	25.4	27.8	29.6	32.6	37.6	41.6	48.0	53.0

表 3-12 中的 V 值是根据不同的筛分粒度，近似地按下列公式计算出来的。

细粒筛分（筛孔尺寸小于 3mm）：

$$V = 4 \lg \frac{a}{0.08} \tag{3-14}$$

中粒筛分（筛孔尺寸 4 ~ 40mm）：

$$V = 24 \lg \frac{a}{1.74} \tag{3-15}$$

粗粒筛分（筛孔尺寸大于 40mm）：

$$V = 51 \lg \frac{a}{9.15} \tag{3-16}$$

式中　a——筛孔尺寸，mm。

表 3-13　振动筛系数 $K_1 \sim K_8$ 值

系数	考虑因素	筛分条件和各系数值									
K_1	细粒的影响	给矿中粒度小于筛孔之半的颗粒含量/%	<10	10	20	30	40	50	60	70	80	90
		K_1 值	0.2	0.4	0.6	0.8	1.0	1.2	1.4	1.6	1.8	2.0
K_2	粗粒的影响	给矿中粒度大于筛孔的颗粒含量/%	<10	10	20	30	40	50	60	70	80	90
		K_2 值	0.91	0.94	0.97	1.03	1.09	1.18	1.32	1.55	2.00	2.36
K_3	筛分效率	筛分效率 E/%	85	87.5	90.0	92.0	92.5	93.0	94.0	95.0	96.0	
		K_3 值（$K_3 = \dfrac{100-E}{8}$）	1.87	1.56	1.25	1.00	0.94	0.88	0.75	0.63	0.50	

系数	考虑因素	筛分条件和各系数值									
K_4	颗粒种类和颗粒形状	颗粒种类及形状	各种破碎后的物料（除煤外）				圆形预粒物料（海砾石）			煤		
		K_4 值	1.0				1.25			1.5		
K_5	物料湿度	物料的湿度	筛孔小于 25mm						筛孔大于 25mm			
			干的		湿的		成团		视湿度而定			
		K_5 值	1.0		0.25 ~ 0.75		0.2 ~ 0.6		0.9 ~ 1.0			
K_6	筛分方法	筛分方法	筛孔小于 25mm						筛孔大于 25mm			
			干筛		湿筛（附有喷水）				任意的			
		K_6 值	1.0		1.25 ~ 1.40				1.0			
K_7	筛子运动参数	筛子运动参数 $2rn$ 乘积值/mm·r·min⁻¹	6000		8000		10000		12000			
		K_7 值	0.65 ~ 0.70		0.75 ~ 0.80		0.85 ~ 0.90		0.95 ~ 1.0			
K_8	筛面种类和筛孔形状	筛面种类	编织筛网		冲孔筛板				橡胶筛网			
		筛孔形状	方形	长方形	方形		圆形		方形		条缝	
		K_8 值	1.0	0.85	0.85		0.70		0.90		1.20	

注：r—筛子的振幅（双振幅不乘2），mm；n—筛子轴的转速，r/min。

　　b　双层振动筛下层筛面生产能力计算时修正系数 K_1、K_2、K_3 值的确定

　　双层振动筛的选择和计算，首先要考虑满足用户或下段作业对产品质量的要求，即在筛上产品中允许筛下粒级的极限含量，也就是要选定好筛分效率。通常是根据要求选定最上层的筛分效率，下层筛面的筛分效率则用公式计算出来。

　　双层振动筛上层筛的筛下产物系下层筛的给矿，因此可用式（3-17）、式（3-18）、式（3-19）分别计算出下层筛的筛分效率、给矿中小于筛孔尺寸之半的粒级含量及大于筛孔尺寸的粒级含量：

$$E_2 = \frac{\beta_1^{-a_2} - \beta_2^{-a_2}}{\beta_1^{-a_2}\left(1 - \beta_2^{-a_2}\right)} \tag{3-17}$$

$$\beta_1^{-\frac{a_2}{2}} = \frac{\beta^{-\frac{a_2}{2}}}{\beta^{-a_1} E_1} \tag{3-18}$$

$$\beta_1^{+a_2} = \frac{\beta^{-a_1}E_1 - \beta^{-a_2}}{\beta^{-a_1}E_1} \tag{3-19}$$

式中　　E_2——双层振动筛下层筛的筛分效率，%；

　　　　$\beta_1^{-a_2}$——下层筛给矿中小于筛孔尺寸（a_2）的粒级含量，%；

　　　　$\beta_2^{-a_2}$——下层筛筛上产品中小于筛孔尺寸（a_2）粒级的允许含量，%；

　　　　$\beta_1^{-\frac{a_2}{2}}$——下层筛给矿中小于筛孔尺寸（a_2）之半的细粒级含量，%；

　β^{-a_1}，$\beta^{-\frac{a_2}{2}}$——进入上层筛的给矿中小于 a_1、$\dfrac{a_2}{2}$ 的粒级含量，%；

　　　　E_1——按 $-a_1$ 粒级计的上层筛的筛分效率，%；

　　　　$\beta_1^{+a_2}$——下层筛给矿中大于筛孔尺寸（a_2）的粗粒级含量，%；

　　　　β^{-a_2}——进入上层筛的给矿中小于 a_2 的粒级含量，%；

　　　　a_1，a_2——上层筛和下层筛的筛孔尺寸，mm。

下层筛的给矿量可先由下式计算出产率，然后再由产率计算出来：

$$\gamma = \beta^{-a_1}E_1 \tag{3-20}$$

式中　γ——下层筛给矿按上层筛给矿计的产率，%。

设计中选择计算双层振动筛时，应按式（3-13）逐层计算各层筛面所需的筛分面积，然后按其中最大值来选择振动筛的类型、规格和台数。计算下层筛时，修正系数 K_1、K_2、K_3 可根据式（3-17）、式（3-18）、式（3-19）的计算结果，查表3-13得出。

c　双层振动筛作单层筛使用时上、下层筛面负荷的分配

双层筛作为单层筛使用，既可提高筛子的生产能力，又能保护下层筛网，延长下层筛网的使用期限。但是，当给矿中最终筛下物料的含量超过50%、"难筛粒"多或给矿中含水量、黏性泥含量高时，双层筛不能发挥应有的作用，此时应尽量避免选用双层筛作单层筛使用。

双层筛作为单层筛使用，关键性问题是上、下层筛网的负荷要均匀分配，即要正确选定上、下层筛网的筛孔尺寸。一般上层筛网筛孔尺寸应根据给矿粒度特性来确定，可按上层筛的筛下产物的重量，相当于原给矿量的55%~65%时的矿石粒度大小作为上层筛的筛孔尺寸，也就是说上层筛的筛孔尺寸应使上层筛的筛下产物重量为原给矿量的55%~65%。

根据选定的上、下层筛网的筛孔尺寸，用式（3-13）计算出上、下层筛网的面积。若两者的面积相差悬殊，则需调整上层筛筛孔尺寸再进行计算，直到接近为止。但须注意，两层筛网的筛孔尺寸不能过于接近。

d　振动筛筛面物料层厚度的验算

为了保证筛子在筛分过程中有较高的筛分效率，对所选定的筛子还需进行排料端物料层厚度验算。筛分矿石时，筛子排料端物料层厚度应不大于筛孔尺寸的4倍，且不能超过100mm；筛分煤时，筛子排料端物料层厚度应不大于筛孔尺寸的3倍，且不能超过150mm。若物料中小于筛孔尺寸的细粒级含量很大时，排料端物料层厚度可以大些。

筛子排料端筛上产物的物料厚度按下式计算：

$$H = \frac{Q_0}{3.6\rho_b u(B - 0.15)} \tag{3-21}$$

式中　H——振动筛排料端筛上产物的物料层厚度，mm；

　　　Q_0——一台筛子的筛上产物的重量，t/h；

　　　ρ_b——物料的松散密度，t/m³；

　　　u——物料沿筛面的运动速度，m/s；

　　　B——筛子的几何宽度，m。

　　物料沿筛面的运动速度 u 与筛子性能、安装角度和物料性质等因素有关，计算时可按下列数据选取：当振动筛的振动次数为 700～900 次/min、双振幅为 8～11mm、安装角度为 20°、物料含水小于 3% 时，u 为 0.5～0.63m/s；当振动次数为 850～900 次/min、双振幅为 16mm、水平安装时，u 值为 0.2～0.23m/s。

　　B　固定条筛筛分面积的计算

　　固定条筛筛分面积按以下经验公式计算：

$$F = \frac{Q}{qa} \tag{3-22}$$

式中　F——条筛的筛分面积，m²；

　　　Q——设计流程中进入条筛的矿量，t/h；

　　　a——条筛的筛孔宽度，mm；

　　　q——按给矿计的 1mm 筛孔宽的固定条筛单位负荷，t/(m²·h·mm)，见表 3-14。

表 3-14　1mm 筛孔宽的固定筛单位面积处理量 q 值

筛分效率 E/%	筛孔间隙/mm						
	25	50	75	100	125	150	200
	q/t·(m²·h·mm)⁻¹						
70～75	0.53	0.51	0.46	0.40	0.37	0.34	0.27
55～60	1.16	1.02	0.92	0.80	0.74	0.68	0.54

注：单位面积处理量 q 是按矿石松散密度为 1.6t/m³ 计算出来的。

　　C　圆筒筛生产能力的计算

　　圆筒筛作为筛分设备使用时，生产能力按下式计算：

$$Q = 600\rho_b n\tan\alpha\sqrt{2R^3 h^3} \tag{3-23}$$

式中　Q——圆筒筛的生产能力，t/h；

　　　ρ_b——物料的松散密度，t/m³；

　　　n——圆筒的转速，一般 n 值取为 $\frac{13}{\sqrt{D}} \sim \frac{20}{\sqrt{D}}$，r/min；

　　　D——圆筒直径，一般要求 D 值不小于 $14d_{max}$，m；

　　d_{max}——给矿最大粒度，m；

　　　α——圆筒安装倾角，一般口值取为 3°～8°，当给料中细粒多时，α 取小值；

　　　R——圆筒半径，m；

　　　h——物料层厚度，一般 h 值应不大于 $2d_{max}$，m。

3.2.2.3　筛分设备选择计算实例

设计基础资料：斑岩铜矿石，按原矿计的选矿厂生产能力为 1Mt/a。矿石松散密度

$\rho_b = 1.7t/m^3$，属中等可碎性矿石。原矿最大粒度 $D_{max} = 500mm$，水分 4%，原矿及破碎产品粒度特性采用典型粒度特性曲线。流程选择计算结果见本书第 2.3.2.4 节。试选择计算与短头圆锥碎矿机构成闭路的筛分作业的筛分设备。

选择计算如下：

（1）考虑到筛分给矿量较大、粒度较细及各类筛子的性能，决定选用振动筛作为闭路筛分作业的筛子。

（2）求产物 10 的粒度组成特性，以确定修正系数 K_1，K_2 的值。产物 10 的粒度特性一般应由筛析资料来确定。如无筛析资料，可根据粒级重量平衡原理，查产物 8（标准圆锥碎矿机排矿）和产物 13（短头圆锥碎矿机排矿）的粒度特性曲线近似求出。

产物 10 中小于筛孔尺寸（17mm）之半的粒级含量 $\beta_{10}^{-8.5}$ 为

$$\beta_{10}^{-8.5} = \frac{\gamma_9 \beta_8^{-8.5} + \gamma_{13} \beta_{13}^{-8.5}}{\gamma_{10}}$$

式中　$\beta_{10}^{-8.5}$，$\beta_8^{-8.5}$，$\beta_{13}^{-8.5}$——分别为产物 10、产物 8、产物 13 中小于筛孔尺寸（17mm）之半的粒级含量，%；

γ_{10}，γ_9，γ_{13}——分别为产物 10、产物 9、产物 13 的产率，%。

对产物 8，筛孔尺寸之半与碎矿机排矿口宽度之比为 $\frac{8.5}{30} = 0.28$，查标准圆锥碎矿机破碎产品粒度特性曲线，得 $\beta_8^{-8.5} = 25\%$；对产物 13，筛孔尺寸之半与碎矿机排矿口宽度之比为 $\frac{8.5}{10} = 0.85$，查短头圆锥碎矿机破碎产品粒度特性曲线，得 $\beta_{13}^{-8.5} = 35\%$。于是

$$\beta_{10}^{-8.5} = \frac{\gamma_9 \beta_8^{-8.5} + \gamma_{13} \beta_{13}^{-8.5}}{\gamma_{10}} = \frac{1 \times 0.25 + 1.4596 \times 0.35}{2.4596} = 0.31 = 31\%$$

同理，可求出产物 10 中大于筛孔尺寸（17mm）的粗粒级含量 β_{10}^{+17} 为

$$\beta_{10}^{+17} = \frac{\gamma_9 \beta_8^{+17} + \gamma_{13} \beta_{13}^{+17}}{\gamma_{10}} = \frac{1 \times 0.60 + 1.4596 \times 0.22}{2.4596} = 0.37 = 37\%$$

产物 10 中小于筛孔尺寸（17mm）的粒级含量 β_{10}^{-17} 为

$$\beta_{10}^{-17} = 100\% - \beta_{10}^{+17} = 100\% - 37\% = 63\%$$

（3）由于筛分给矿中小于筛孔的粒级含量为 63%，故采用单层筛面。已知筛孔尺寸 a 为 17mm，查表 3-13，用内插法得 V 值为 23.8m³/(m²·h)。由流程选择计算结果可知筛分效率 E 值为 65%。

（4）根据筛子的工作条件和矿石特性，查表 3-14，确定各修正系数的值为：

$K_1 = 0.82$（用内插法得到）；$K_2 = 1.072$（用内插法得到）；$K_3 = 4.375$（$K_3 = \frac{100 - E}{8}$）；$K_4 = 1.0$；$K_5 = 1.0$；$K_6 = 1.0$；$K_7 = 0.75$（采用 YA1548 型圆振动筛，双振幅为 9.5mm，振次 845 次/min）；$K_8 = 1.20$（采用条缝型橡胶筛网）。

由设计所给原始条件，可知 $\rho_b = 1.7t/m^3$，Q 值为 413.21t/h，采用单层筛，则 ϕ 值为 0.85。

（5）所需筛子的几何面积 F 为

$$F = \frac{Q}{\phi V \rho_b K_1 K_2 K_3 K_4 K_5 K_6 K_7 K_8}$$

$$= \frac{413.21}{0.85 \times 23.8 \times 1.7 \times 0.82 \times 1.072 \times 4.375 \times 1.0 \times 1.0 \times 1.0 \times 0.75 \times 1.20} = 3.47 \text{m}^2$$

选用 1 台 YA1548 型圆振动筛来满足设计要求，其几何筛分面积为 6m^2，则筛子的负荷率为

$$\eta = \frac{F_d}{F} = \frac{3.47}{6} = 0.58 = 58\%$$

式中　F_d——设计计算所需的筛子几何筛分面积，m^2；

　　　F——设计实际选用的筛子总的几何筛分面积，m^2。

筛子的负荷率为 58%，小于 80%，满足设计规范的要求。

（6）验算筛子排料端矿石厚度是否满足要求。

采用 YA1548 型圆振动筛，倾斜安装，则 u 值取为 0.5m/s，于是

$$H = \frac{Q_0}{3.6\rho_b u \ (B - 0.15)} = \frac{245.21}{3.6 \times 1.7 \times 0.5 \times \ (1.5 - 0.15)} = 59.4 \text{mm}$$

因为　　　　　　　　　$H < 4a = 4 \times 17 = 68 \text{mm}$

所以选用 1 台 YA1548 型圆振动筛是适宜的，筛子排料端矿石层厚度满足要求。

3.3　磨矿分级设备的选择与计算

3.3.1　磨矿机的选择与计算

在选矿厂中，磨矿作业是工艺过程中的一个重要中间环节，磨矿设备选择使用的好坏，直接影响着选矿厂的技术经济指标。所以，磨矿机的选择要兼顾前后，并按需要加工的矿石量、矿石性质、磨矿产品的质量要求及各种磨矿机的技术性能，经过多方案技术经济比较，择优选用，最终选定的磨矿机还须进行通过能力校核。

3.3.1.1　磨矿机类型的选择

选择磨矿机的类型，主要是根据磨矿产品的质量要求、待处理矿石的性质、磨矿机的性能及磨矿车间的生产能力等因素考虑决定。在选矿厂中，目前常用的磨矿机有棒磨机、格子型及溢流型球磨机、自磨机和砾磨机等。

A　棒磨机

棒磨机内装的磨矿介质是钢棒，其主要特点是钢棒在磨矿过程中与矿石是线接触，棒荷之间夹有矿粒时，首先受到破碎的是粗粒矿石，细粒在中间受到保护，也就是说棒磨机具有选择性磨碎作用。棒磨机的产品粒度较均匀，过粉碎轻。由于棒具有控制产品粒度的特性，因此，开路工作的棒磨机产品粒度特性几乎和球磨机闭路工作的产品粒度特性一样，故棒磨机多采用开路磨矿。由于单位体积的棒荷表面积比球荷小，故棒磨机只适于要求磨矿产品粒度在 3~0.3mm 的粗磨。用于细磨时，棒磨机的生产能力和效率都比球磨机低。

由于棒磨机的上述特性，它往往用于钨、锡矿石和其他稀有金属矿石的重选厂或磁选厂的磨矿，以减轻有价矿物的过粉碎。此外，棒磨机也用于磨碎硬矿石。在欧美国家，不少选矿厂采用棒磨机加球磨机的两段磨矿流程，第 1 段为棒磨开路磨矿。一般情况下，棒

磨机的给矿粒度为 15～25mm。

B 球磨机

选矿厂常用的球磨机有格子型和溢流型两种，格子型又分短筒型和长筒型两种。由于构造上存在差别，引起它们工作特性及磨矿机性能的差异，因而这几种球磨机的应用场合也不同。

与溢流型球磨机相比，格子型球磨机属于低水平强制排矿，磨机内储存的矿浆少，已磨碎的细矿粒能及时排出，因此物料过磨程度相对较轻，高密度矿物也较易排出。由于有格子板，磨机内可以多装球，也便于装小球，从而使磨机产生大的磨碎功，加上矿浆液面低，对钢球缓冲作用弱，所以格子型球磨机生产能力大，并且磨矿效率高。但由于格子型球磨机排料快，物料被磨时间短，产品相对较粗。此外，格子型球磨机构造复杂、格子板易损坏、维修困难、重量大、价格较高。

格子型球磨机磨矿产品的粒度上限一般为 0.2～0.3mm，故常作为粗磨设备而用在两段磨矿的第 1 段，且小规格球磨机常与螺旋分级机构成闭路磨矿。在需要磨到 0.2～0.3mm 均匀粗产物的一段磨矿作业，用格子型球磨机较好。

与格子型球磨机相比，虽然溢流型球磨机生产能力及磨矿效率较低，过粉碎较严重；但它构造简单、价格较低而且可产出较细的产品；特别是磨矿粒度为 0.1～0.074mm 时，用格子型效果不好，用溢流型球磨机则较好。溢流型球磨机应用广泛，它适用于两段磨矿流程中的第 2 段细磨作业和中间产品的再磨作业。

C 自磨机

选矿厂应用的自磨机有干式和湿式两种，干式自磨机适用于对物料干法加工或干式选矿的干式磨矿作业。由于干式自磨机的风力分级系统设备多、灰尘大及干式选矿生产指标不佳等原因，目前采用干式自磨机的不多。湿式自磨机的辅助设备较少、灰尘少、物料运输方便、好管理、易操作，故应用较广泛，特别是黑色金属矿山应用较多。

矿石自磨的大量生产实践资料表明，自磨工艺的主要优点是：

（1）破碎比很大，可达 3000～4000，这就大大简化了碎磨流程，自磨作业通常可取代中碎、细碎及粗磨 3 道作业，因而使建筑物及构筑物费用下降 30%～40%。

（2）减少操作维护人员及费用。

（3）减少钢耗。

（4）对某些矿石来说，产品泥化稍轻，铁质污染少，有一定的选择解离作用，选别指标比常规方法稍高。

但是，自磨机的单位容积生产能力较球磨低，电耗和设备费用也高于常规球磨机，作业率常低于常规磨矿回路。自磨实践表明，自磨机规格越大，其优越性越突出。通常认为，自磨机直径达 8m 以上后，经济上才比常规磨矿有利。

在选用自磨机时，应先进行被磨矿石的磨矿试验，评价被磨矿石中可用作磨矿介质的矿块的数量和质量。如果试验结果表明没有足够的可以用作介质的矿块（或数量足够但质量不能满足要求）时，则在磨矿作业中不能采用自磨机。

若自磨机的给矿粒度为 300～400mm，经一次自磨矿以后，排出产品的粒度可在几毫米以下。自磨机在磨矿过程中可以不加或少加一些大钢球（加钢球量一般不超过自磨机有效容积的 5%～8%），目的是用来消除"难磨粒子"。湿式自磨机通常采用筛分机、螺旋分级机或水力旋流器作为分级设备，干式自磨机则采用由风力分级设备组成的风力分级系统进行分级。

D 砾磨机

砾磨机通常用于细磨，作为棒磨和自磨的第2段磨矿设备。砾磨机的磨矿介质可以用破碎后的部分块矿，也可用自磨机中引出的"难磨粒子"或砂石场中自然形成的砾石。砾磨机的主要优点是：由于不用金属介质，磨矿减少了钢耗；稀有金属选矿厂采用砾磨可减少铁质污染；不易产生过粉碎和泥化，改善选别效果。砾磨机的给矿粒度依砾磨在整个工艺过程中所起的作用不同而不同，如用于棒磨机后的二段磨矿，给矿粒度一般是 $0.8 \sim 0.2mm$；若用于自磨机后的二段磨矿，给矿粒度一般在 $0.3 \sim 0.074mm$；用于一段磨矿时，给矿是细碎后的产物，最大给矿粒度为 $10 \sim 25mm$。砾磨机产品粒度可达 $-0.043mm$。

砾磨机的主要缺点是用于粗磨时生产能力比球磨机低，因此，相应地增加了砾磨机的规格或数量。由于规格较大，安装费用和功率消耗也较离，但节省的磨矿介质费用常常能抵消超出的投资与动力费且有富裕。一些厂的实践经验表明，砾磨机磨矿产品越细，单位生产能力和球磨机越接近，故砾磨机用于细磨时最经济。砾磨机一般与水力旋流器构成闭路磨矿。

各种磨矿机的技术性能见附表8。

3.3.1.2 球磨机和棒磨机生产能力和台数的计算

影响磨矿机生产能力的因素可归纳为3个方面：

(1) 物料的性质（矿石的可磨性、给矿粒度、磨矿产品粒度等）。

(2) 磨矿机技术性能（磨矿机的类型、筒体直径与长度、衬板的类型、磨矿机的转速等）。

(3) 操作条件（磨矿介质的大小、配比、充填率、密度和硬度，磨矿浓度、给矿速度、返砂量、分级设备的分级效率等）。由于影响磨矿机生产能力的因素很多，且变化也较大，因此，目前还很难用可靠的理论公式来计算磨矿机的生产能力。在选矿厂设计中，一般是根据经验公式，采用近似方法进行计算。

磨矿机生产能力计算常用的方法有下列3种：

(1) 磨矿机单位容积处理量计算法（容积法）。这种方法是按原矿量或根据新生成计算级别（一般用 $-0.074mm$ 粒级）的重量计算出磨矿机单位容积的处理量，然后计算出磨矿机的处理量。

(2) 磨矿效率计算法（功率法）。这种方法是按加工 1t 矿石消耗的功指数 W_i 计算磨矿总功耗，并由此确定磨矿机的形式、规格和数量。

(3) 试验法。这种方法是按半工业性试验或工业试验所得到的磨矿机单位容积处理量 q 或单位功耗，以合理的比例放大求出磨矿机处理量。

须指出的是，各种计算法都必须依据特定的试验及生产实践资料才能使用。

A 容积法

容积法的计算步骤如下：

(1) 求设计磨矿机按新生成的计算级别（通常选 $-0.074mm$ 粒级为计算级别）计的单位容积生产能力 q。

设计中采用的 q 值，一般取自工业试验指标或同类选矿厂的磨矿机实际生产指标 q_0，此时，q 值和 q_0 值近似相等。如果没有上述条件，就只有选取情况相近似的选矿厂的磨矿

机生产指标 q_0，再考虑磨矿机的形式、规格、矿石性质（可磨性）、给矿及产品粒度等因素的差异，作如下的修正计算：

$$q = q_0 K_1 K_2 K_3 K_4 \qquad (3\text{-}24)$$

式中　q——设计中拟选用的磨矿机按新生成计算级别计的单位容积生产能力，$t/(m^3 \cdot h)$；

　　　q_0——与设计磨矿机情况相近似的选矿厂的磨矿机生产指标，q_0 值用下式求得：

$$q_0 = \frac{Q_0(\beta_2' - \beta_1')}{V_0} \qquad (3\text{-}24a)$$

　　　Q_0——生产中使用的 1 台磨矿机按新给矿量计的生产能力，$t/(台 \cdot h)$；

　　　β_1'——生产中使用的磨矿机新给矿中计算级别的含量，它与破碎最终产物粒度及矿石的可碎性有关，在设计中应按实际资料选取，若无实际资料，一般可参照表 2-9 选取，%；

　　　β_2'——生产中使用的磨矿机产品中计算级别的含量（即磨矿细度），闭路磨矿时指分级溢流中计算级别的含量，%；

　　　V_0——生产中使用的 1 台磨矿机的有效容积，m^3；

　　　K_1——待磨矿石的磨矿难易度系数，根据试验资料选取，若无试验资料，可由表 3-15 确定；

　　　K_2——磨矿机的直径校正系数，可由下式计算得出：

$$K_2 = \left(\frac{D_1 - 2b_1}{D_2 - 2b_2}\right)^n \qquad (3\text{-}24b)$$

D_1，b_1——设计中拟选用的磨矿机的直径及衬板厚度，m；

D_2，b_2——生产中使用的磨矿机的直径及衬板厚度，一般 b_1、b_2 的取值均为 0.15m；

　　　n——可变指数，n 值与磨机直径、形式有关，见表 3-16，n 值为 0.5 时的 K_2 值见表 3-17；

　　　K_3——磨矿机不同给矿粒度和不同产品粒度的差别系数，可近似地按下式计算，这个公式的假设条件是处理不同成分的两种矿石，磨矿机的生产能力是随给矿粒度和产品粒度变化而变化的：

$$K_3 = \frac{m_1}{m_2} \qquad (3\text{-}24c)$$

m_1，m_2——分别指设计中拟选用的和生产中使用的磨矿机按新生成计算级别计的相对生产能力，见表 3-18；

　　　K_4——磨矿机形式校正系数，见表 3-19。

表 3-15　矿石的磨矿难易度系数 K_1

矿 石 性 质	普氏硬度	K_1 值
易碎性矿石	5 以下	1.25 ~ 1.4
中等可碎性矿石	5 ~ 10	1.0
难碎性矿石	10 以上	0.85 ~ 0.7

注：矿石的磨矿难易度目前研究得尚不够，还无统一标准。

表 3-16 n 值与磨矿机直径及形式的关系

磨矿机直径 D/m	n 值	
	球 磨 机	棒 磨 机
2.7	0.5	0.53
3.3	0.5	0.53
3.6	0.5	0.53
4.0	0.5	0.53
4.5	0.46	0.49
5.5	0.41	0.49

表 3-17 磨矿机的直径校正系数 K_2 （ $n=0.5$ 时）

磨矿机直径/mm		D_1							
		900	1200	1500	2100	2700	3200	3600	4000
D_2	900	1.0	1.19	1.34	1.66	1.85	2.07	2.10	2.26
	1200	0.84	1.0	1.14	1.40	1.63	1.74	1.76	1.91
	1500	0.74	0.87	1.0	1.22	1.46	1.52	1.55	1.69
	2100	0.60	0.71	0.81	1.0	1.17	1.25	1.30	1.41
	2700	0.51	0.61	0.70	0.85	1.0	1.09	1.17	1.25
	3200	0.47	0.57	0.64	0.80	0.92	1.0	1.07	1.12
	3600	0.46	0.55	0.62	0.76	0.86	0.94	1.0	1.06
	4000	0.44	0.52	0.59	0.71	0.81	0.89	0.95	1.0

表 3-18 不同给矿和排矿粒度条件下的相对处理量 m_1、m_2 值

给矿粒度 d_{95}/mm	产品粒度/mm						
	0.5	0.4	0.3	0.2	0.15	0.10	0.074
	产品粒度中小于 0.074mm 粒级的含量/%						
	30	40	48	60	72	85	95
40	0.68	0.77	0.81	0.83	0.81	0.80	0.78
30	0.74	0.83	0.86	0.87	0.85	0.83	0.80
20	0.81	0.89	0.92	0.92	0.88	0.86	0.82
10	0.95	1.02	1.03	1.00	0.93	0.90	0.85
5	1.11	1.15	1.13	1.05	0.95	0.91	0.85
3	1.17	1.19	1.16	1.06	0.95	0.91	0.85

表 3-19 磨矿机的形式校正系数 K_4

磨矿机形式		生产中使用的磨矿机		
		格子型球磨机	溢流型球磨机	棒磨机
设计使用的磨矿机	格子型球磨机	1.0	1.11~1.18	1.0~1.18
	溢流型球磨机	0.9~0.85	1.0	0.9~1.0
	棒磨机	1.0~0.85	1.0~1.11	1.0

其他影响磨矿机生产能力的因素，在设计中一般不考虑。可假设拟选用的磨矿机是处于生产中使用磨矿机的最优工作条件，如果选用的工作参数没有达到最优条件，那就说明用这些指标计算的磨矿机生产能力有富余，尚有潜力可挖。

（2）计算设计中拟选用的磨矿机按新给矿量计的生产能力。设计中拟选用的磨矿机按新给矿量（闭路磨矿时不包括返回矿量）按下式计算：

$$Q_d = \frac{qV_d}{\beta_{d2} - \beta_{d1}}$$ (3-25)

式中　Q_d——设计拟选用的磨矿机按新给矿量计的生产能力，t/（台·h）；

q——意义同式（3-24）；

β_{d1}——设计拟选用的磨矿机新给矿中计算级别的含量，%；

β_{d2}——设计拟选用的磨矿机产品（闭路磨矿时系指分级溢流）中计算级别的含量，%。

（3）计算设计中拟选用的磨矿机台数。设计中拟选用的磨矿机台数根据设计流程的原始给矿量 Q_a 按下式计算：

$$n_d = \frac{Q_a}{Q_d}$$ (3-26)

式中　n_d——设计中拟选用的磨矿机需要的台数；

Q_a——设计流程的原始给矿量（闭路磨矿时不包括返矿量），t/h；

Q_d——意义同式（3-25）。

B　功率法

美英等国家广泛应用以邦德功耗学说为依据的功率计算法来选择磨矿机。这种计算法的关键是要有准确可靠的邦德功指数 W_i，W_i 是利用标准的邦德可磨性试验程序或简化程序，进行矿石的可磨性试验而得出来的。

功率计算法的步骤如下：

（1）确定设计矿石的功指数 W_i。

$$W_i = \frac{W}{10\left(\frac{1}{\sqrt{P}} - \frac{1}{\sqrt{F}}\right)}$$ (3-27)

式中　W_i——功指数，即将"理论上无限大"的某一物料磨到80%可通过100μm筛孔（或65%通过200目筛孔）的产品时所需功，kW·h/t，需要说明的是，功指数单位中重量单位既可用短吨（907.185kg），也可用吨（1000kg）或长吨（1016.05kg）；

W——将1t物料由给矿粒度为 F 碎磨到产品粒度为 P 时所耗的功，kW·h/t；

F ——给矿粒度（80%的给矿通过的筛孔尺寸），μm；

P ——产品粒度（80%的产品通过的筛孔尺寸），μm。

设计矿石的功指数 W_i 一般应由试验室严格按照邦德测定功指数的程序测出。如有"标准"矿石的功指数时，也可采用比较法测定功指数。即在相同条件下磨矿（在同一磨矿机中，用同一时间，磨碎相同重量的物料），则"标准"矿石与设计矿石的磨矿耗电量相等，因此可用邦德公式求出设计矿石的功指数：

$$W_{i\text{设计}} = \frac{W_{i\text{标准}}\left(\dfrac{1}{\sqrt{P_{\text{标准}}}} - \dfrac{1}{\sqrt{F_{\text{标准}}}}\right)}{\dfrac{1}{\sqrt{P_{\text{设计}}}} - \dfrac{1}{\sqrt{F_{\text{设计}}}}} \tag{3-28}$$

（2）计算设计矿石从给矿粒度 F 磨碎到产品粒度 P 所需要的单位功耗 W：

$$W = W_{i\text{设计}}\left(\frac{10}{\sqrt{P_{\text{设计}}}} - \frac{10}{\sqrt{F_{\text{设计}}}}\right) \tag{3-29}$$

（3）计算校正系数。用式（3-29）计算出磨矿单位功耗 W 之后，还必须用一系列效率系数进行修正。效率系数 EF_i 分述如下：

EF_1 ——干式磨矿系数。干式磨矿时，EF_1 值为 1.3；湿式棒磨、球磨磨矿时，EF_1 值为 1.0。

EF_2 ——开路磨矿系数。当球磨机开路磨矿时，与闭路磨矿相比需要增加额外的功率。EF_2 系数是产品控制粒度的函数，其值见表3-20；当球磨闭路磨矿时，EF_2 值为 1.0。

表 3-20   开路球磨系数 EF_2 值

控制产品粒度通过的含率/%	50	60	70	80	90	92	95	98
EF_2 值	1.035	1.05	1.10	1.20	1.40	1.46	1.57	1.70

EF_3 ——直径系数。EF_3 是以磨矿机衬板内侧直径 2.44m（8ft）为基准的，可由式（3-30）计算。

$$EF_3 = \left(\frac{2.44}{D}\right)^{0.2} \tag{3-30}$$

式中 D ——磨矿机筒体有效内径（筒体直径减去两倍衬板厚度），m。

注意，在为新选矿厂选择磨矿机时，EF_3 系数应当小于 1.0。因此，当选用的磨矿机加衬板后的内侧直径 D 大于 2.44m 时，采用系数 EF_3 修正；且磨矿机加衬板后的内径大于 3.81m 时，EF_3 均为 0.914。当选用的磨矿机加衬板后的内侧直径 D 不大于 2.44m 时，不需用系数 EF_3 修正。

EF_4 ——过大给矿粒度系数。当给矿粒度大于适宜给矿粒度时，引用此系数修正。EF_4 系数值可由下式计算：

$$EF_4 = \frac{R_r + (W_i - 7)\left(\dfrac{F - F_0}{F_0}\right)}{R_r} \tag{3-31}$$

式中 R_r ——磨碎比，R_r 值为 F/P；

F，P，W_i ——意义同式（3-27）；

F_0——适宜给矿粒度，μm，由下式计算：

对于棒磨机 $$F_0 = 16000 \sqrt{\frac{13}{W_i}}$$ (3-31a)

对于球磨机 $$F_0 = 4000 \sqrt{\frac{13}{W_i}}$$ (3-31b)

当选用砾磨机时，考虑到需增加砾石自身的磨耗功，EF_4值取为 2.0。

EF_5——磨矿细度系数。当磨矿产品 80% 小于 $74\mu m$ 时引用此系数，它由下式计算：

$$EF_5 = \frac{P + 10.3}{1.145P}$$ (3-32)

式中 P——磨矿产品中 80% 通过的筛孔尺寸，μm。

EF_6——棒磨机磨碎比系数。当 R_r 与 R_{r0} 的差值的绝对值大于 2.0 时，引用此系数修正，EF_6 系数值由下式计算：

$$EF_6 = 1 + \frac{(R_r - R_{r0})^2}{150}$$ (3-33)

式中 R_r——棒磨机磨碎比，R_r 值为 F/P；

R_{r0}——该规格棒磨机的最佳磨碎比，由下式计算：

$$R_{r0} = 8 + \frac{5L}{D}$$ (3-33a)

L ——棒磨机的棒长，m；

D ——棒磨机筒体有效内径（筒体直径减去两倍衬板厚度），m。

此系数常用于低磨碎比的情况，高磨碎比时很少采用。但是，当棒磨机可磨性试验得出的功指数 W_i 超过 7.0 时，应用此系数进行修正计算。

EF_7——球磨机低磨碎比系数。此系数仅用于球磨机磨碎比小于 6.0 的情况，例如计算精矿或尾矿的再磨循环使用的球磨机。计算 FF_7 的公式为：

$$EF_7 = \frac{2(R_r - 1.35) + 0.26}{2(R_r - 1.35)}$$ (3-34)

式中 R_r——球磨机磨碎比，R_r 值为 F/P。

EF_8——棒磨回路系数。此系数根据棒磨机在工艺流程中位置的不同而取不同的数值。对单一棒磨流程，当棒磨机给矿是开路破碎产品时，EF_8 值取为 1.4；当棒磨机给矿是闭路破碎产品时，EF_8 值取为 1.2。对棒磨-球磨流程，当棒磨机给矿是开路破碎产品时，EF_8 值取为 1.2；当棒磨机给矿是闭路破碎产品时，EF_8 值取为 1.0。

（4）计算引入效率系数的单位功耗 W'。

$$W' = WEF_1EF_2EF_3EF_4EF_5EF_6EF_7EF_8$$ (3-35)

（5）计算设计条件下磨矿所需的总功率 N_t。

$$N_t = W'Q_a$$ (3-36)

式中 N_t——按设计流程规定的原始给矿量计的磨矿所需总功率，kW；

W'——修正后的磨矿单位功耗，$kW \cdot h/t$；

Q_a——设计流程的原始给矿量，t/h。

（6）根据手册或制造工厂的产品目录，选择合适的磨矿机规格并计算所需磨矿机的台数。

所需要的磨矿机台数 n 按下式计算：

$$n = \frac{N_t}{N_1} \tag{3-37}$$

式中　N_1——设计拟选用的单台磨矿机小齿轮轴功率，kW；

　　　N_t——意义同式（3-36）。

从产品目录查得比较接近 N_1 的某规格磨矿机的小齿轮轴功率 N'_1，当 N_1 大于 N'_1 时，需按下面公式调整增加磨矿机的长度 L_1：

$$L_1 = \frac{N_1}{N'_1} L' \tag{3-38}$$

式中　L_1——设计拟选用的磨矿机筒体的长度（棒磨机是指棒的长度），m；

　　　L'_1——产品样本中磨矿机筒体的长度（棒磨机是指棒的长度），m；

　　　N'_1——产品样本中磨矿机的小齿轮轴功率，kW；

　　　N_1——意义同式（3-37）。

球磨机的 L/D 值范围可参考表 3-21。

表 3-21　球磨机的 L/D 值范围

给矿粒度[①]/μm	最大球径/mm	$\dfrac{L}{D}$
5000 ~ 10000	60 ~ 90	1 ~ 1.25
900 ~ 4000	40 ~ 50	1.25 ~ 1.75
细粒给矿（再磨的给矿）	20 ~ 30	1.5 ~ 2.5

①80% 矿量通过的方筛孔尺寸。

（7）求出每台磨矿机配用的电动机功率。

设计中拟选用的单台磨矿机需要配用的电动机功率由下式计算：

$$N = \frac{N_1}{\eta} \tag{3-39}$$

式中　N——设计拟选用的单台磨矿机需配用的电动机功率，kW；

　　　η——样本中磨矿机配用的减速器装置、电动机的总机械传动效率，一般取 η 值为 0.93 ~ 0.94；

　　　N_1——意义同式（3-37）。

以上介绍的容积法与功率法两种算法各有特点。

容积法试验工作量小、计算较简便；但设计磨矿机与比较对象的磨矿机要十分类似，否则计算结果与生产实际可能出入较大，故计算结果须用一些实际资料来校核。

功率法试验工作量较大，但它是对设计矿石进行实际的功率测定，而且从能耗上计算磨矿机，因此方法较为科学，结果较为可靠。功率法计算磨矿机时要具备一些必要条件，要解决功指数测定问题；设备制造厂须提供准确的磨矿机功率资料；要增加磨矿机的品种规格，缩小尺寸间隔，并且长度能根据需要而变化；电动机功率递增间隔也要缩小等等。没有这些条件，采用功率法计算磨矿机也是困难的。

因此，新设计的大中型选矿厂，宜采用功率法计算磨矿机；而中、小型选矿厂或改扩建项目，则宜采用容积法计算磨矿机。

3.3.1.3 自磨机生产能力的计算

自磨机的生产能力与其要处理的矿石性质、要求的产品粒度及磨矿操作条件等因素有关，生产能力的计算一般是采用试验法算出的。

在设计拟选用自磨机与试验用自磨机之间，要保持相似的磨矿条件（给矿粒度、产品粒度、矿石密度、水分、磨机转速、充填率等）。设计拟选用的自磨机生产能力的计算，我国常用下式：

$$Q_d = Q_r (\frac{D_d}{D_r})^n \frac{L_d}{L_r} \tag{3-40}$$

式中　Q_d——设计中拟选用的自磨机生产能力，t/h；

　　　Q_r——试验中用的自磨机生产能力，t/h；

　D_d，L_d——设计拟选用自磨机的筒体直径及长度，m；

　D_r，L_r——试验用自磨机的筒体直径及长度，m；

　　　n——放大系数，湿磨时 n 值取为 2.6，干磨时 n 值取为 2.5～3.1；一般粗磨时取大值，细磨时取小值。

设计拟选用的自磨机台数可按式（3-26）计算。

3.3.1.4 砾磨机生产能力的计算

砾磨机的生产能力和磨矿介质的密度成正比，故国内对于砾磨机生产能力的计算，多是假定砾磨机的磨矿效率与球磨机相似，即用球磨机的生产能力以适当的比例系数推算砾磨机的生产能力：

$$Q_p = K_p Q_b \tag{3-41}$$

式中　Q_p——砾磨机的生产能力，t/h；

　　　Q_b——球磨机的生产能力，t/h；

　　　K_p——砾磨机与球磨机生产能力的比值，按下式计算：

$$K_p = \frac{\rho_p L_p}{\rho_b L_b} \cdot (\frac{D_p}{D_b})^m \tag{3-41a}$$

　L_p，D_p——砾磨机的筒体长度和直径，m；

　L_b，D_b——球磨机的筒体长度和直径，m；

　　　ρ_p——砾磨机磨矿介质的密度，t/m³；

　　　ρ_b——球磨机磨矿介质的密度，ρ_b 取值为 7.8t/m³；

　　　m——系数，一般 m 值取为 2.5～2.6。

国外砾磨机的计算，常用功率计算法确定砾磨机的尺寸，其具体计算步骤与球磨机相同。求出砾磨机的生产能力后，所需台数可用式（3-26）计算得出。

3.3.1.5 再磨作业磨矿机生产能力的计算

选矿厂常有一些细粒或微细粒浸染的矿石，经粗磨粗选后得到的混合粗精矿或贫精矿、中矿、富尾矿等需要再磨再选，一般需要再磨到小于 0.043mm。由于中间产物的可磨性和原矿的可磨性有差异，因而计算中间产物再磨磨矿机的生产能力比较困难，目前还没有比较完善的方法。在设计时，一般应按实际生产或试验资料确定，如果无实际资料或试验资料，可参考下式近似计算所需再磨机的容积：

$$V_b = \gamma_b (V_2 - V_1) \tag{3-42}$$

式中　V_b——再磨作业所需的磨矿机容积，m^3；

　　　　γ_b——再磨矿石量占原矿量的重量百分数，%；

　　　　V_1——把原矿全部磨到再磨前的矿石粒度时需要的磨矿机容积，m^3；

　　　　V_2——把原矿全部磨到再磨后的矿石粒度时需要的磨矿机容积，m^3。

式（3-42）是在假定中间产物的可磨性与原矿相似的条件下建立起来的，故当中间产物的产率很大时（如再磨尾矿），计算结果误差较小；若中间产物的产率不大时（如混合精矿），两者矿物组成和性质有很大差异，计算结果可能有很大误差。

国外计算再磨机多采用功率计算法，但有些资料表明，功率计算法对于再磨机的计算选择并不完全适用，因为再磨机的磨矿介质直径小，消耗的功率也小。对于流程复杂的大型选矿厂，设计中矿再磨机时应进行试验或参照类似企业资料确定。

3.3.1.6　两段磨矿流程的磨矿机台数计算

以容积计算法为基础，两段磨矿流程磨矿机的计算方法主要有两种：

（1）一次计算法。即一次算出两段磨矿机所需要的总容积及台数，当设计对第 1 段磨矿产品粒度无特殊要求，或者两段都是闭路磨矿时，采用此法较为简便。

（2）分段计算法。即分别计算出第 1 段和第 2 段磨矿机所需的容积及台数，当给入磨矿机的矿石易泥化，需采用阶磨阶选。选别作业对第 1 段磨矿产品粒度有特定要求时，或第 1 段磨矿为开路的两段磨矿流程，采用此法比较适宜。现将两种方法分述如下。

A　一次计算法

一次计算法的计算步骤是先计算两段磨矿所需的总容积，然后分配两段磨矿的容积，最后计算每段磨矿所需磨矿机的规格和台数。具体计算如下：

$$V_{1 \cdot 2} = \frac{Q_a(\beta_3 - \beta_1)}{q_{1 \cdot 2}} \tag{3-43}$$

式中　$V_{1 \cdot 2}$——两段磨矿所需的总容积，m^3；

　　　　Q_a——设计流程中磨矿作业的原始给矿量，t/h；

　　　　β_1——第 1 段磨矿给矿中小于计算级别的粒级含量，%；

　　　　β_3——第 2 段磨矿产品中小于计算级别的粒级含量，%；

　　　　$q_{1 \cdot 2}$——两段磨矿按新生成计算级别计的单位容积生产能力，$t/(m^3 \cdot h)$，可选用

　　　　　　试验数据或根据现厂条件用式（3-24）求出。

在求出所需磨矿机总容积后，对于两段磨矿，要求合理分配两段磨矿机的容积，其目的是为了使两段磨矿机负荷均衡，获得两段磨矿最大的生产能力，并使设备配置简单和便于分配矿量。

当两段磨矿为全闭路对，两段的容积均衡分配，即：

$$V_2 = V_1 = \frac{V_{1 \cdot 2}}{2} \tag{3-44}$$

式中　V_1，V_2——分别为设计需要的第 1 段和第 2 段磨矿机有效容积，m^3。

当两段磨矿中第 1 段为开路，第 2 段为闭路时，两段的容积分配为：

$$\frac{V_2}{V_1} = 2 \sim 3 \tag{3-45}$$

按上述所得到的 V_1 和 V_2，即可求得第 1 段和第 2 段磨矿机所需的台数：

$$n_{d1} = \frac{V_1}{V_1'} \tag{3-46}$$

$$n_{d2} = \frac{V_2}{V_2'} \tag{3-47}$$

式中　n_{d1}，n_{d2}——分别为选用的第 1 段和第 2 段磨矿机所需台数；

　　　V_1'，V_2'——分别为选用的第 1 段和第 2 段磨矿机单台有效容积，m^3；

　　　V_1，V_2——意义同式（3-44）。

为了控制第 1 段、第 2 段磨矿产品数量和粒度，避免两段磨矿机负荷不均衡，需按式（3-48）求出第 1 段磨矿产品计算级别含量。

$$\beta_2 = \beta_1 + \frac{\beta_3 - \beta_1}{1 + Km} \tag{3-48}$$

式中　β_2——第 1 段磨矿产品中小于计算级别的粒级含量，%；

　　　β_1——第 1 段磨矿给矿中小于计算级别的粒级含量，%；

　　　β_3——第 2 段磨矿产品中小于计算级别的粒级含量，%；

　　　K——第 2 段磨矿机按新生计算级别计的单位容积生产能力与第 1 段磨矿机按新生计算级别计的单位容积生产能力之比；

　　　m——第 2 段磨矿机有效容积与第 1 段磨矿机有效容积之比。

如收集到的选矿厂生产资料是一段磨矿的工艺指标，而设计的选矿厂采用两段磨矿，当磨矿机装球合理时，两段磨矿流程的磨矿机按新生成计算级别计的单位容积生产能力通常要比一段磨矿流程高 5% ~ 10%，故有：

$$q_{1\cdot2} = qK_5 = q_0 K_1 K_2 K_3 K_4 K_5 \tag{3-49}$$

式中　K_5——由一段磨矿改为两矿磨矿的修正系数，K_5值为 1.05 ~ 1.10。

其余符号意义同式（3-24）。

B　分段计算法

分段计算法的步骤是通过试验或参考类似选矿厂的生产实际指标，分别确定第 1 段和第 2 段磨矿机按新生成计算级别计的单位容积生产能力 q_1 和 q_2 值，以及第 1 段和第 2 段磨矿产品中小于计算级别的含量 β_2 和 β_3 值，然后以这些选定的指标按设计流程的原始给矿量 Q_a，计算选择磨矿机的有效容积，即：

$$V_1 = \frac{Q_{a1}(\beta_2 - \beta_1)}{q_1} \tag{3-50}$$

$$V_2 = \frac{Q_{a2}(\beta_3 - \beta_2)}{q_2} \tag{3-51}$$

式中　q_1，q_2——分别为第 1 段、第 2 段磨矿机按新生成计算级别计的单位容积生产能力，$t/(m^3 \cdot h)$；

　　　Q_{a1}，Q_{a2}——分别为第 1 段、第 2 段磨矿流程的原始给矿量，t/h。

其余符号意义同前。

磨矿机台数的计算可由式（3-46）、式（3-47）求出。

3.3.1.7　用容积法选择计算磨矿机实例

设计条件：生产能力为 41.67t/h（1000t/d），给矿粒度为 -15mm，其中 -0.074mm

粒级含量为 8.0% ，磨矿细度为 $-0.074mm$ 粒级含量 70% ；用设计矿石与现厂矿石作可磨性试验，当磨到 $-0.074mm$ 粒级含量为 70% 时，可磨性系数 K_1 值为 0.98 。试选择磨矿机的规格和数量。

现厂条件：磨矿流程为一段闭路流程，给矿粒度为 $-20mm$ ，其中 $-0.074mm$ 粒级含量为 6.0% ；磨矿细度为 $-0.074mm$ 粒级含量 62% ；采用的磨矿机是规格为 $\phi2.1 \times 3.0m$ 的溢流型球磨机，台时处理量为 20t。

选择与计算：根据给矿粒度、产品粒度、生产能力的要求，考虑各种磨矿机的性能，可采用溢流型球磨机进行一段闭路磨矿。选择 $\phi2.1 \times 3.0m$、$\phi2.1 \times 4.5m$、$\phi2.7 \times 3.6m$、$\phi2.7 \times 4.0m$ 四种规格的球磨机进行方案比较，然后从中选择一最优方案。

（1）求 q_0 值。

由现厂条件，得

$$q_0 = \frac{Q_0(\beta_2' - \beta_1')}{V_0} = \frac{20 \times (0.62 - 0.06)}{9.0} = 1.24 \, t/(m^3 \cdot h)$$

（2）按式（3-24）计算不同规格磨矿机单位容积生产能力 q。

可磨性系数 K_1 值为 0.98 ；磨机形式校正系数 K_4 值为 1.0（设计磨矿机和现厂的磨矿机形式相同）；从表 3-17 查得 K_2 值为：$K_2^{\phi2.1m} = 1.0$，$K_2^{\phi2.7m} = 1.17$；从表 3-18，采用内插法，求得设计和现厂的磨矿机相对生产能力为：$m_1 = 0.914$，$m_2 = 0.913$，于是，$K = \frac{m_1}{m_2} = \frac{0.914}{0.913} = 1.00$。

将所求得的各系数代入公式，则可求出选择磨矿机的单位容积生产能力：

$q^{\phi2.1m} = q_0 K_1 K_2^{\phi2.1m} K_3 K_4 = 1.24 \times 0.98 \times 1.0 \times 1.00 \times 1.0 = 1.21 \, t/(m^3 \cdot h)$

$q^{\phi2.7m} = q_0 K_1 K_2^{\phi2.7m} K_3 K_4 = 1.24 \times 0.98 \times 1.17 \times 1.00 \times 1.0 = 1.42 \, t/(m^3 \cdot h)$

（3）求选择出的磨矿机生产能力。

方案Ⅰ，$\phi2.1 \times 3.0m$ 溢流型球磨机：

$$Q_d = \frac{q^{\phi2.1m} V}{\beta_2 - \beta_1} = \frac{1.21 \times 9.0}{0.70 - 0.08} = 17.56 \, t/h$$

方案Ⅱ，$\phi2.1 \times 4.5m$ 溢流型球磨机：

$$Q_d = \frac{q^{\phi2.1m} V}{\beta_2 - \beta_1} = \frac{1.21 \times 13.5}{0.70 - 0.08} = 26.35 \, t/h$$

方案Ⅲ，$\phi2.7 \times 3.6m$ 溢流型球磨机：

$$Q_d = \frac{q^{\phi2.7m} V}{\beta_2 - \beta_1} = \frac{1.42 \times 18.5}{0.70 - 0.08} = 42.37 \, t/h$$

方案Ⅳ，$\phi2.7 \times 4.0m$ 溢流型球磨机：

$$Q_d = \frac{q^{\phi2.7m} V}{\beta_2 - \beta_1} = \frac{1.42 \times 20.6}{0.70 - 0.08} = 47.18 \, t/h$$

（4）求各方案所需磨矿机台数及负荷率。

方案Ⅰ，$n = \frac{Q_a}{Q_d} = \frac{41.67}{17.56} = 2.37$，选用 3 台，则负荷率为 $\eta = \frac{2.37}{3} = 79\%$；

方案Ⅱ，$n = \frac{Q_a}{Q_d} = \frac{41.67}{26.35} = 1.58$，选用 2 台，则负荷率为 $\eta = \frac{1.58}{2} = 79\%$；

方案Ⅲ，$n = \dfrac{Q_a}{Q_d} = \dfrac{41.67}{42.37} = 0.98$，选用 1 台，则负荷率为 $\eta = \dfrac{0.98}{1} = 98\%$ ；

方案Ⅳ，$n = \dfrac{Q_a}{Q_d} = \dfrac{41.67}{47.18} = 0.88$，选用 1 台，则负荷率为 $\eta = \dfrac{0.88}{1} = 88\%$ 。

（5）进行方案比较。由表 3-22 中可看出，方案Ⅲ即采用 $\phi 2.7 \times 3.6\text{m}$ 溢流型球磨机 1 台，在设备投资、经营费用、生产管理等各个方面都优于其他 3 个方案，且设备数量少，便于设备配置。

表 3-22 磨矿机方案比较

方案	磨矿机规格/m	数量/台	设备重量/t		安装功率/kW		设备价格[①]/万元		设备负荷率/%
			单重	总计	单台	总计	单台	总计	
Ⅰ	$\phi 2.1 \times 3.0\text{m}$	3	43.78	131.34	210	630	12.5	37.5	79
Ⅱ	$\phi 2.1 \times 4.5\text{m}$	2	55.53	111.06	210	420	15.85	31.70	79
Ⅲ	$\phi 2.7 \times 3.6\text{m}$	1	69.0	69.0	400	400	30.0	30.0	98
Ⅳ	$\phi 2.7 \times 4.0\text{m}$	1	71.1	71.1	400	400	30.9	30.9	88

①设备价格取自《选矿设计手册》，为四种磨矿机的同时期价格。

（6）进行磨矿机通过能力校核。

选用 $\phi 2.7 \times 3.6\text{m}$ 溢流型球磨机作为设计一段闭路磨矿流程的磨矿设备，若闭路流程的循环负荷 C 取为 350%，则通过能力 $q_{通}$ 为：

$$q_{通} = \frac{Q_{通}}{V_{选}} = \frac{Q_a(1 + C)}{V_{选}} = \frac{41.67 \times (1 + 3.5)}{18.5} = 10.13 < 12t/(\text{m}^3 \cdot \text{h})$$

所选磨矿机满足通过能力的要求。

3.3.2 分级机的选择与计算

磨矿和分级是一个互相关联的机组，分级效果的好坏对磨矿机的工作效率有一定的影响。因此，正确地选择分级设备是很有必要的。磨矿回路中的分级设备，按其工作原理可分为两大类：

（1）利用重力或离心力，按颗粒在流体中的沉降规律进行物料的分级，如螺旋分级机、水力旋流器、圆锥分级机等。

（2）控制筛孔尺寸，按颗粒几何尺寸大小进行分级，如振动筛、弧形筛、细筛等。

分级设备的选择，主要是考虑溢流粒度、返矿量与溢流量的比值、原矿中黏土和其他微细分散物料的含量、上下作业和配置条件等因素。选择时的主要目标是：在规定的溢流粒度下，分离出要求的溢流量和返砂量。

分级设备除用于磨矿回路的分级外，还可用于重选时将原料分成不同的级别，以便分级入选；在浮选时将矿泥分出单独处理，改善分选指标；在洗矿时用于脱泥等。

3.3.2.1 螺旋分级机的选择与计算

螺旋分级机按螺旋的个数分为单螺旋分级机与双螺旋分级机；根据螺旋在机槽内的位置与矿浆液面的关系，分为低堰式、高堰式和沉没式 3 种。螺旋分级机与其他分级设备比较，其优点是：结构简单，工作可靠，操作方便，易于与直径 3.2m 以下的磨矿机构成闭路，返砂中水分较低。其缺点是分级效率低，设备外形尺寸大，占地面积大；细粒分级时溢流浓度太低，对随后的选别作业不利。

螺旋分级机由于构造上的不同，其主要用途也不同。高堰式螺旋分级机适用于粗粒分级，其分级溢流粒度（d_{95}）一般大于 0.15mm；沉没式螺旋分级机适用于细粒分级，其分级溢流粒度（d_{95}）一般小于 0.15mm；低堰式螺旋分级机由于分级面窄，多用于洗矿作业，不适用于磨矿回路的分级。

螺旋分级机的生产能力，主要与分级机的规格、安装坡度、溢流粒度要求及溢流粒度组成、溢流浓度、物料密度和矿浆黏度等因素有关。螺旋分级机在适宜的溢流浓度条件下，按溢流中固体重量计的生产能力，可用下列经验公式计算。

高堰式螺旋分级机：

$$Q_1 = mK_1K_2(94D^2 + 16D)/24 \tag{3-52}$$

沉没式螺旋分级机：

$$Q_1 = mK_1K_2'(75D^2 + 10D)/24 \tag{3-53}$$

对于大型螺旋分级机（螺旋直径 D 大于 1.2m），也有采用下面经验公式进行计算的。

高堰式螺旋分级机：

$$Q_1 = mK_1K_2(65D^2 + 74D - 27.5)/24 \tag{3-54}$$

沉没式螺旋分级机：

$$Q_1 = mK_1K_2'(50D^2 + 50D - 18)/24 \tag{3-55}$$

式（3-52）~式（3-55）是已知螺旋直径求分级机生产能力的计算方法。在设计时，往往是根据要求的分级机生产能力去计算所需螺旋分级机的螺旋直径，这时可用下列公式进行计算。

高堰式螺旋分级机：

$$D = -0.08 + 0.103\sqrt{\frac{24Q_1}{mK_1K_2}} \tag{3-56}$$

沉没式螺旋分级机：

$$D = -0.07 + 0.115\sqrt{\frac{24Q_1}{mK_1K_2'}} \tag{3-57}$$

按上述两个公式选定螺旋分级机后，还需要验算按返砂中固体量计的生产能力是否满足设计要求，其验算用的经验公式为：

$$Q_2 = 135mnK_1D^3/24 \tag{3-58}$$

在以上螺旋分级机计算公式中，各符号意义如下：

Q_1，Q_2——分别为螺旋分级机按溢流及返砂中的固体重量计的生产能力，t/h；

m——螺旋分级机的螺旋个数；

n——螺旋分级机的螺旋转速，r/min；

D——螺旋直径，m；

K_1——矿石密度修正系数，见表 3-23，也可由下式计算得到：

$$K_1 = 1 + 0.5(\rho - 2.7) \tag{3-58a}$$

ρ——矿石密度，t/m³；

K_2，K_2'——分级粒度修正系数，见表 3-24。

表 3-23　矿石密度修正系数 K_1 值

矿石密度 $\rho/\text{t} \cdot \text{m}^{-3}$	2.00	2.30	2.50	2.70	2.80	3.00	3.30	3.50	4.00	4.50
K_1	0.65	0.80	0.90	1.00	1.05	1.15	1.30	1.40	1.65	1.90

表 3-24　分级粒度修正系数 K_2、K_2' 值

分级溢流粒度 d_{95}/mm	1.17	0.83	0.59	0.42	0.30	0.20	0.15	0.10	0.074	0.061	0.053	0.044
K_2	2.50	2.37	2.19	1.96	1.70	1.41	1.00	0.67	0.46			
K_2'						3.00	2.30	1.61	1.00	0.72	0.55	0.36

选择螺旋分级机时，除按公式计算外，还应参照类似生产厂的实际资料进行校核。

螺旋分级机的技术性能见附表 9。

3.3.2.2　水力旋流器的选择与计算

水力旋流器是一种利用离心力进行分级和选别的设备，在选矿厂可单独用于磨矿回路的分级作业，或与机械分级机联合使用。与螺旋分级机相比，水力旋流器在分级细粒物料时分级效率较高。水力旋流器还可用于选矿厂的脱泥作业、脱水作业、浮选前的脱药作业，以及用作离心力选矿的重选设备，如重介质旋流器。此外，有时也作为尾矿的分级设备，分级的粗砂作为采矿充填或尾矿堆坝使用。

水力旋流器与其他分级设备相比，具有如下优点：结构简单、易于制造、设备成本低；生产能力大、占地面积小、节省基建费用；设备本身无运动部件，操作维护容易。水力旋流器的缺点是给矿的矿浆扬送功率大、磨损快，磨损后生产指标易波动。

水力旋流器的分级粒度范围一般为 0.3 ~ 0.01mm，其给矿方式有两种：恒压（静压）给矿和采用变速砂泵（或配有平衡管路系统）直接给入水力旋流器。

设计中应注意为给入水力旋流器的矿浆设置除渣设施，以保护扬送矿浆的砂泵和防止堵塞水力旋流器。水力旋流器磨损较快，应考虑备用数量，一般在磨矿回路中作分级用时，备用 1 ~ 2 台；用作 0.074mm 以下分级或脱泥用时，可考虑 20% ~ 50% 的备用量。

水力旋流器规格的选择取决于需要处理的矿浆量和要求的溢流粒度。在需要较大的生产能力和较粗的溢流粒度时，选择大规格的水力旋流器，反之则选择小规格的。当生产能力要求很大而又要求很细的溢流粒度时，可选用小规格的水力旋流器组。

水力旋流器的进口计示压力通常为 49 ~ 157kPa（0.5 ~ 1.6kgf/cm²）。大规格水力旋流器选用小的压力值，小规格的选用较大的压力值。一般进口计示压力与分离粒度的关系见表 3-25，其主要技术参数列于表 3-26，供选用时参考。

表 3-25　进口计示压力与分离粒度一般关系

分离粒度（d_{95}）/mm	进口计示压力/kPa（kgf/cm²）
0.59	29.4（0.3）
0.42	49（0.5）
0.30	39 ~ 78（0.4 ~ 0.8）
0.21	49 ~ 98（0.5 ~ 1.0）

分离粒度（d_{95}）/mm	进口计示压力/kPa（kgf/cm^2）
0.15	59 ~ 118（0.6 ~ 1.2）
0.10	78 ~ 137（0.8 ~ 1.4）
0.074	98 ~ 147（1.0 ~ 1.5）
0.037	118 ~ 167（1.2 ~ 1.7）
0.019	147 ~ 196（1.5 ~ 2.0）
0.010	196 ~ 245（2.0 ~ 2.5）

表 3-26　水力旋流器主要技术参数

水力旋流器直径 D/mm	锥角 α/(°)	处理量 V/m³·h⁻¹（$P_0 = 0.1MPa$ 时）	溢流中最大粒度/μm（$\rho = 2.7t/m^3$）	给矿管直径 d_n/cm	溢流管直径 d_c/cm	沉砂口直径 Δ/cm
25	10	0.45 ~ 0.9	8	0.6	0.7	0.4 ~ 0.8
50	10	1.8 ~ 3.6	10	1.2	0.13	0.6 ~ 1.2
75	10	3 ~ 10	10 ~ 20	1.7	2.2	0.8 ~ 1.7
150	10；20	12 ~ 30	20 ~ 50	3.2 ~ 4.0	4 ~ 5	1.2 ~ 3.4
250	20	27 ~ 70	30 ~ 100	6.5	8	2.4 ~ 7.5
360	20	50 ~ 130	40 ~ 150	9.0	11.5	3.4 ~ 9.6
500	20	100 ~ 260	50 ~ 200	13	16	4.8 ~ 15
710	20	200 ~ 460	60 ~ 250	15	20	4.8 ~ 20
1000	20	360 ~ 900	70 ~ 280	21	25	7.5 ~ 25
1400	20	700 ~ 1800	80 ~ 300	30	38	15 ~ 36
2000	20	1100 ~ 3600	90 ~ 330	42	52	25 ~ 50

注：水力旋流器的直径 D、给矿管直径 d_n、溢流管直径 d_c 和沉砂口直径 Δ 之间的关系一般为：$d_n/D = 0.15 ~ 0.2$；$d_n/d_c = 0.7 ~ 0.8$（分离粒度粗时取小值）；$d_c/D = 0.2 ~ 0.4$；$\Delta/d_c = 0.3 ~ 0.5$。

水力旋流器的结构参数与工艺参数之间互相影响，相关密切。现在虽有多种计算公式，但均是在不同的结构参数及工艺参数条件下使用的经验公式，使用时均有程度不同的误差。

　　A　水力旋流器生产能力的计算

按给矿体积计算的水力旋流器生产能力用下面经验公式计算：

$$V = 3K_\alpha K_D d_n d_c \sqrt{p_0} \tag{3-59}$$

式中　V——按给矿矿浆体积计的水力旋流器生产能力，m³/h；

　　　K_α——水力旋流器圆锥角修正系数，按下式计算：

$$K_\alpha = 0.799 + \frac{0.044}{0.0397 + \tan\dfrac{\alpha}{2}} \tag{3-59a}$$

　　　α——水力旋流器的圆锥角，(°)；

　　　K_D——水力旋流器的直径修正系数，见表 3-27，或按下式计算：

$$K_D = 0.8 + \frac{1.2}{1 + 0.1D} \tag{3-59b}$$

D——水力旋流器直径，cm；

d_n——给矿管当量直径，cm，按下式计算：

$$d_n = \sqrt{\frac{4bh}{\pi}} \tag{3-59c}$$

b——给矿管宽度，cm；

h——给矿管高度，cm；

d_c——溢流管直径，cm；

p_0——水力旋流器入口处矿浆的工作计示压力，MPa，对于直径大于50cm的水力旋流器，入口处的计示压力应考虑水力旋流器的高度，即：

$$p_0 = p + 0.01H_r p_n \tag{3-59d}$$

p——水力旋流器入口处矿浆计示压力，MPa；

H_r——水力旋流器的高度（见表3-27），m；

ρ_n——水力旋流器给矿矿浆密度，t/m³。

表 3-27　水力旋流器直径修正系数 K_D 值

直径 D/mm	150	250	360	500	710	1000	1400	2000
K_D 值	1.28	1.14	1.06	1.0	0.95	0.91	0.88	0.81
水力旋流器高度 H_r/m					3.5	4.5	6	8

B　水力旋流器分离粒度的计算

水力旋流器的分离粒度有着不同的定义，因而分离粒度计算的公式也不同，使用较多的计算公式有下列两个：

（1）按溢流中的最大粒度（即 d_{95}）计算的分离粒度。

$$d_{95} = 1.5\sqrt{\frac{Dd_c\beta_u}{\Delta K_D p_0^{0.5}(\rho - 1)}} \tag{3-60}$$

式中　d_{95}——溢流中的最大粒度，μm；

　　　β_u——给矿中固体重量百分浓度，%；

　　　Δ——沉砂口直径，cm；

　　　ρ——矿浆中固体物料的密度，t/m³；

其余符号意义同式（3-59）。

（2）按 d_{50} 粒度计算水力旋流器的分离粒度。

以粒度 d 为横坐标，以该粒级在沉砂中的粒级回收率为纵坐标，在半对数坐标纸中作图，得出表示旋流器分级性能的曲线，称之为分级效率曲线。分级效率曲线中沉砂回收率为50%时所对应的粒级称为分离粒度 d_{50}，亦即此粒度物料进入沉砂和溢流具有相等的可能性。分级效率曲线愈陡，分级精度愈高。在水力旋流器分级过程中，进入沉砂的物料包括两部分：由水夹带进入沉砂的物料和经过分级进入沉砂的物料。由于前者实际上未经过分级，故在计算物料经过分级进入沉砂的回收率时应扣除这部分物料。扣除由水夹带进入沉砂的物料之后作出的旋流器分级效率曲线称为校正分级效率曲线。该曲线上的分离粒度，称为校正 d_{50} 粒度，以 $d_{50(c)}$ 表示。

克雷布斯（Krebs）公司用标准旋流器试验求 $d_{50(c)}$，其计算公式为：

$$d_{50(c)} = \frac{11.93D^{0.66}}{p^{0.28}(\rho - 1)^{0.5}} \exp(-0.301 + 0.0945C_V - 0.00356C_V^2 + 0.0000684C_V^3)$$

$$(3-61)$$

式中 $d_{50(c)}$——校正 d_{50} 粒度，μm；

      D——水力旋流器直径，cm；

      C_V——水力旋流器给矿体积百分浓度，%；

      p——水力旋流器给矿压力，kPa；

      ρ——水力旋流器给矿中固体物料的密度，t/m^3。

在磨矿回路中旋流器的溢流粒度通常以一特定粒度 d_T（74μm）的百分含量表示，其与 $d_{50(c)}$ 之间的关系见表 3-28。水力旋流器的溢流粒度一般为 0.3~0.01mm，溢流中 d_{95} 约比 d_{50} 大 0.5~1 倍，即 d_{95} 约为 $(1.5~2.0)d_{50(c)}$，一般为 $1.8d_{50(c)}$。

表 3-28   水力旋流器溢流粒度与 $d_{50(c)}$ 的关系

溢流中某一特定粒度（d_T）百分含量/%	98.8	95.0	90.0	80.0	70.0	60.0	50.0
$d_{50(c)}/d_T$	0.54	0.73	0.91	1.25	1.67	2.08	2.78

C   水力旋流器沉砂口直径 Δ 的计算

为了避免水力旋流器沉砂形成"绳状"排矿，防止溢流跑粗，必须确定一个不形成绳状排矿的最小沉砂口直径。水力旋流器沉砂口直径 Δ 采用下式计算：

$$\Delta = \left(4.162 - \frac{16.43}{2.65 - \rho + \dfrac{100\rho}{C_u}} + 1.10\ln\frac{u}{0.907\rho}\right) \times 2.54 \qquad (3-62)$$

式中 Δ——水力旋流器沉砂口直径，cm；

      ρ——沉砂中固体物料的密度，t/m^3；

      C_u——沉砂的重量百分浓度，%；

      u——沉砂量，t/h。

水力旋流器的技术性能见附表 10。

3.3.2.3   细筛和弧形筛的选择

A   细筛

细筛作为分级设备，与其他水力分级设备比较，由于它是按矿粒的几何尺寸而不是按矿粒的沉降规律进行分级，故可以减少合格粒级产品发生过磨，增大磨矿机生产能力，提高选别指标和改善脱水的工作条件，降低能耗。当矿石中矿物的选择性磨碎现象突出，磨矿产品中有价矿物在细粒级别大量富集时，采用细筛作为分级设备，其优越性尤为突出。细筛在黑色金属矿山选矿厂应用较为成功，其主要用途有两个：一是以提高分级效率为目的，用于磨矿回路中，作磨矿产品的控制分级，避免已解离的物料再磨造成过粉碎，并提高了磨矿机的生产能力；二是以提高产品品位为目的，用于选别回路中，使粗粒精矿自循环返回再磨，以获得高品位精矿。

细筛分固定细筛和机械振动细筛两大类。固定细筛的生产能力小、筛分效率低（一般为24%～41%）；机械振动细筛的单位面积生产能力比固定细筛大3.0～3.5倍，分级效率约高1倍，故应用较多。常见的机械振动细筛有直线振动细筛、高频振动细筛和旋流细筛等。

细筛的分级效率虽然较高，但其生产能力还不大，生产费用较高，国产筛面易破损，使用周期较短，操作维护麻烦，选择使用时应慎重考虑。

B 弧形筛

弧形筛属于细筛的一种，一般用于细粒物料（粒度小于10mm）的筛分和脱水，也可用于重介质选矿作业脱介质用。它的优点是结构简单轻便、占地面积小、无运动部件和传动机构、生产能力大（在筛分效率与振动筛相近时，弧形筛的生产能力比振动筛大10倍以上）、分离精度高、筛孔不易堵塞；缺点是筛上产品含水分高，要求给矿均匀并有一定的压力，筛网磨损快。弧形筛的筛分效率一般为75%～80%，筛孔间隙比分离粒度大1.1～3.0倍。在选矿厂中，常将弧形筛与磨矿机构成闭路作控制筛分用，严格控制选别作业的入选粒度和减少矿物的过粉碎，达到改善选别作业条件，提高有用矿物回收率的目的。

从分级效率、生产能力和经济效益全面衡量，现有的细粒分级设备均不是高效能的。如螺旋分级机和水力旋流器的生产能力大，生产费用低，但同时分级效率也低；而细筛则刚好相反。因此，只用一段分级设备的一段分级工艺难以达到满意的效果。研制高效能的细粒分级设备是解决此问题的根本途径。而在目前条件下，通过改变分级流程的结构，联合使用各种分级设备，变一段分级为两段或多段分级来改善分级效果，则是解决此问题的有效途径之一。在这方面，国内外很多选矿厂进行了试验，取得了一定效果。如用水力旋流器（或螺旋分级机）进行第1段分级，旋流器沉砂用圆锥分级机（或胡基筛）进行第2段分级的工艺，或者用水力旋流器第1段分级，旋流器沉砂用细筛进行再分级的两段分级工艺等。

细筛及弧形筛的技术性能见附表11。

3.3.2.4 水力分级机的选择与计算

选矿厂常用的水力分级机有圆锥分级机、水力分离机和槽形分级机3种。

A 圆锥分级机

常用的圆锥分级机有分泥斗和YF型圆锥水力分级机。

（1）分泥斗的给矿粒度一般小于2mm，按分离粒度的不同又分为矿砂式和矿泥式，矿砂式用于分离粒度在0.15mm以上的物料，矿泥式用于分离粒度在0.15mm以下的物料。分泥斗广泛用于钨、锡矿石的选矿厂，其主要用途有：在水力分级机前对原矿进行脱泥，借以提高分级效率；在磨矿设备前进行矿石的浓缩脱水，以提高磨矿饥的给矿浓度；在各种矿泥选别设备前进行脱水和贮矿，以控制给矿浓度和矿量。分泥斗的优点是结构简单、易于制造、不耗动力；缺点是分级效率低、配置高差较大、生产能力低。

（2）YF型圆锥水力分级机结构简单，运转可靠，操作维护方便，并能控制溢流深度。它适用于金属和非金属及其他物料的分级，能改善磨矿分级过程，提高选矿厂生产能力。

圆锥分级机作为脱水设备使用时，按给矿中固体物料的单位处理量来计算所需的脱水面积。处理1.5～0mm粒级物料时，单位面积生产能力为48～52t/(m²·d)；处理0.074～0mm粒级物料时，单位面积生产能力为4.5～6.0t/(m²·d)。圆锥分级机作为脱泥设备使用时，则可按溢流量公式（3-63）计算需要的分级面积：

$$F_d = \frac{W}{KV_0} \qquad (3\text{-}63)$$

式中 F_d——设计所需的脱泥面积，m^2；

  W——脱泥作业的溢流量，m^3/s；

  K——有效脱泥面积系数，K 取值为 0.50 ~ 0.75，小规格分级机取大值；

  V_0——溢流中最大颗粒的自由沉降速度，m/s，当溢流中固体量小于 10% 时，V_0 值可由下式求出：

$$V_0 = 0.545(\rho - 1)d^2 \qquad (3\text{-}63\text{a})$$

  ρ——溢流中固体物料的密度，t/m^3；

  d——溢流中最大颗粒的直径，mm。

在利用式（3-63）计算时，若溢流中固体含量大于 10%，V_0 值应根据试验数据确定。圆锥分级机的技术性能见附表 12 和附表 13。

B 水力分离机

水力分离机一般用于磨矿前的脱水和泥质砂矿的脱泥，分离粒度为 0.5 ~ 0.074mm，以分离 0.05 ~ 0.074mm 粒级的效果较好。水力分离机生产能力大，工作安全可靠；但分离效率低，矿浆需砂泵输送，配置不便、体积大、占地面积大，故在我国选矿厂中应用不多。

水力分离机可按式（3-63）计算所需面积，但其有效面积系数 K 值应根据设备规格大小来选取。$\phi 5.0m$ 水力分离机的 K 值为 0.6；$\phi 12.0m$ 水力分离机的 K 值为 0.8。

C 槽形分级机

常用的槽形分级机有水力分级箱、筛板式（典瓦尔型）水力分级机和机械搅拌式分级机 3 种。

（1）水力分级箱属自由沉降式分级机，当处理密度大、颗粒粗的物料时，耗水量要比干涉沉降式水力分级机大，而且排矿管易堵塞，分级效果差；但其构造简单，不用动力，工作可靠，故在钨、锡矿石选矿中被广泛应用。水力分级箱适宜处理粒度较小和细粒级含量较多的物料，适宜的分级粒度为 2 ~ 0.074mm。对于小于 0.074mm 的粒级，分级效果较差。水力分级箱适宜的给矿浓度为 18% ~ 25%。选择水力分级箱时，要注意分级箱的室数与流程中所规定的分级级别相适应，同时应兼顾到选用的摇床及跳汰机的台数。水力分级箱的技术性能见附表 14。

（2）筛板式水力分级机为干涉沉降式分级机，适于处理密度较大、粒度较粗的矿石，国内使用的只有 200 × 200 一种规格，其优点是单位面积生产能力比水力分级箱大。筛板式水力分级机处理钨矿的生产指标见表 3-29。

表 3-29   200 × 200 典瓦尔型水力分级机处理钨矿的生产指标

选矿厂	处理量 /t · h⁻¹	给矿粒度 /mm	给矿浓度 /%	分级效率/%			
				一室	二室	三室	四室
盘古山	5 ~ 8	2 ~ 0	14	65 ~ 68	25 ~ 35	15 ~ 25	15 ~ 20
大吉山	3.97	1.5 ~ 0	20 ~ 24	65 ~ 85	25 ~ 35	15 ~ 25	15 ~ 20

（3）机械搅拌式分级机也属于干涉沉降式分级机，其特点是生产能力大、耗水量少、产品浓度大、机体小、分级效率较高。国内使用的机械搅拌式分级机型号为 KP-4C 型，其生产能力与给矿粒度有关：给矿粒度为 1.4～0mm 时，生产能力为 20t/h；给矿粒度为 0.3～0mm 时，生产能力为 10t/h。每吨矿石耗水量一般为 3.0m³ 左右，上升水压力为 150～200kPa（1.5～2.0kgf/cm²），给矿浓度一般为 20%～30%。KP-4C 型水力分级机实际生产操作条件列于表 3-30，供选用时参考，其技术性能见附表 15。

表 3-30　KP-4C 型水力分级机实际生产操作条件

处理量 /t·h⁻¹	给矿粒度/mm	给矿浓度/%	上升水计示压力/MPa	溢流浓度	排矿浓度/%				上升水量/m³·h⁻¹			
					一室	二室	三室	四室	一室	二室	三室	四室
16～20	<1.5	20～25	0.2	3～6	25～35	20～30	20～25	20	10～15	8～10	4～5	4

上述 3 种槽形分级机在选用计算时，除参考类似选矿厂的单位定额外，还应按式（3-63）进行验算，此时公式中 K 值取为 0.7～0.8。

3.3.2.5　分级设备选择计算实例

设计条件：一段浮选尾矿分级，要求分出最终丢弃的溢流和送往再磨并进行下步浮选的沉砂；分级作业给矿中固体量为 87.5t/h，给矿中 -0.074mm 粒级含量为 45%，要求溢流中 -0.074mm 粒级含量为 80%；矿石密度为 2.75t/m³，给矿矿浆的液固比为 1.22，沉砂的液固比为 0.33，沉砂产率为 69.05%。试选择该分级作业的分级设备，并计算其规格和所需台数。

选择计算过程如下：

由于分级作业的给矿及溢流的粒度均较细，考虑到水力旋流器在细粒分级时生产能力大、分级效率较高、占地面积小等因素，决定选用水力旋流器作为此分级作业的分级设备。

（1）计算 $d_{50(c)}$。

要求溢流粒度为 $-74\mu m$ 粒级占 80%，查表 3-28，可知

$$d_{50(c)} = 1.25 \times d_T = 1.25 \times 74 = 92.5\mu m$$

按 d_{95} 和 d_{50} 的一般关系，可知

$$d_{95} = 1.8d_{50(c)} = 1.8 \times 92.5 = 166.5\mu m$$

查表 3-25，d_{95} 为 $166.5\mu m$ 时，进口压力选取为 85kPa。

（2）计算旋流器直径 D。

给矿矿浆的液固比为 1.22，则给矿矿浆的体积流量 V 及体积百分浓度 C_V 分别为

$$V_n = Q_n\left(R_n + \frac{1}{\rho}\right) = 87.5 \times \left(1.22 + \frac{1}{2.75}\right) = 138.59 m^3/h$$

$$C_V = \frac{1}{1 + \rho R_n} = \frac{1}{1 + 2.75 \times 1.22} = 22.96\%$$

由式（3-61）有

$$92.5 = \frac{11.93D^{0.66}}{85^{0.28}(2.75-1)^{0.5}}\exp(-0.301 + 0.0945 \times 22.96 - 0.00356 \times 22.96^2 +$$

$$0.0000684 \times 22.96^3)$$

解此方程，得 $D = 64.7\text{cm}$，取 $D = 65\text{cm}$。

确定给矿管直径 d_n、溢流管直径 d_c 和锥角 α 等结构参数。由表 3-26 的表注，得

$$d_c = 0.2D = 0.2 \times 65 = 13\text{cm}$$

$$d_n = 0.5 d_c = 0.5 \times 13 = 6.5\text{cm}$$

$$\alpha = 20°$$

（3）计算旋流器台数。

由式（3-59）、式（3-59a）、式（3-59b）得：

$$K_\alpha = 0.799 + \frac{0.044}{0.0397 + \tan\frac{\alpha}{2}} = 0.799 + \frac{0.044}{0.0397 + \tan\frac{20}{2}} = 1.00$$

$$K_D = 0.8 + \frac{1.2}{1 + 0.1D} = 0.8 + \frac{1.2}{1 + 0.1 \times 65} = 0.96$$

$$V = 3 K_\alpha K_D d_n d_c \sqrt{p_0} = 3 \times 1.00 \times 0.96 \times 6.5 \times 13 \sqrt{0.085} = 70.95 \text{m}^3/\text{h}$$

所需旋流器的台数 n 为：

$$n = \frac{V_n}{V} = \frac{138.59}{70.95} = 1.95$$

选用 $\phi 650\text{mm}$ 水力旋流器两台，另选一台备用。

（4）计算沉砂口直径 Δ。

沉砂的液固比为 0.33，换算成重量百分浓度为 75%；沉砂的产率为 69.05%，则沉砂量为 60.42t/h。由式（3-62）得：

$$\Delta = \left(4.162 - \frac{16.43}{2.65 - 2.75 + \frac{100 \times 2.75}{75}} + 1.10\ln\frac{\frac{60.42}{2}}{0.907 \times 2.75}\right) \times 2.54 = 5.8\text{cm}$$

取沉砂口直径 Δ 为 6cm。

（5）验算溢流最大粒度 d_{95}。

由式（3-60）得

$$d_{95} = 1.5 \sqrt{\frac{65 \times 13 \times \frac{1}{1.22 + 1} \times 100}{6.0 \times 0.96 \times 0.085^{0.5} (2.75 - 1)}} = 171\mu\text{m}$$

符合要求。

3.4 选别设备的选择与计算

3.4.1 浮选设备的选择与计算

3.4.1.1 浮选设备的选择

A 浮选设备的类型

目前在浮选生产中使用的浮选机按充气和搅拌方式不同，可分为 3 种基本类型：

（1）机械搅拌式浮选机。这类浮选机靠机械搅拌装置来实现矿浆的充气和搅拌。根据机械搅拌装置结构的不同，又有多种型号，包括 JJF 型、XJK 型、XJQ 型、SF 型、JZF 型、JQ 型、棒型及环射式浮选机等。这类浮选机的优点是：由于搅拌装置具有类似泵的抽吸特性，故具有自吸空气及矿浆的能力，不需外加充气装置，中矿返回时易实现自流，减少了矿浆输送泵的数量；设备易于安装，便于操作。其缺点是充气量较小、能耗较高、磨损较大等。

（2）充气机械搅拌式浮选机。这类浮选机靠机械搅拌装置来搅拌矿浆，充气则由外设的低压风机来实现，包括 KYF 型、CHF-X 型、XJC 型、XJCQ 型、LCH-X 型及 JX 型等几种。充气机械搅拌式浮选机的主要优点是充气量大，充气量可按需要进行调节，磨损小，电耗低，选别指标较好。其缺点是无自抽吸作用，中矿不能自流返回，需增加矿浆返回泵；外部充气，需增加鼓风机；设备配置不够方便，平台较多，不利于生产操作。

（3）充气式浮选机。这类浮选机的特点是没有搅拌装置，也没有传动部件，其矿浆充气由专门设置的鼓风机通过充气器压风而实现。目前国内外浮选厂大量使用的浮选柱即属此类设备。充气式浮选机的主要优点是结构简单，制造安装容易；缺点是由于没有搅拌装置，浮选效果受到一定的影响。

B 常用的浮选机

下面介绍几种常用的浮选机。

（1）JJF 型和 XJQ 型浮选机结构相似，槽内矿浆可于下部形成大循环并具有自吸气能力，均为仿维姆科型浮选机研制而成的机械搅拌式浮选机。这两种浮选机与 XJK 型浮选机相比，电耗较低，磨损较轻，吸气量较大并可在 $0.1 \sim 1.0 \mathrm{m}^3/(\mathrm{m}^2 \cdot \mathrm{min})$ 范围内调整，矿浆液面较为平稳，便于自动控制。JJF 型和 XJQ 型浮选机适于大中型选矿厂的粗扫选作业使用。目前国内 JJF 型浮选机已经形成系列产品，采用首槽为吸入槽其余槽为直流槽的机组形式，单槽容积 $1 \sim 85 \mathrm{m}^3$，共有 14 种规格，可适应不同规模的大中型选矿厂需要。

（2）KYF 型浮选机属于充气机械搅拌式浮选机，其主要优点是：结构简单，设备重量轻，维修方便；磨损件少，寿命长；功耗低，节能效果明显；液面平稳，易于操作，选别效率高。KYF 型浮选机特别适用于较粗粒矿石的选别，多用于大中型选矿厂的粗扫选作业。目前国内 KYF 型浮选机也已经形成系列产品，XCF/KYF 型浮选机组是以 XCF 型浮选机为首槽（吸入槽，自吸矿浆），KYF 型浮选机为直流槽工作，单槽容积 $4 \sim 200 \mathrm{m}^3$，可适应不同规模的大中型选矿厂需要。

（3）XJK 型浮选机属于带有辐射叶轮的空气自吸式浮选机，在国内广泛应用。这种浮选机除具有一般机械搅拌式浮选机的特点外，还存在以下不足：空气弥散不好，泡沫不够稳定，易产生"翻花"现象，不利于实现矿浆液面的自动控制；浮选槽为间隔式，矿浆流速受闸门限制而减慢，粗粒重矿物易沉积；充气量不易调节，难以适应矿石性质的变化，选别指标不稳定。但 XJK 型浮选机结构简单、矿浆可自流返回、操作方便、便于维修、工作可靠，故对于某些易选矿石，要求充气量不大的中小型选矿厂或大型选矿厂的精选作业，仍可考虑选用 XJK 型浮选机。大型浮选厂的粗扫选作业则不宜选用 XJK 型浮选机。

（4）CHF-X 型和 XJC 型浮选机均属于充气机械搅拌式浮选机，其结构形式与美国的丹佛 D-R 型浮选机相似。这两种浮选机的特点是浮选槽下部搅拌能力强，可有效地保证矿粒悬浮而不易沉槽，适合于要求充气量大，矿石性质复杂的粗粒或大密度难选矿石的浮选。大中型浮选厂的粗扫选作业可以选用此类浮选机。

（5）浮选柱属于充气式浮选设备，其存在的不足是：由于没有搅拌装置，故在高浓度矿浆中浮选粗粒、大密度矿石时，粗粒难以上浮，选别效果较差；选别氧化矿时，生产指标较低；大型浮选柱的事故处理设施比较复杂；难于操作与控制。目前国内采用浮选柱的浮选厂多为矿物组成简单、易浮的硫化矿选矿厂。

（6）棒型浮选机是一种浅槽型空气自吸式机械搅拌式浮选机，与澳大利亚的瓦尔曼型浮选机结构大体相同，不同之处是在吸入槽内增加了一个吸浆轮，装于棒轮下部，从而保证了中矿能自流返回。与 XJK 型浮选机相比，棒型浮选机的特点是：充气量大，一般为 $1.0 \sim 1.2 \mathrm{m}^3/(\mathrm{m}^2 \cdot \mathrm{min})$；搅拌力强，气泡分散度高，混合均匀，矿粒与气泡接触机会多，浮选速度快；结构简单，操作维护方便；耗电量少。棒型浮选机适合用在中小型浮选厂处理粒度较粗的易选矿石。

（7）环射式浮选机属于机械搅拌式浮选机，其特点是采用特殊旋转叶轮甩出矿浆造成负压吸浆吸气，并利用甩出的环状矿浆流从叶轮下部中心卷吸空气，因而具有二次吸气作用，增加了矿浆循环和混气面积。环射式浮选机搅拌力强、浮选速度快、结构简单、检修方便、生产能力大，可用于中小型浮选厂的粗粒浮选。

常用的浮选机的技术性能见附表 16。

C　浮选机的选型

浮选机类型规格的选择确定与原矿性质（矿石密度、粒度，含泥量、品位、可浮性等）、设备性能、选矿厂规模、流程结构及系列划分等因素有关。设计中应选用能够以尽可能低的生产经营费用获得最好的生产指标的浮选机。因此，在设计中应考虑以下几个方面的问题：

（1）矿石性质及选别作业要求。对粒度粗或密度大的矿石，一般采用高浓度浮选来降低颗粒的沉降速度，减少矿粒沉积。在实际生产中，有时由于旋流器磨损或其他原因，分级溢流也会"跑粗"。为适应这一特点，设计中应选用高能量的机械搅拌式浮选机。机械搅拌式浮选机不但输送矿浆速度快、搅拌力强，而且停车后也易再启动。而对于在泥砂分选回路中的细粒部分浮选，则可选用充气式（或充气机械搅拌式）浮选机，它比通常的机械搅拌式浮选机又有不少的优点。在低品位硫化矿浮选过程中，低速充气对选别效果较为有利，不宜选用高充气量的浮选机。当浮选过程中易产生黏性泡沫或泡沫量很大时，如许多非硫化矿的浮选，则应选用充气量较大的浮选机，以便获得较高的回收率。此外，浮选机槽子的几何尺寸也是设计中要考虑的一个问题，因为它影响着泡沫的质量和排出过程。生产实践表明，粗、扫选作业的泡沫层应当比较薄，流动快，泡沫层在矿浆面上停留时间较短，才能获得较高的回收率。精选作业则不需要很高的作业回收率，而是需要有良好的选择性。而泡沫质量不仅仅是取决于起泡剂的种类和添加数量，也取决于泡沫中荷载固体的数量，故精选槽的泡沫层应当厚一些，轻一些，更脆一些，或者说更湿一些，以促使机械夹杂的脉石颗粒落回到矿浆中。因此，对于浮选品位非常低的矿石，应选用浅槽型浮选机，使有用矿物能够尽快和充分地进入泡沫层，从而在粗、扫选作业中获得一个好的稳定的泡沫层；对于精选作业，则应选用深槽型浮选机，以限制气泡在单位面积上的载荷，从而得到更好的精选泡沫质量；当浮选高品位给矿（如磷灰石、钾盐、赤铁矿、煤等）时，则应当选用排矿端长度与容积之比和泡沫面积与槽容积之比均较大的浮选机，以便改善泡沫质量，提高泡沫流动速度，获得较高的回收率。

（2）根据矿浆流量合理选用浮选机的规格。为了保证选别效果，必须使矿浆在每个浮选槽内有一定的停留时间，时间过长或过短都会造成有用矿物的流失，降低作业回收率。一般认为，矿浆在每个槽中停留的时间为 0.3 ~ 1.0min 较好。因此，浮选机的规格必须与选矿厂的规模相适应。为尽量发挥大型浮选机的优越性，浮选系列数应尽量减少；对某些易选矿石，在条件允许时甚至可考虑单系列生产。

（3）选择浮选机类型和规格时，应以选别指标为主要因素，同时还应考虑经营管理费用、操作维护检修等因素，合理选择浮选机的类型和规格。

（4）注意设备制造质量及备品备件供应情况。浮选机种类繁多，各种浮选机的制造质量、备品备件供应情况各不相同。而良好的设备制造质量及充足的备品备件供应，是保证选矿厂正常生产的必要条件，设计中不容忽视。

3.4.1.2 浮选设备的计算

A 浮选时间的确定

浮选时间的长短对浮选设备容积的大小和浮选指标的好坏影响很大，必须慎重选取。通常根据试验数据并参考类似矿石选矿厂的生产实例确定浮选时间。在小型试验中，每一部分矿粒都有同样的槽内停留时间，能够获得同样的上浮机会。而在连续浮选中，不同的矿粒在槽子中停留的时间不同，部分矿浆（或矿粒）通过浮选槽的速度比平均的或按名义停留时间计算出来的速度要快，通常称之为"短路"现象；而有一部分矿浆（或矿粒）的停留时间比名义停留时间要长。对于"短路"的矿浆（或矿粒），回收肯定是不完全的。由于这个原因，加之工业浮选机的混合效果通常没有试验室的浮选槽好，根据小型试验的停留时间选择浮选机时，应适当增加浮选时间，国外通常是增加 1 倍，国内则按试验浮选时间 1.5 ~ 2.0 倍选取。对于连续浮选试验得到的停留时间，通常可直接引用。如果设计选用的浮选机与试验用浮选机充气量不相同，则应按下述计算公式加以调整：

$$t = t_0 \sqrt{\frac{q_0}{q}} \tag{3-64}$$

式中　t ——设计浮选时间，min；

　　t_0 ——试验浮选机的浮选时间，min；

　　q_0 ——试验浮选机的充气量，$m^3/(m^2 \cdot min)$；

　　q ——设计选用浮选机的充气量，$m^3/(m^2 \cdot min)$。

B 浮选机所需槽数的计算

浮选作业的矿浆体积流量 W 用下式计算：

$$W = \frac{K_1 Q (R + \frac{1}{\rho})}{60} \tag{3-65}$$

式中　W ——浮选作业的矿浆体积流量，m^3/min；

　　Q ——进入作业的矿石量，t/h；

　　R ——浮选作业矿浆的液固比；

　　ρ ——矿石密度，t/m^3；

　　K_1 ——不均衡系数，当浮选前为球磨机磨矿时，K_1 值取为 1.0，当浮选前为湿式自磨矿时，K_1 值取为 1.3。

设计所需浮选机槽数用下式计算：

$$n = \frac{Wt}{VK_2} \tag{3-66}$$

式中　n ——浮选机所需槽数；

　　　W——浮选作业矿浆体积流量，m^3/min；

　　　t ——浮选时间，min；

　　　V ——选用浮选机一个槽子的有效容积，m^3；

　　　K_2 ——浮选机容积充满系数，选别有色金属矿石时，K_2 值取为 $0.8 \sim 0.85$；选别铁矿石时，K_2 值取为 $0.65 \sim 0.75$；泡沫层厚时取小值，反之取大值。

浮选机总槽数可按式（3-65）、式（3-66）一次计算得出，然后再分成几个系列；也可以先分成几个系列，再计算出每个系列所需的浮选机槽数。浮选系列数可以和磨矿系列数相同，也可以不同。与磨矿系列相同时便于矿浆自流，但不利于稳定矿浆流量和系列间互换及生产检测；与磨矿系列数不相同（或采用单系列）可以克服上述缺点，有利于采用大型浮选机，但往往难以实现主矿流自流输送，一般多用于自动控制水平要求较高的大型选矿厂。

在计算确定浮选机槽数时，为避免矿浆"短路"现象，每列粗、扫选的浮选槽数不宜过少。一般对于硫化矿的粗、扫选，每列槽数不应少于 6 槽。但随着大型浮选机的应用，关于槽数限制的概念也开始变化，目前粗、扫选浮选槽少于 6 槽的浮选回路已有不少实例。因此，在确定每列浮选槽的槽数时，应视浮选机类型、规格及浮选时间等因素不同，参照类似生产实例选定。

在选择浮选机时，应注意中间箱的选用。一般在一组浮选槽中每 $4 \sim 6$ 槽应设一个中间联结箱，使被分隔的各区段可单独控制矿浆和泡沫层液面，从而使总回收率达到最佳值。

为了便于维修、管理和配置，粗、扫选作业最好选用相同型号和规格的浮选机，精选作业的浮选机规格型号也应一致。当精矿产率较大，在不影响选别效果的前提下，也可考虑选用与粗、扫选作业相同规格型号的浮选机。

C　浮选柱的计算

浮选柱断面为矩形时，所需浮选柱的断面积 F 用下式计算：

$$F = \frac{K_1 Q \left(R + \dfrac{1}{\rho} \right) t}{60 H (1 - K_0)} \tag{3-67}$$

浮选柱断面为圆形时，所需浮选柱的直径 D 用下式计算：

$$D = \sqrt{\frac{K_1 Q \left(R + \dfrac{1}{\rho} \right) t}{15 \pi H (1 - K_0)}} \tag{3-68}$$

上两式中　F——矩形断面浮选柱断面面积，m^2；

　　　　　D——圆形断面浮选柱断面直径，m；

　　　　　H——浮选柱高度，一般粗选柱高度 H 为 $7 \sim 8m$，精、扫选柱高度 H 可选取比粗选柱低 $1 \sim 2m$，对于品位高且易浮的硫化矿宜采用大直径、低高度的浮选柱，此时，一般粗选柱高度 H 取为 $5 \sim 7m$，扫选柱高度 H 取为 $4 \sim 6m$，精选柱高度 H 取为 $3 \sim 4m$；

K_0——浮选柱充气率，粗选 K_0 取值为 $0.25 \sim 0.35$，扫选 K_0 取值为 $0.2 \sim 0.25$，精选 K_0 取值为 $0.35 \sim 0.45$。泡沫层厚时取大值，反之取小值；

t——浮选时间，min；

其余符号意义同式（3-65）。

D 搅拌槽的选择与计算

搅拌槽按使用不同分为药剂搅拌槽与矿浆搅拌槽。药剂搅拌槽用于各种药剂制备作业，根据药剂性质的不同，其材质及结构也不尽相同。药剂搅拌槽容积按药剂制备作业制度选定。矿浆搅拌槽用于浮选前的矿浆搅拌，使药剂与矿浆充分混合，为选别作业创造条件。如果药剂添加在磨矿机或浮选前的砂泵池和分配器内，则可不必设置搅拌槽。矿浆搅拌槽按结构可分为两种：提升式与压入式。提升式具有一定的矿浆提升作用，提升高度可达 $1.2m$。

设计所需矿浆搅拌槽的容积 V 按下式计算：

$$V = \frac{K_1 Q (R + \frac{1}{\rho}) t}{60} \tag{3-69}$$

式中 V——所需搅拌槽容积，m^3；

t——药剂搅拌时间，一般应由试验确定，如缺乏资料时 t 值可取为 $3 \sim 5min$；

其余符号意义同式（3-65）。

搅拌槽的技术性能见附表17。

3.4.2 重选设备的选择与计算

重力选矿由于具有设备费用低、能量消耗少、环境污染轻等优点，目前仍是一种重要的选矿方法。重选过程的分选效果与物料的粒度大小密切相关，为适应不同粒度范围的物料分选，重选设备种类繁多。国内外重选厂常用的重选设备有跳汰机、摇床、溜槽、重介质选矿机和洗矿机等。选择重选设备，首先要考虑的是入选物料的粒度范围；其次，由于不同的重选设备所能获得的产品质量不同，故还应根据对产品的质量要求来选择相应的设备。

3.4.2.1 重介质选矿设备的选择与计算

在金属矿山中，重介质选矿通常作为预选作业使用，在矿石被细磨之前丢弃脉石或低品位的尾矿，以达到降低生产成本、减少设备数量、节省能量消耗、提高选别指标的目的。工业上使用的重介质选矿设备种类很多，常用的设备有鼓形和圆锥形分选机、重介质振动溜槽、重介质旋流器、重介质涡流旋流器等。

（1）鼓形重介质分选机在分选过程中，重悬浮液借水平流动和圆筒的回转搅动维持稳定，可以选用粒度较粗的加重介质，适于分选粗粒及重产物较多的易选矿石，其最大给矿粒度可达 $300mm$，一般为 $100 \sim 6mm$。鼓形重介质分选机结构简单、运转可靠、便于操作、介质分布均匀、动力消耗少、介质回收与净化的工作量少；但其分选面积小，搅动大，不适宜分选细粒物料，需要使用密度大的加重剂，分选精度差。

（2）圆锥形重介质分选机是使矿石在充满重悬浮液的锥形圆槽中自然沉浮而实现分选的设备。它适于处理轻矿物含量较高的矿石，分选粒度的上限不超过75mm，一般为50～6mm。圆锥形重介质分选机的优点是槽体较深、分选面大、工作面稳定、分离精度较高；它的缺点是悬浮液有可能出现沿高度方向分层的现象，使得中间产物聚集在槽体下部，故不宜用来分选含有大量密度接近悬浮液密度的矿石；介质循环量大，且要求使用细粒加重剂，因而介质制备和净化回收工作量大，需要有专门的压气设备，且提升器的效率较低。

鼓形和圆锥形重介质分选机的生产能力通常是依据类似选矿厂的生产指标确定，也可按下列经验公式大致计算：

$$Q = KDd\rho_n \tag{3-70}$$

式中　Q ——重介质选矿机的生产能力，t/h；

　　　D ——圆锥或圆筒的直径，m；

　　　d ——给矿中的最大粒度，m；

　　　ρ_n ——重悬浮液的密度，t/m³；

　　　K ——设备形式系数；当给矿中轻产物多时，圆锥形重介质分选机 K 值为220，鼓形重介质分选机 K 值为250；当给矿中重产物多时，圆锥形重介质分选机 K 值为350，鼓形重介质分选机 K 值为400。

（3）重介质振动溜槽，是一种在往复振动的溜槽中利用重悬浮液来分选粗粒矿石的设备。其分选粒度的上限可达100mm，一般为75～6mm。它的特点是设备生产能力大，可采用较粗的加重介质；悬浮液的固体容积浓度高，可选用低密度的加重介质；由于加重介质粒度粗，在槽底部有一定的浓集现象，故悬浮液的平均密度可低于轻重矿物的分选密度。其缺点是需要有一定压力的补加水，且耗水量大。重介质振动溜槽常用于选弃铁、锰矿石在开采过程中混入的围岩及夹石，其生产能力的确定一般参照类似选矿厂的生产实际指标而定。

（4）重介质旋流器的结构与普通旋流器基本相同，只是给入的分散介质是重悬浮液。它的特点是结构简单、容易制造、耗水量少、分选效率高，可采用廉价低密度的加重介质，分选精度高于其他重介质选矿设备；缺点是内壁磨损快。重介质旋流器分选粒度上限可达35mm，下限则为0.5mm，为避免排矿口堵塞和便于介质脱出及回收，适宜的给矿粒度为20～2mm。重介质旋流器的生产能力通常按试验结果或类似选矿厂的实际生产数据确定。

（5）重介质涡流旋流器形状类似倒置的旋流器，它与重介质旋流器相比，锥比大、介质循环平衡快、相对稳定性好、生产能力大、对给矿粒度变化的适应性强、入选上限粒度大、可采用粗粒加重剂、介质容易回收、设备磨损较小。涡流旋流器的最大给矿粒度可达75mm，一般以35～2mm为宜。

重介质选矿中常用的加重介质有磁铁矿、赤铁矿、黄铁矿、方铅矿及硅铁等，应结合具体情况选用。介质回收方法根据所用加重介质的性质而定，可用重选、浮选及磁选等方法。介质回收系统中常用直线振动筛、细筛或弧形筛脱介，用水力旋流器、磁力脱水槽或倾斜板浓密箱浓缩，介质的提升则可用砂泵或空气提升器。

3.4.2.2　跳汰机的选择与计算

跳汰机具有选别粒度范围宽、生产能力大、占地面积小、劳动生产率高、易于操作和维护等优点，因而是重选厂广泛使用的一种重选设备。跳汰机常用来处理钨、锡、铁、锰、铬、金、钽、铌、锆、钛等矿石，入选粒度上限可达 40～50mm，下限为 0.1mm；对钨、锡矿石，入选粒度一般为 20～0.074mm。跳汰机常用于粗选作业，也可用于精选作业，需视给矿中有用矿物的单体解离程度而定。

跳汰机有多种类型，规格繁多，但在选矿厂中使用最多的是隔膜式跳汰机。隔膜跳汰机有许多形式，按隔膜的位置不同可分为上（旁）动型、下动型和侧动型三种。

A 上（旁）动型隔膜跳汰机

上动型隔膜跳汰机床层较稳定，选别效果较好，多用于粗选及精选作业。因为它的冲程系数大，故处理粒度的范围宽（入选粒度一般为 15～0.2mm），筛上精矿容易排出。它的隔膜和传动装置布置在跳汰室一侧，维护检修容易，但占地面积和设备重量都比相同筛面规格的其他类型跳汰机大，动力消耗也略高。此外，由于隔膜是位于跳汰室的旁侧压水，容易引起水速分布不均匀，故跳汰室的宽度不能太大。

B 下动型圆锥隔膜跳汰机

下动型圆锥隔膜跳汰机的隔膜位于跳汰室槽体圆锥部分和可动锥之间，动力消耗少，重产物排出通畅；没有单独的跳汰室，占地面积小；下部隔膜的运动直接指向跳汰室，故水速分布较均匀。其缺点是隔膜承受着机体中水和精矿的重量，负荷较大；冲程系数小，跳汰室内水速较弱，床层松散度差。因此，这种跳汰机不适于处理粗粒物料，一般只用于分选小于 6mm 的中细粒矿石。

C 侧动型隔膜跳汰机

侧动型隔膜跳汰机的隔膜设置在跳汰机槽体的外侧壁，比下动型圆锥跳汰机结构简单、运转可靠、维修容易，但工作中有时振动较大。这类跳汰机常见的有梯形跳汰机和矩形跳汰机两类。

（1）梯形跳汰机。它的特点是跳汰室截面为梯形，沿矿流方向逐渐变宽，矿浆纵向流速逐渐减缓，有利于细粒重矿物的回收；工作面积大，生产能力大。梯形跳汰机的最大给矿粒度可达 10mm，回收粒度下限可达 0.037mm，适宜的分选粒度为 5～0.074mm。该机用于处理钨、锡、金及铁矿石，取得了良好的效果。

（2）矩形跳汰机。它与梯形跳汰机的主要区别是跳汰室横截面为矩形。矩形跳汰机冲程系数较大，冲程可调节范围也较大，可以处理粗粒矿石，也可以处理细粒矿石；选别粒度上限可达 20～30mm。另外，矩形跳汰机单位面积生产能力较大，设备运转平稳可靠。

D 圆形跳汰机

圆形跳汰机又称径向跳汰机，是由若干梯形跳汰室组成的圆形床面，属下动型隔膜跳汰机。它的优点是生产能力大、配置灵活紧凑，处理未分级的细粒砂矿分选效果较好；缺点是传动机构复杂，跳汰室水流脉动不均匀。圆形跳汰机多用于采金（或锡）船上的粗选作业。

各种隔膜跳汰机的技术性能见附表18。

跳汰机单位筛网面积每小时生产能力随矿石种类、粒度、形状、矿浆浓度以及对选别产物的工艺要求等因素不同而有很大变化，故跳汰机生产能力的计算尚无成熟的公式，设计时往往是根据试验资料或参照类似选矿厂的生产指标确定。表 3-31 列出了我国常用跳汰机在不同工作条件下处理各种矿石的平均单位生产能力，供设计时参考。

表 3-31   跳汰机在不同工作条件下的平均单位生产能力

| 跳汰机类型 | 矿石类型 | 给矿粒度/mm | 生产能力 | | 精矿回收率/% | 补加水水压/MPa | 补加水水量/m³·(台·h)⁻¹ |
			t/(台·h)	t/(m²·h)			
上（旁）动型隔膜跳汰机（300×450mm）	原生钨矿石	18 (16) ~8 (6)	2.7~3.24	10~12	65	0.176~0.2	15
	原生钨矿石	8 (6) ~2 (1.5)	2.16~2.7	8~10	73~66	0.176~0.2	12
	原生钨矿石	2 (1.5) ~0	4.86~6.75	18~25①	34~40	0.176~0.2	5~7
	砂锡矿	20~0	3~4	11~15		>0.098	8~10
	砂锡矿	6~2	1.5~2.0	5.5~7.4		>0.098	6~8
	砂锡矿	2~0	1.0	3.7		>0.098	6~8
	锡精矿精选	5~1.5 (2)	1.7	6.3	65~50	0.098~0.147	6
	锡精矿精选	1.5 (2) ~0	1.2	4.45	65~50	0.098~0.147	6
下动型圆锥隔膜跳汰机	原生钨矿	8~4.5		3.8~5			
	原生钨矿	4.5~1.5		4.5~1.5			

①该跳汰机仅用来先回收部分粗精矿（选别磨矿以后的产品），其尾矿则经水力分级后到摇床选别，故生产能力大。

3.4.2.3   摇床的选择与计算

摇床是重选厂中最常用的选别设备之一，广泛用于处理钨、锡、铁、锰、金及稀有金属的细粒矿石。摇床的特点是分选精度高，富集比大，有效选别粒度下限可达 0.037mm，分选效率一般较其他细粒重选设备高；床面分带明显、容易操作；能一次产出高品位精矿、最终尾矿及若干个中矿。其主要缺点是单位面积生产能力低、占地面积大。

摇床按处理物料的不同，可分为粗砂摇床（处理粒度大于 0.5mm），细砂摇床（处理粒度 0.5~0.074mm）和矿泥摇床（处理粒度 0.074~0.037mm）三种；根据传动机构不同可分为云锡式摇床、6-S 摇床、弹簧摇床等。我国常用的摇床技术性能见附表 19。

摇床的生产能力与矿石性质、粒度组成、操作条件及对产品的质量要求等因素有关。要求产精矿时，入选粒度越粗，生产能力越大，反之则小；要求产粗精矿时，生产能力比产精矿时大。设计时，摇床的生产能力通常按试验资料或处理同类矿石的生产数据确定，表 3-32 列出了云锡摇床在处理锡矿石时的生产定额，可供设计时参考。

表 3-32   云锡摇床在不同阶段及粒度的生产定额

选别阶段		给矿粒度范围/mm	摇床生产能力/t·(d·台)⁻¹
矿砂系统	第 1 段摇床	2~0.074	20~25
	第 2 段摇床	0.5~0.074	15~20
	第 3 段摇床	0.2~0.074	10~15
矿泥系统	粗 泥	0.074~0.037	5~7
	细 泥	0.037~0.019	3~5

注：1. 复洗摇床生产能力比表中数字相应降低 40%~50%；

    2. 矿砂系统各段摇床在配置中粗砂、细砂、矿泥 3 种床面均有，故给矿粒级较宽。

3.4.2.4 溜槽的选择与计算

溜槽是一种利用沿斜面流动的水流进行选矿的设备。根据溜槽结构和选别对象的不同，可分为粗粒溜槽和细粒溜槽两大类。粗粒溜槽可用于选别砂金、砂铂、砂锡及其他稀有金属砂矿。目前主要用于选别粗粒砂金矿石，其他应用不多。细粒溜槽选矿设备又称为流膜选矿设备，是处理细粒和微细粒级矿石的有效设备。根据处理矿石粒度的不同，细粒溜槽又分为矿砂溜槽（给矿粒度大于 0.074mm）和矿泥溜槽（给矿粒度小于 0.074mm）。属于矿砂溜槽的有扇形溜槽、圆锥选矿机、螺旋选矿机等，属于矿泥溜槽的有均分槽、铺布溜槽、螺旋溜槽、皮带溜槽、振摆皮带溜槽、摇动翻床、横流皮带溜槽、离心选矿机等。

由于溜槽类设备具有结构简单、生产费用低、操作简便等优点，对处理大量贫矿很有效。

A 螺旋选矿机和螺旋溜槽

螺旋选矿机和螺旋溜槽的共同优点是结构简单、制造容易、工作可靠、维护方便、占地面积小、单位生产能力高。螺旋选矿机旋槽横截面倾角较大，适于分选 2~0.1mm 的物料；螺旋溜槽旋槽横截面倾角较小（槽底为立方抛物线形），适于分选 0.6~0.05mm 的物料。

螺旋选矿机和螺旋溜槽的生产能力可根据试验资料或参照类似选矿厂的生产数据确定，也可按下式近似计算：

$$Q = \frac{3}{R}\rho D^2 d_{平均} n \tag{3-71}$$

式中　Q——螺旋溜槽的生产能力，t/h；

　　　R——给矿的矿浆液固比；

　　　ρ——矿石密度，t/m^3；

　　　D——螺旋槽直径，m；

　　$d_{平均}$——入选矿石的加权平均粒度，mm；

　　　n——螺旋的头（个）数。

B 扇形溜槽和圆锥选矿机

扇形溜槽又称尖缩溜槽，结构简单，可用于选别钨、锡、金、铁等多种金属矿石和海滨砂矿。扇形溜槽在选别作业中要求的技术操作条件较严，如处理物料的粒度、密度、给矿浓度和溜槽倾角、尖缩比等均对选别指标有较大影响。扇形溜槽的入选粒度范围为 2.5~0.037mm，合乎这一粒度要求的物料可不再分级入选；其单位面积生产能力一般为 4~6t/(m^2·h)。扇形溜槽对微细矿粒回收效果差，需要多段选别才能得到最终产品。

圆锥选矿机可以认为是扇形溜槽去掉侧壁作圆形拼合而成，如此倒置锥面便是圆锥选矿机的工作面。它消除了扇形溜槽的侧壁效应，改善了分选效果，提高了设备的生产能力，是处理海滨砂矿的一种适宜的粗选设备。它的分选粒度一般为 2~0.044mm。为了提高设备的生产能力，圆锥选矿机可装配成双层圆锥。根据矿石性质和产品质量要求的不同，可将单层圆锥或双层圆锥联合叠加成多段机组，在一台机组上连续完成粗选、精选及扫选作业。我国荣城锆矿使用的圆锥选矿机的生产指标见表 3-33，可供设计时参考。

表 3-33　荣城锆矿圆锥选矿机的生产指标

设备规格/mm	作业	处理量 /t·(台·h)$^{-1}$	给矿浓度 /%	ZrO$_2$品位/%			作业回收率/%	富集比
				给矿	精矿	尾矿		
φ2150 双层圆锥	粗选	35～50	48～56	0.068	0.099	0.012	93.67	1.46
φ2080 单层圆锥	精选	15～30	48～55	0.099	0.176	0.038	78.69	1.78

C　皮带溜槽和振摆皮带溜槽

皮带溜槽是一种有效的细泥重选设备，回收粒度下限达 0.01mm。它结构简单、富集比高，常用于处理离心选矿机粗精矿的精选作业。为克服单层皮带溜槽单位面积生产能力低的缺点，生产中可采用双层和四层皮带溜槽。四层皮带溜槽虽然可提高生产能力，但高度太大，层距小，操作不如双层皮带溜槽方便。皮带溜槽的生产能力一般根据类似选矿厂的生产数据确定。

振摆皮带溜槽是增加了振摆机构的皮带溜槽。由于振摆，促进了矿层的松散，增加了横向水流的分选效果，提高了选矿回收率。其回收粒度的下限为 0.01mm，有效回收粒度范围为 0.074～0.02mm，这种设备的生产能力低，适用于矿泥的精选作业。

D　离心选矿机

离心选矿机生产能力大，对微细粒回收效率高，是一种较好的矿泥粗选设备。其适宜的入选粒度为 -0.074mm，有效回收粒度为 0.074～0.01mm。离心选矿机的缺点是耗水量大、水压要求高、控制机构不够完善等。

3.4.2.5　洗矿设备的选择

洗矿是将含泥质较多影响选别效果的矿石，在水和机械力的作用下，使黏结矿石的泥质物料先分散然后再与矿粒分离的过程。洗矿设备种类很多，常用的有圆筒洗矿机、带筛擦洗机、槽式擦洗机、水力洗矿筛等。此外，各种筛分设备（如固定条筛、振动筛、圆筒筛等）及螺旋分级机等也可用作洗矿设备。

（1）圆筒洗矿机的洗矿圆筒由冲孔钢板或编织筛网制成，筛孔尺寸大于 10～15mm，最大筛孔为 50mm。由钢轨构成条格形的筒体，入洗最大粒度可达 260mm。圆筒洗矿机适于处理含泥质的易洗及中等可洗矿石，生产能力大，洗矿产物可按一定粒级分级。其主要缺点是单位耗水量大，对难洗矿石的洗矿效果不好。

（2）带筛擦洗机是由封闭的洗矿圆筒和连接在圆筒末端的双层筒筛构成。它适于处理含高塑性黏土的难洗矿石，入洗矿石粒度可达 100mm，工作平稳可靠，洗矿效率高，一次可完成洗矿和分级双重任务；缺点是不适合处理块矿少、泥团多的矿石。一般砂金及黑色金属矿石常在选别前使用此设备洗矿。

（3）槽式洗矿机具有较强的切割、擦洗作用，对小泥团的碎散能力较强，适合处理中等粒度、含泥较多的难洗矿石。其优点是生产能力大、结构简单、水电消耗少、洗矿效率高、工作可靠；缺点是入洗矿石粒度不能超过 75mm，排矿未分级，洗矿不彻底，产品表面有黏土覆盖，对脆性矿石泥化大，冲洗水压较高（一般要求为 147～196kPa）。

（4）水力洗矿筛又称为水力洗矿床或水枪 - 条筛洗矿装置，是砂锡矿水采水运应用最多的洗矿设施。其优点是结构简单、操作容易、生产能力大；缺点是对细小泥团的碎散力低。

洗矿设备的选型及生产能力的确定，主要取决于矿石的可洗性。矿石的可洗性可按黏土塑性指数、洗矿时间、比能耗及洗矿效率等指标来评定。矿石可洗性与选用洗矿设备的关系见表 3-34。洗矿设备的生产能力多根据设备性能并参照生产实例或由工业试验来确定。

表 3-34　矿石可洗性与选用洗矿设备关系

矿石类别	黏土性质	黏土的塑性指数 K	必要的洗矿时间/min	单位电耗 /kW·h·t^{-1}	洗矿效率 /t·(kW·h)$^{-1}$	一般可选用的洗矿设备
易洗矿石	砂质黏土	1~7	<5	<0.25	4	振动筛冲洗
中等可洗性矿石	黏土在手上能擦碎	7~15	5~10	0.25~0.5	2~4	圆筒洗矿机或槽式擦洗机，洗一次
难洗矿石	黏土黏结成团，在手上很难擦碎	>15	>10	>0.5~1.0	1~2	槽式擦洗机洗两次或水力洗矿筛与擦洗机联合使用

3.4.3　磁电选设备的选择与计算

3.4.3.1　磁选设备的选择

磁选设备分为弱磁场磁选设备和强磁场磁选设备两大类。常用的弱磁场磁选设备有湿式筒式磁选机、磁力脱水槽、干式筒式磁选机、旋转磁场磁选机等；强磁场磁选机有干式盘式强磁选机、干式辊式强磁选机、湿式平环强磁选机、湿式双立环强磁选机、感应辊式强磁选机、高梯度磁选机等。

磁选机的选型主要是根据矿物的磁性、入选粒度、作业条件及对产品的要求等因素进行。分选强磁性矿物选用弱磁场磁选机，反之则选用强磁场磁选机；入选粒度较粗，则磁选机磁场可弱一些，反之则要强一些。有时为提高精矿品位，可选用旋转磁场磁选机。

　　A　弱磁场磁选设备

弱磁场磁选设备分为永磁式和电磁式两种，由于永磁式磁选设备具有很多优点，所以工业生产使用的弱磁场磁选设备几乎都是永磁式的。

（1）湿式永磁筒式磁选机是磁选厂普遍应用的一种磁选设备，根据槽体结构可分为顺流式、逆流式和半逆流式 3 种。不同槽体的湿式永磁筒式磁选机的入选粒度分别是：顺流式槽体 6~0mm，逆流式槽体 1.5~0mm，半逆流式槽体 0.5~0mm。顺流式和半逆流式多用于粗选和精选作业，逆流式多用于粗选和扫选作业。

（2）磁力脱水槽是一种磁力和重力联合作用的磁选设备。它能分选出大量的细粒尾矿，兼有浓缩作用，常用于磁选工艺中的预选及脱泥作业，也可用于过滤前的浓缩作业。磁力脱水槽结构简单，操作方便，制造容易；缺点是耗水量较大，需较大的配置高差。

（3）干式永磁筒式磁选机的选别粒度上限为 0.5~2mm，适宜的选别粒度为小于 0.074mm 粒级含量为 20%~50%。使用这种设备时，选别物料含水量应小于 3%。干式永磁筒式磁选机的生产能力为 10~20t/（台·h）。该设备除可用干式磁选作业外，有时也可用于从粉状物料中去掉磁性杂质或用于提纯磁性材料。

（4）永磁旋转磁场磁选机的精矿品位及回收率均较高，分选天然磁铁矿石可以得到很好的指标。其主要缺点是不能自行卸掉精矿，需要通过感应辊卸掉精矿；耗水耗电较大。

湿式弱磁场永磁筒式磁选机技术性能见附表 20。

B　强磁场磁选机

（1）干式盘式强磁场磁选机有单盘、双盘和三盘 3 种，适用于干式分选弱磁性矿物，入选粒度小于 2mm。这种磁选机的优点是重量轻、结构紧凑、体积小、磁场调节方便，可得到多种分选产品。它的缺点是工作间隙小、生产能力较低；入选物料水分不能超过 1%；需分级入选才能得到较好的生产指标。干式盘式强磁选机多用于含有稀有金属矿物的粗精矿再精选作业，如粗钨精矿或钛铁矿、锆英石和独居石混合精矿的再精选作业。

（2）辊式强磁选机有电磁和永磁两种，适合处理粒度小于 3mm 的弱磁性矿物，生产能力为 1 ~ 2t/（台·h）。这种磁选机可以得到多种产品，故可用来分选含有多种矿物的稀有和有色金属矿石，粗选、精选、扫选作业均可使用。

（3）湿式双立环强磁选机的磁系采用"日"字形闭合磁系，省去了机架，节省了钢材，减轻了设备重量，结构紧凑；设备磁路短，漏磁小，磁感应强度高；聚磁介质为纯铁球，不易堵塞。该设备可用于细粒铁矿石、锰矿石的分选，入选粒度上限为 1.0mm，回收粒度下限为 0.02mm，一般最大给矿粒度为聚磁介质球径的 5% ~ 8%。

（4）SLON 型脉动高梯度磁选机是一种利用磁力、脉动流体力和重力的综合力场选矿新设备，其特点是转环立式旋转、反冲精矿并配有脉动机构，分选区内矿粒受到脉动水流的作用而消除机械夹杂，具有富集比大、回收率高、不易堵塞、分选粒度宽等优点。该机现有 SLON-1000 及 SLON-1500 两种型号，分选区场强为 1.0T，分选粒度 - 0.074mm 占 50% ~ 100%，处理量相应为 4 ~ 7t/h 及 20 ~ 35t/h。该机已在国内多个铁矿推广应用，取得良好效果，有广阔的应用前景。鞍钢弓长岭选矿厂用 5 台 SLON 型机代替原流程中的离心选矿机粗选作业处理贫磁铁矿，获得铁矿品位提高了 66%、尾矿品位降低了 5.71%、金属回收率提高 18.56% 的良好指标，对 - 10μm 铁矿物回收率达到 88.84%，有效地回收了微细粒铁矿物。

（5）SHP 型强磁选机是一种湿式双平环强磁选机，有效回收粒度范围为 0.18 ~ 0.02mm。它选别指标高，生产能力大，运转可靠，生产费用低，特别是因采用了油冷激磁绕组，避免了以往采用风冷引起的强大噪声，改善了劳动条件。这种磁选机广泛用于处理弱磁性矿物的黑色金属选矿厂，使用时存在的主要问题是堵塞现象，小于 0.037mm 细粒级分选效果不佳。

（6）SQC 型湿式强磁选机是由一个分选盘（盘外有分选环）组成的湿式强磁选设备，可用来分选褐铁矿、赤铁矿、黑钨矿、钽铌矿等细粒弱磁性矿物。这种设备如用于中、小型矿山，其效果优于其他磁选机，但设备的价格较高，重量较大。

（7）我国使用的感应辊式强磁选机有单辊单排和双辊双排等不同形式，主要用来选别粗粒锰矿，也可用于分选赤铁矿、褐铁矿、镜铁矿、菱铁矿等弱磁性矿物或用于抛除弱磁性铁矿石的围岩，提高入选矿石的品位。

（8）高梯度磁选机是一种新型强磁选机，主要由铁铠装螺线管、带有新型聚磁介质——线状铁磁性材料（如钢毛、钢板网等）的分选箱等组成。聚磁介质在铁铠装螺线管产生的均匀磁场中被磁化后，在其径向表面产生高梯度的磁化磁场。这样，在背景磁场不太高的情况下，可产生较大的磁场力，使微细弱磁性颗粒得到有效回收，其回收粒度下限可达 0.001mm。目前，高梯度磁选机主要用于高岭土提纯和污水处理，在选矿工业上则开始进入工业试验和实用阶段。

3.4.3.2 磁选设备生产能力的计算

磁选设备生产能力的确定，一般多按样本生产能力或参照类似磁选厂的实际生产指标来确定。筒式磁选机和磁力脱水槽也可按下列经验公式进行计算。

筒式磁选机的生产能力计算公式为：

$$Q = qnl_p \tag{3-72}$$

式中 Q ——筒式磁选机按给矿计的生产能力，t/h；

q ——磁选机的单位生产能力，t/(m·h)，q 值列于表 3-35，设计时可供参考；

n ——首筒数目（一般为1）；

l_p ——筒体的工作长度，可用下式计算：

$$l_p = l - 0.2 \tag{3-72a}$$

l ——筒体的几何长度，m。

表 3-35 前苏联永磁筒式磁选机单位处理量 q $\qquad$ [t/(m·h)]

-0.074mm 含量/%	固体含量 /%	磁性部分 含量/%	顺流槽体		逆流槽体		半逆流槽体			
			φ900mm	φ1200mm	φ900mm	φ1200mm	φ600mm	φ800mm	φ900mm	φ1200mm
棒磨机回路溢流										
10~15	50	40~60	70~85	90~110						
15~25	50	40~60	55~65	70~80						
15~25	50	80~90	65~75	80~90						
与水力旋流器成闭路的磨矿机排矿										
25~40	50	80~90	60~70	80~90	70~85					
50~60	50	80~90	45~55	60~70	60~70					
分级机和水力旋流器溢流、脱水槽沉砂										
50~60	50	40~60	40~50		50~55					
50~60	50	80~90	50~55		60~70					
60~70	30	80~90					12~15	26~35	30~35	40~45
60~70	20	80~90					8~12	15~22	12~25	20~30
75~85	30	80~90					9~12	17~25	20~30	25~40
75~85	20	80~90					6~9	13~17	15~20	20~25
94~96	30	80~90					6~8	11~13	12~15	15~20
94~96	20	80~90					5~6	7~11	8~12	10~15

注：当给矿中固体含量由50%降到40%时，则磁选机单位处理量减少30%；当给矿中固体含量由20%降到15%时，则单位处理量减少50%。

磁力脱水槽按溢流体积计的生产能力计算公式为：

$$V = 3.5Fu \tag{3-73}$$

式中 V ——按溢流体积计的生产能力，m^3/h；

F ——磁力脱水槽的溢流面积，m^2；

u——溢流速度，对于磁铁精矿，当给矿粒度小于 0.15mm 时，u 值为 5mm/s；小于 0.074mm 时，u 值为 2mm/s。

3.4.3.3 电选设备的选择

电选机是利用矿物在高压电场内的电性差异来分选矿石的。它广泛用于白钨矿、锡石、钛铁矿、锆英石、金红石、独居石、钽铌矿的粗精矿再精选作业。电选机具有结构简单、操作方便、分选效果较好等优点；缺点是入选物料必须绝对干燥，有时还需加温，才能保证分选效果，且对微细粒级分选效果较差。

电选机的种类有静电选矿机、电晕选矿机和复合电场电选机 3 种，发展的趋势是研制新型、高效、生产能力大的高压电选机。我国现在使用较多的电选机有 $\phi 120 \times 1500mm$ 双辊电选机、$\phi 370 \times 600mm$、$\phi 320 \times 900mm$、YD-3 和 YD-4 型高压电选机。电选机处理的物料粒度应小于 3mm，一般为 1.0 ~ 0.04mm。

3.5 脱水设备的选择与计算

湿法选矿的精矿产品含有大量的水分，为适应冶炼生产的要求，便于产品的运输和利用回水，对精矿需进行脱水。在某些情况下，为减少尾矿输送量、利用尾矿回水，尾矿也需要脱水。另外，有时在选别过程中为了提高下段作业给矿浓度、改善分选效果，对中矿也要进行浓缩脱水。脱水方法应根据脱水物料的粒度特性、含水量和对产品含水量的要求等来选择。粗粒和高密度产品，如重选产品和部分磁选产品，可利用重力而采用自然脱水；细粒产品，如浮选精矿，需采用沉淀浓缩和过滤两段脱水流程。在寒冷地区的冬季或对产品水分有特殊要求时，则要采用浓缩、过滤和干燥三段脱水流程。

3.5.1 浓缩设备的选择与计算

常用的浓缩机有中心传动式和周边传动式两种。周边传动式又可分为辊轮传动式和齿条传动式两种。为了节约占地面积，提高浓缩面积效率，近年来研制生产了一些新型浓缩机，如倾斜板浓缩机、倾斜板浓密箱和高效浓缩机等。

高效浓缩机实质上并不是单纯的沉降设备，而是结合矿浆层过滤特性的一种新型脱水设备。这种设备的特点是：

（1）通过添加絮凝剂增大沉降颗粒的粒径，加快沉降速度。

（2）通过装设倾斜板缩短颗粒沉降距离，增加有效沉降面积。

（3）发挥矿浆沉积浓相层的絮凝、过滤、压缩和提高生产能力的作用。

（4）配备有完整的自控装置。

由于这些特点，高效浓缩机的单位面积生产能力比普通浓缩机大为提高。

应用浅层沉降，可缩短物料沉降时间，提高浓缩效率。倾斜板浓缩机和倾斜板浓密箱即是利用这种浅层沉降原理的设备。生产实践证明，倾斜板浓缩机是一种高效率浓缩设备，它单位面积生产能力较大，但设备结构复杂，倾斜板易脱落、变形和老化，板面沉积物冲洗困难，操作维修麻烦。

倾斜板浓密箱规格较多，常在选别过程中作为脱水、脱泥及精矿浓缩设备，其优点是结构简单、浓缩效果好；缺点是排矿口易堵塞，产品浓度较低。

　　浓缩机的规格主要根据给矿量及溢流中最大颗粒或颗粒集合体在水中的沉降速度来确定。确定浓缩机的单位生产能力时，要考虑影响沉降速度的因素，如给矿及底流的浓度、给矿的粒度组成、矿浆及泡沫的黏度、浮选药剂及絮凝剂的类型、矿浆温度，等等。

　　浓缩机底流浓度与被浓缩物料的密度、粒度、矿物组成及物料在浓缩机中停留的时间等因素有关。物料密度为 $2.8 \sim 2.9 t/m^3$ 的中矿，底流浓度一般为 $30\% \sim 50\%$；密度为 $4.0 \sim 4.5 t/m^3$ 的精矿，底流浓度可达 $60\% \sim 70\%$。

　　常用的浓缩机技术性能见附表21。

　　普通浓缩机的常用计算方法有两种：按单位面积生产能力计算和按溢流中最大颗粒的沉降速度计算。

　　A 按单位面积生产能力计算

　　按单位面积生产能力计算用下式进行：

$$F = \frac{Q}{q} \tag{3-74}$$

式中　F——设计所需的浓缩机面积，m^2；

　　　Q——给入浓缩机的固体量，t/d；

　　　q——单位面积处理量，$t/(m^2 \cdot d)$；一般根据工业性或模拟试验数据选取，或者参照类似选矿厂实际生产数据选取；无上述资料时，可参照表3-36中数值选取。

表3-36　浓缩机单位面积处理量 q 值

被浓缩产物名称	$q/t \cdot (m^2 \cdot d)^{-1}$	被浓缩产物名称	$q/t \cdot (m^2 \cdot d)^{-1}$
机械分级机溢流（浮选前）	0.7 ~ 1.5	浮选铁精矿	0.5 ~ 0.7
氧化铅精矿和铅-铜精矿	0.4 ~ 0.5	磁选铁精矿	3.0 ~ 3.5
硫化铅精矿和铅-铜精矿	0.6 ~ 1.0	白钨矿浮选精矿及中矿	0.4 ~ 0.7
铜精矿和含铜黄铁矿精矿	0.5 ~ 0.8	萤石浮选精矿	0.8 ~ 1.0
黄铁矿精矿	1.0 ~ 2.0	锰精矿	0.4 ~ 0.7
辉钼矿精矿	0.4 ~ 0.6	重晶石浮选精矿	1.0 ~ 2.0
锌精矿	0.5 ~ 1.0	浮选尾矿及中矿	1.0 ~ 2.0
锑精矿	0.5 ~ 0.8		

　　注：1. 表内 q 值系指给矿粒度 $-0.074mm$ 占 $80\% \sim 95\%$ 时的数值，粒度粗时取大值；

　　　　2. 排矿浓度，方铅矿、黄铁矿、铜和锌的硫化矿精矿不大于 $60\% \sim 70\%$；其他精矿不大于 60%；

　　　　3. 对含泥多的细泥氧化矿，所列指标应适当降低。

　　B 按溢流中最大颗粒的沉降速度计算

　　按溢流中最大颗粒的沉降速度计算用下式进行：

$$F = \frac{Q(R_1 - R_2)K_1}{86.4 u_0 K} \tag{3-75}$$

式中　F——需要的浓缩面积，m^2；

　　　Q——给入浓缩机的固体量，t/d；

　R_1，R_2——分别为浓缩前、后矿浆的液固比；

　　　u_0——溢流中最大颗粒的自由沉降速度，mm/s；u_0 值一般由试验求得，如无试验数据，可按下式计算：

$$u_0 = 545(\rho - 1)d^2 \qquad (3\text{-}75a)$$

ρ——拟截留物料的密度，t/m^3；

d——溢流中允许的最大固体颗粒粒径，d 值一般取为 0.005 ~ 0.010mm，精矿取小值，尾矿取大值；

K——浓缩机有效面积系数，一般取为 0.85 ~ 0.95，ϕ12m 以上浓缩机取大值；

K_1——矿量波动系数，一般取为 1.05 ~ 1.20，视待浓缩物料的波动范围而定。

选定浓缩机面积后，还需验算目的矿物流失量及溢流水的浊度，并校核浓缩机上升水流速度 u，应使其小于溢流中最大颗粒的沉降速度 u_0。一般浓缩机上升水流速度 u 按下式计算：

$$u = \frac{V}{F} \times 1000 \qquad (3\text{-}76)$$

式中　u——浓缩机上升水流的速度，mm/s；

　　　V——浓缩机的溢流量，m^3/s；

　　　F——浓缩机面积，m^2。

3.5.2　过滤机的选择与计算

选矿厂常用的过滤机有真空过滤机和压滤机两种类型。传统的真空过滤机按结构特点和操作条件不同分为 3 种类型：筒形过滤机（包括内滤式、外滤式，折带式和永磁外滤式等）、圆盘过滤机、平面真空过滤机（如简易扇形、转盘式、带式等）。压滤机有间歇操作的板框式、连续自动板框式和连续带式等几种类型。

（1）筒形内滤式真空过滤机多用于过滤粒度较粗、密度较大、沉降速度较快的物料，生产中主要用于过滤磁选和浮选铁精矿。使用筒形内滤式真空过滤机时，要注意被滤物料粒度不能过粗，若粒度过粗，则形成的滤饼过于松散，滤饼在未被携带到卸落区前就会从筒体内表面脱落，使过滤效果变差。

（2）筒形外滤式真空过滤机（包括折带式）在选矿厂主要用于过滤粒度较细（颗粒沉降速度不超过 18mm/s）、要求产品含水低的有色金属和非金属精矿。

（3）筒形外滤真空永磁过滤机是一种专门用于过滤粗粒磁铁精矿的高效过滤机。精矿粒度为 0.8 ~ 0mm 时，它的单位过滤面积生产能力可达 3t/$(m^2 \cdot h)$；但是当粒度降到 0.15 ~ 0mm 时，生产能力将下降50% 。

（4）圆盘式真空过滤机与筒形过滤机相比较，具有过滤面积大、占地面积小、制造容易、吸附力强等优点；它适于过滤含有矿泥的细粒精矿，但产品水分略高于外滤筒形真空过滤机。我国主要使用盘式过滤机过滤有色金属精矿和浮选精煤。

（5）陶瓷过滤机是一种新型、高效、节能的固液分离设备，目前已广泛应用于铁精矿、铜精矿、铅精矿、铝精矿、镍精矿、金精矿、磷精矿、萤石精矿等的过滤。陶瓷过滤机也属于真空过滤机，但与传统真空过滤机的不同之处在于过滤介质为陶瓷过滤板。陶瓷过滤板具有产生毛细作用的微孔，使微孔中的毛细作用力大于真空所施加的力，使微孔中始终保持充满液体状态，无论什么情况下都是透水不透气，真空度高。其特点主要有：1）真空度一般在 0.090 ~ 0.098MPa 之间，滤饼水分低（滤饼水分一般小于15%），产量高；2）真空损失少，节能效果显著；3）陶瓷过滤板的微孔一般都在 0.5 ~ 2μm 之间，滤液清澈，无环境污染，水资源可循环利用；4）设备的自动化程度高，劳动强度低，维护简便、工作量小。

（6）带式压滤机是一种结构简单、操作方便、性能优良的连续压滤机，目前广泛应用于过滤各种污泥、选煤产品、湿法冶金的残渣、管道输送的物料等。自动板框压滤机工作压力高、生产能力大、滤饼水分低、过滤效果好。用真空过滤机难于过滤的物料，用自动板框压滤机却能取得满意的效果。通常自动板框压滤机的滤饼水分要比真空过滤机低 1/3 左右。自动箱式压滤机为间歇操作的过滤机，由于采用先进的弹簧橡胶隔膜结构对滤饼进行压滤，所以滤饼水分比一般压滤机低 10% ~ 20%。

（7）简易扇形过滤机结构简单、制造容易，适用于精矿量不多的小型选矿厂使用。转盘翻斗式过滤机适用于过滤固体浓度高、密度大的物料。

我国常用的过滤机技术性能见附表 22 ~ 附表 26。

影响过滤机生产能力的因素包括待滤矿浆的性质（浓度、温度、固体物料的形状、粒度大小及粒度组成、所含药剂性质等）、滤饼性质（孔隙度、阻力、龟裂程度、厚度等）、压力差、过滤介质、助滤剂的添加等。

设计时，过滤机所需台数按下式计算：

$$n = \frac{Q}{Fq} \tag{3-77}$$

式中　n——过滤机所需台数；

　　　Q——需处理的精矿量，t/h；

　　　F——选定过滤机的过滤面积，m^2；

　　　q——过滤机单位面积的生产能力，$t/(m^2 \cdot h)$；q 值一般应从工业试验、半工业试验直接测得或按过滤试验资料计算得到；若无试验资料，可参考类似选矿厂生产指标选取；传统真空过滤机的 q 值也可按表 3-37 选取，陶瓷过滤机的 q 值则可按表 3-38 选取。

表 3-37　传统真空过滤机单位面积生产能力 q 值

过滤物料名称	$q/t \cdot (m^2 \cdot h)^{-1}$	过滤物料名称	$q/t \cdot (m^2 \cdot h)^{-1}$
细粒硫化、氧化铅精矿	0.1 ~ 0.15（氧化矿、粒度很细时取小值）	锑精矿	0.1 ~ 0.2
硫化铅精矿	0.15 ~ 0.2	锰精矿	1.0
硫化锌精矿	0.2 ~ 0.25	萤石精矿	0.1 ~ 0.15
硫化铜精矿	0.1 ~ 0.2	磁铁精矿（0.2 ~ 0mm）	1.0 ~ 1.2
硫化钼精矿	0.1 ~ 0.2	磁铁精矿（0.12 ~ 0mm）	0.9 ~ 1.0
氧化铜、氧化镍精矿	0.05 ~ 0.1	焙烧磁选精矿	0.65 ~ 0.75
黄铁矿精矿	0.4 ~ 0.5	浮选赤铁精矿（ -0.1mm）	0.2 ~ 0.3
含铜黄铁矿精矿	0.25 ~ 0.3	磁、浮选混合精矿	0.5 ~ 0.6
硫化镍精矿	0.1 ~ 0.2	磷精矿	0.4 ~ 0.5

表 3-38   陶瓷过滤机单位面积生产能力 q 值

过滤物料名称	给料粒度	给料浓度/%	q/kg·$(m^2 \cdot h)^{-1}$	滤饼水分/%
铁精矿	-0.074mm 占 52%	45~65	500~1000	7~10
硫精矿	-0.074mm 占 75%	40~55	400~800	10~13
铜精矿	-0.074mm 占 33%	40~55	400~600	10~15
金精矿	-0.074mm 占 74%	40~55	300~450	11~13
锌精矿	-0.074mm 占 99%	45~55	500~700	12~13
磷精矿	-0.074mm 占 30%	45~65	550~700	10~13
硫尾矿	-0.037mm 占 92%	45~55	300~400	13~15
氰化渣	-0.047mm 占 83%	40~55	350~550	25~27
铁尾矿	-0.074mm 占 83%	45~55	350~600	11~13
铜尾矿	-0.037mm 占 90%	45~55	350~450	11~15
钼尾矿	-0.074mm 占 80%	50~55	350~450	12~15
磷尾矿	-0.037mm 占 80%	50~60	350~700	12~15
石英砂尾矿	-0.074mm 占 80%	40~55	300~350	14~15

3.5.3 干燥机的选择与计算

干燥是利用热能使精矿中所含的少量水分蒸发掉以达到所要求的含水量。由于干燥作业增加了选矿成本并造成精矿损失，且劳动强度大，作业环境差，故一般只用于干燥条件方便、经济合算以及对精矿含水量有特殊要求的选矿厂。一般情况下，应尽量采用两段脱水流程满足精矿含水量的要求，避免采用干燥作业。

选矿厂常用的干燥设备有直接加热及间接加热的圆筒干燥机、干燥炕、蒸汽螺旋干燥机、电气螺旋干燥机、电干燥箱、塔式干燥机等几种类型。

直接加热式圆筒干燥机在选矿厂中应用较多，其优点是热效率高；缺点是操作复杂、附属设备多、金属损失较多。间接加热式圆筒干燥机的优点是金属损失较直接加热时少，并可避免煤灰对精矿的污染，故多用于稀有金属和钨、锡、钼等价值较高的精矿的干燥。它的缺点是热效率较低。其他类型的干燥设备生产能力低且能耗较高，故多用于小型选矿厂或干燥量少而价值较高的精矿。常用圆筒干燥机技术参数见附表 27。

设计时所需要的圆筒干燥机容积用下式计算：

$$V = \frac{W_1 - W_2}{A} \tag{3-78}$$

式中 V ——所需要的干燥机容积，m^3；

W_1 ——给入干燥机的物料中的水量，kg/h；

W_2 ——由干燥机排出的物料中的水量，kg/h；

A ——干燥机汽化强度，A 值根据试验资料或参照类似选矿厂的生产指标选取，也可按表 3-39 选取。

表 3-39　干燥机的汽化强度 A 值

干燥精矿种类	汽化强度 A/kg·$(m^3·h)^{-1}$	干燥机型号
细粒氧化铜矿	25 ~ 35	直接加热圆筒干燥机
一般铜精矿	40 ~ 50	
铅精矿	35 ~ 40	
锌精矿	35 ~ 40	
硫化铁精矿	40 ~ 60	
磁选铁精矿	50 ~ 55	
磷精矿	50 ~ 55	
锡精矿	18 ~ 25	间接加热圆筒干燥机
钼精矿	25	
钨精矿	20 ~ 30	

注：精矿粒度粗时取大值。

设计所需干燥机台数用下式计算：

$$n = \frac{V}{V_0} \tag{3-79}$$

式中　n——所需干燥机台数；

　　　V——所需要的干燥机总容积，m^3；

　　　V_0——所选用干燥机单台的容积，m^3。

复习思考题

3-1　设备选择计算的原始资料包括哪些，工艺设备选择计算的一般原则是什么？

3-2　碎矿机选择计算时要考虑哪些影响因素，常用的碎矿机的性能特点如何，碎矿机选择计算的步骤如何？

3-3　常用筛分设备的性能特点是什么？

3-4　磨矿设备选择计算时要考虑哪些影响因素，常用的磨矿设备的性能特点如何？

3-5　磨矿设备生产能力的计算方法有哪几种，容积法选择计算磨矿设备步骤有哪些？

3-6　常用分级设备的性能特点是什么？

3-7　常用浮选机的性能特点如何，选择浮选机时要注意哪些问题？

3-8　常用的重选设备有哪些，其性能特点如何？

3-9　常用的磁选设备有哪些，其性能特点如何？

3-10　脱水流程所用的设备有哪些，其性能特点如何？

能力训练项目

能力训练项目 1：选择某铜矿选矿厂最合理的破碎筛分流程及设备，并计算所选定的破碎筛分流程及设备。

设计基础资料：

某铜矿选厂规模为 3000t/d，原矿最大块粒度为 500mm，要求最终破碎产品粒度为 12mm。矿石属于难破碎性矿石，松散密度 ρ_b 为 $1.7t/m^3$，原矿含泥含水较低，可不考虑选矿等预选作业。车间工作制度为每天三班，每班 6h。设计计算时原矿及各碎矿机产品的粒度特性采用典型粒度特性曲线。

能力训练项目 2：选择某镍矿浮选厂最合理的磨矿机，并计算所选定的磨矿机。

设计基础资料：

（1）设计生产规模为 500t/d，磨浮原则流程为两段磨矿两段选别。一段磨矿流程采用检查分级与磨矿机闭路的流程，循环负荷为 200%；二段磨矿流程采用预先分级与检查分级合一的分级作业与磨矿机闭路的流程，循环负荷为 150%。

（2）一段磨矿新给矿量 500t/d，二段磨矿新给矿量 480.5t/d。

（3）原矿属于中硬矿石，破碎最终粒度为 14mm，一段磨矿细度要求达到 -0.074mm 占 48%，二段磨矿细度要求 -0.074mm 占 80%。

（4）设计矿石磨到 -0.074mm 占 48% 时，与现场矿石比较，可磨性系数 K_1 值为 1.0；

（5）现场条件：给矿粒度为 12mm，其中 -0.074mm 的含量为 8.00%，磨矿细度为 -0.074mm 占 50%；磨矿机采用 MQG1500×3000 格子型球磨机，台时处理量为 12.5t。

能力训练项目 3：计算能力训练项目 2 的二段磨矿数质量矿浆流程，选择最合理的二段分级机，并计算所选定的分级机。

设计基础资料：

同能力训练项目 2：各作业及产物的液固比参考表 2-12 和表 2-13 选取。

4 总平面布置与车间设备配置

本章学习要点：

（1）了解总平面布置的基本任务、原则及内容。

（2）了解设备机组图的绘制要求。

（3）了解重选厂房设备配置设计的一般要求、总体布置方案及典型配置。

（4）了解磁选厂房设备配置设计的一般要求、总体布置方案及典型配置。

（5）掌握选矿厂车间（厂房）的总体布置形式。

（6）掌握车间（厂房）设备配置的基本原则。

（7）掌握破碎车间设备配置设计的一般要求、总体布置方案及碎矿车间的典型配置。

（8）掌握磨矿厂房设备配置设计的一般要求、总体布置方案及典型配置。

（9）掌握浮选厂房设备配置设计的一般要求、总体布置方案及典型配置。

（10）掌握脱水车间设备配置设计的一般要求、总体布置方案及典型配置。

（11）掌握选矿工艺设计图纸绘制的主要规定。

4.1 选矿厂总平面布置

总平面布置（总图布置）是指企业的整个工业（民用）建筑群、交通系统、电气系统、工程管网等的总体布置。总平面布置，除须满足生产要求外，还应在不违反建筑设计防火规范、抗震规范、交通安全规定、工业安全保护规定、环境保护规定等前提下，力求紧凑和充分利用地形，减少土地征购，节省基建投资。

4.1.1 总平面布置的基本任务及原则

4.1.1.1 总平面布置的基本任务

总平面布置的基本任务为：

（1）在选定厂址上合理布置各个生产车间、辅助车间及附属设施，通盘考虑解决它们之间的协调问题。

（2）确定内外交通系统，合理组织人流及物流。

（3）确定竖向布置，选择所有建筑物、构筑物、铁路、公路、便道和各种管线的标高。

（4）布置地面、地下的各种工程管网。

（5）确定厂区生活福利设施及厂区防火、卫生、绿化等措施。

4.1.1.2　总平面设计的基本原则

总平面设计的基本原则为：

（1）应综合考虑场地内部和外部之间的关系，要符合本企业总体布置和区域规划的要求。

（2）厂房布置必须充分体现流程特点，在确保满足工艺流程、操作安全和生产要求的前提下，合理利用地形并力求紧凑合理，采用合理的建筑系数，尽量减少占地面积。公用设施统一考虑，各种管线在技术条件允许时，采用共杆、共沟、共架布置。

（3）适当划分区域，将生产性质、动力需要等相同的车间布置在同一区域内。要按环境要求进行分区，尽量防止各区之间的大气污染和有害源产生的相互干扰，确保各区内卫生安全防护的要求。创造"适用、经济、美观"的环境和良好的劳动条件。

（4）要因地制宜，充分利用自然地形条件，综合考虑厂房的平面和竖向布置，竖向布置应为自流输送创造条件，缩短物料的运程，减少反向、重复运输，减少土石方工程量。

（5）充分利用地形坡度，力争实现主物料自流输送。根据工艺流程的特点，建立合理的运输系统，为稳定生产和实现生产过程的自动化控制创造良好的条件。

（6）辅助车间尽量布置在其服务的车间附近；全厂性动力设施，如变电所、空压机房、供水泵站等，应靠近主要用户布置。

（7）建、构筑物的布置要考虑到建筑地点的工程地质及水文地质条件，不得在有断层、溶洞、滑坡、泥石流等不良地段布置厂房及设备；如一定要布置时，必须经充分的技术经济论证，要有安全可靠的措施。

（8）试验室、化验室、石灰仓库、煤场、药剂制备间、水冶车间、干燥厂房等设施，必须符合有关风向、防火、卫生、防爆、防腐等方面的标准及规定。

（9）道路设计要合理，仓库、原材料堆栈等要尽量靠近公路或铁路，搞好厂区绿化，美化环境。

（10）生活福利区应布置在厂区常年主导风向的上风向，对职工住宅和福利设施布置应尽量照顾到上、下班顺路且使用方便。

（11）预留必要的发展余地，对近期发展部分应具体安排，对远期规划中的项目，应留好必要的场地。

总之，在进行总平面设计时，应遵照国家有关规定和要求，协调好工艺、尾矿、给排水、总图运输、电力、通风、机修、热工等专业关系，做到有利生产、方便生活、指标先进、建设速度快，有良好的社会效益和经济效益。

4.1.2　选矿厂车间（厂房）的总体布置形式

厂址的地形条件是生产车间布置形式的主要依据。总体布置形式应综合平面和竖向布置形式而定，具体布置形式如下述。

4.1.2.1　生产车间的平面布置形式

生产车间的平面布置可以采取以下形式：

（1）横列式。即各生产车间的物料运输方向与地形等高线方向平行。适用于厂址纵向地形受限而横向较长的地形条件和碎矿采用闭路流程的选矿厂。

（2）纵列式。即各生产车间的物料运输方向与地形等高线方向垂直。适用于一面坡和横向狭窄的地形条件。

（3）混合式。即纵列和横列相结合的布置。适于垂直山坡方向可用场地较短的长方形和方形场地。

平面布置形式的确定，应综合考虑各方面的条件。在一般情况下，小型选矿厂以纵列布置为宜。这种布置形式可充分利用地形高差，便于物料靠重力自流，生产车间之间返矿量不大时，可使生产线最短，车间布置紧凑，节省占地面积；但是厂内道路布置困难，要迂回折返，增设斜坡运输。大、中型选矿厂多采用混合式布置，以便充分发挥纵列式和横列式布置的长处，优化车间的布置。

4.1.2.2 生产车间竖向布置形式

生产车间竖向布置形式有：

（1）多层布置。生产车间为多层建筑，生产设备在车间各层中垂直配置，物料借助重力沿溜槽、漏斗、管道自流输送。此种布置形式多见于重选厂、重介质选矿厂和选煤厂等。当地形很陡时，原矿仓可设在最高位置，而后按生产流程逐层向下布置设备。当地形平缓或平地建厂时，可使物料经一次提升到足够高的位置，而后借助重力自流到下面各层加工处理。多层布置的优点是占地面积小、生产管线短、操作联系方便；缺点是厂房高大、对厂房结构要求高、基建费用大。

（2）单层阶梯式布置。这是坡地建厂普遍采用的布置形式，其特点是厂址选择在适宜的山坡上，由高至低沿山坡将各生产车间分别布置在几个阶梯上。各生产车间既可沿山坡实现纵向联系，而沿等高线方向的相邻厂房之间又可进行横向联系。其优点是充分利用地形坡度、便于物料自流输送、厂房造价低、自然采光好。这种布置形式对大中型浮选厂和以摇床为主的重选厂更为适宜。

（3）联合式布置，即多层式和单层式的组合布置形式。该种布置形式常见于采用重介质选矿作为预选的重选厂和浮选厂。

4.1.3 总平面设计的主要内容及实例

4.1.3.1 总平面设计的主要内容

总平面设计要求编绘总平面设计图纸和资料，包括有：

（1）区域位置图。图中应绘有原来的地形、地物；标示出选矿、采矿及冶炼等各工业场地分布的位置关系；各种建筑物和构筑物的位置；区域供水、供电、供热及排水的管网；原有和新设计的铁路、公路、航道及架空索道等；崩落带范围；洪水淹没线和厂区的围墙或圈定界线等。此外，图中还必须附有图例、指北方向、风向图，与外部交通网的连接和坐标标注及附注说明等。

（2）选矿厂总平面图。表示出选矿厂的平面布置和竖向布置关系，所有建筑物均应标出室内地坪标高，对边坡、土坎、挡土墙及平整场地，也要标出控制标高或主要标高。

（3）基建工程主要指标表。包括厂区圈定面积或围墙内面积，建筑物或构筑物（包括胶带机通廊）的面积，公路及铁路的长度，露天堆料场及其他场地面积，建筑系数，平整场地及公路、铁路的挖填方工程量等。

4.1.3.2 选矿厂总平面布置实例

图4-1为设在斜坡上的中型浮选厂总平面布置图。它的布置特点是：选矿靠近采矿，坑下采出的矿石用竖井箕斗运输直接运到选矿厂粗碎原矿仓；生产区布置在较陡的斜坡上，其他辅助设施、生活福利设施则布置在较为平缓的地段上。此选矿厂总平面布置较好地体现了有利生产、方便生活的原则。

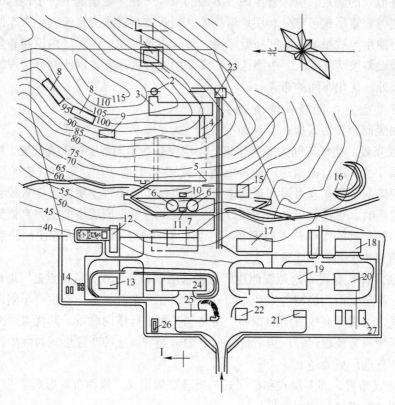

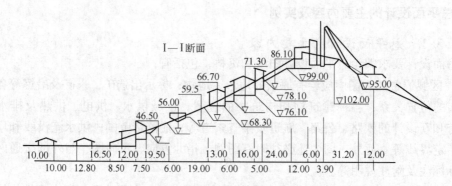

图4-1 设在斜坡上的浮选厂总平面图

1—竖井卷扬机房；2—竖井；3—破碎车间；4—皮带通廊；5—磨浮车间；6—浓缩池；7—精矿处理车间；8—选矿厂
高位水池；9—净化站及防火加压水泵房；10—精矿回水池；11—浓缩机溢水池；12—总降压变电所；13—柴油
发电机房；14—燃料油库；15—尾矿第一砂泵房；16—尾矿事故沉淀池；17—材料仓库；18—石灰仓库；
19—机修车间；20—铸造车间；21—油库；22—汽车库；23—斜坡卷扬机房；
24—试验室、化验室；25—行政福利室；26—堆煤场；27—露天堆放场

　　图4-2为设在缓坡上的磁选厂总平面布置图。它的布置特点是：粗碎作业设置在井下，粗碎后的矿石通过胶带输送机转运后送至选矿厂破碎车间。破碎车间设有中间贮矿堆，生产灵活性较好；生产设施和生产福利设施各自相对集中；生产车间沿山坡线顺下布置，实现主矿流自流；有预留工业场地，便于生产扩建。

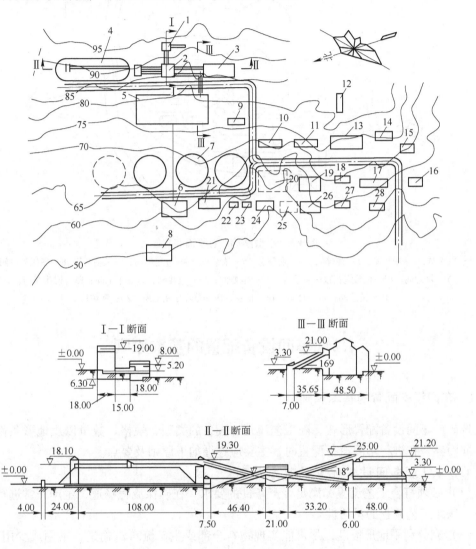

图4-2　设在缓坡上的磁选厂总平面图

1—中碎车间；2—中间转运站；3—细碎车间；4—中间矿槽；5—磨矿磁选车间；6—过滤车间；7—浓缩池；
8—尾矿事故沉淀池；9—车间办公室；10—食堂；11—铆锻车间；12—变电所；13—机钳车间；
14—电修车间；15—电机车修理间；16—坑木加工厂；17—采矿、选矿联合办公室；18—检修车间；
19—铸造车间；20—体育运动场地；21—钢球车间；22—浴池；23—锅炉房；24—堆煤场地；
25—材料堆置场；26—材料仓库；27—油库；28—汽车库

　　图4-3为设在山坡上的小型浮选厂总平面布置图。它的特点是：生产车间沿山坡线直线布置，充分利用地形，便于主矿流自流；辅助车间和其他附属设施、生活福利设施等沿等高线布置在厂区主要公路的两侧，联系方便，交通便利。

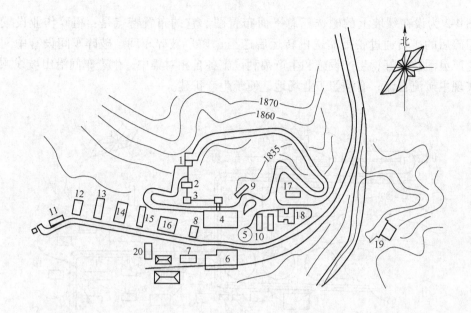

图 4-3   小型浮选厂总平面布置图

1—粗碎站；2—中碎站；3—细碎站；4—主厂房；5—浓缩机；6—过滤厂房；7—药剂间；8—高压配电间；

9—修理间；10—化验室；11—备品库；12—电修间；13—电镀间；14—钳工间；15—锻铆焊间；

16—铸造间；17—浴室；18—食堂；19—总降压变电所；20—锅炉房

4.2   车间设备配置的基本原则

4.2.1   车间设备配置的基本原则

选矿厂车间设备配置形式，随工艺流程、设备的类型、规格、数量以及地形条件等因素不同而异。在进行车间设备配置时，主要应遵循如下原则及要点。

4.2.1.1   车间设备配置的基本原则

（1）必须符合工艺流程和满足生产条件的要求，在确保流程畅通，生产正常进行的前提下，兼顾工艺流程的灵活性。

（2）充分利用地形坡度，尽可能实现物料全部或主矿流自流输送，不用或少用砂泵。这样既可节省投资、降低生产成本，又有利于作业稳定和生产正常进行。

（3）对多系列配置，应充分考虑各系列之间的对称性和互换性，以提高系统的应变能力。

（4）要充分考虑到设备安装、检修、维护、操作及生产管理方面的要求。

（5）工艺设备配置、预留检修场地和设计操作平台、通道和梯子时，在满足生产操作、维护检修和安全生产的前提下，应力求配置整齐、紧凑、联系方便，以尽量节省厂房的面积和空间，降低基建投资。

（6）要符合安全技术、职业卫生标准的要求，为文明生产创造良好的条件。

（7）在进行选矿厂工艺设备配置时，要兼顾总图运输、土建、动力、给排水和暖通等专业的要求，特别是对土建专业的"建筑模数"，在设备配置时，应优先予以考虑。

（8）要考虑生产过程的检测和自动控制设备的配置位置和高差，必要时要设计局部集中控制室和中央控制室。

4.2.1.2 车间设备配置要点

车间设备配置要点为：

（1）合理选择自流坡度。矿浆自流坡度与物料性质、粒度组成、形状、密度、浓度、管槽断面形状等因素有关，设计时应参照类似选矿厂实际生产资料或通过试验来测得。

干式物料进行自溜输送时，对一般矿石而言，漏斗、溜槽自流坡度为 45°~50°；含水含粉矿多时，则为 55°~60°；对黏性物料或滤饼，须增至 70°左右。

（2）充分考虑设备的操作及检修的要求。根据设备操作、检修的内容和方法的不同，确定厂房的高度、检修场地的位置和跨度，以及相应的检修设备和设施，合理地设计操作平台、通道和梯子。

（3）确定完善的排污设施。选矿厂污水有生产污水、收尘污水、药剂污水等几种类型，设计中应根据不同性质分别处理。排污设计一般由地面排污系统、冲洗水供水点分布系统、排污沟结构形式、事故池容积及返回措施、沉淀池形式及清理方法等几部分内容组成。

（4）妥善安排好设备安装与运输。一般情况下，为便于设备的安装与运输，厂房的主要大门和通道位置多设于检修场地端部，门的宽度应比设备及运输车辆外形尺寸宽 400~500mm。当设备外形比较大时，需在墙板上留有安装洞，洞宽一般与柱间距尺寸相同，洞高应比拖车拖运时组装体的最高点高 400~500mm。同时要考虑安装临时起重设备所需的厂房高度、面积和厂房结构的强度。

4.2.2 设备机组配置

4.2.2.1 设备机组图

机组是执行某一定工艺任务的设备组合，其中各设备相距很近，各设备之间用短的运输机或溜槽、漏斗等联系着。每个机组的设备配置是一定的，其进矿与出矿的高差也是固定的，因此，完全可视为一个整体。

每个设备机组是车间（或厂房）内设备配置的基本单元，而车间设备布置，实际上是按机组进行的，因此，搞好设备机组配置是车间设备配置的关键。设备机组图就是表示这一机组内的设备和构（零）件安装关系的图样。

A 980×1240 槽式给矿机和 400×600 颚式碎矿机机组配置设计

此机组如图 4-4 所示，它的配置主要是确定矿仓排矿口与槽式给矿机和碎矿机三者之间定位尺寸关系。其设计步骤如下：

（1）确定原矿仓排矿口的标高和定位尺寸。根据外部设计条件已确定的原矿仓顶部的标高和位置及所需存贮的矿量，首先选择原矿仓的几何形状并计算出所需的原矿仓容积及几何尺寸，然后由矿仓顶部标高尺寸推算出矿仓排矿口的标高及位置尺寸。

（2）确定槽式给矿机与矿仓底部排矿口的相互定位尺寸。由于此种槽式给矿机一般均直接安装在矿仓排矿口下部,本身承受矿仓内很高的矿柱压力,设计时要严格按设备安装要求,确定其与矿仓排矿口的位置和相互关系尺寸。

(3)确定槽式给矿机与颚式碎矿机相互关系尺寸。通常在槽式给矿机与颚式碎矿机之间要设置一个给矿溜槽,此溜槽的尺寸与其底坡角度和矿石性质以及是否采用预先筛分等因素有关。此溜槽上端应满足接受槽式给矿机的排矿要求,矿石不能外溅,而溜槽下端卸矿中心应与颚式碎矿机的破碎腔一致。在溜槽能顺利排矿的条件下,应尽量缩短其与颚式碎矿机之间的水平距离,减少高差损失,使溜槽尺寸达到最小;同时要考虑到检修拆卸吊装的方便。

综上所述,将槽式给矿机和溜槽的相互尺寸关系确定之后,颚式碎矿机的定位尺寸也就确定了。

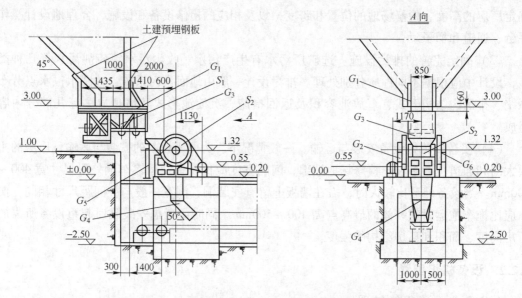

图 4-4　980×1240 槽式给矿机和 400×600 颚式碎矿机机组配置图

S_1—980×1240 槽式给矿机;S_2—400×600 颚式碎矿机;G_1—槽式给矿机吊架;G_2—碎矿机皮带轮安全罩;G_3—碎矿机给矿漏斗;G_4—碎矿机排矿漏斗;G_5—碎矿机给矿漏斗支架;G_6—碎矿机飞轮安全罩

B　ϕ1200mm 圆锥碎矿机机组

进行此机组(见图 4-5)的配置设计时,主要是确定给矿胶带运输机至圆锥碎矿机给矿口之间的尺寸和圆锥碎矿机排矿口到底部胶带运输机带面的尺寸。在确定这些尺寸时,除了要满足生产上的要求外,还应满足检修设备时拆卸吊装零部件的要求。

C　1200×2400 振动筛机组

振动筛机组(见图 4-6)的配置应考虑如何更好地发挥筛子的作用,提高筛子的筛分效率,同时,还应考虑筛分机的除尘、局部封闭和检修等问题。因此,在该机组配置设计时,主要是确定给矿胶带运输机和筛分机的位置关系及输送筛上、筛下产品的胶带运输机与筛分机的位置关系。

D　球磨机与螺旋分级机机组

进行该机组(见图 4-7)的配置设计时,在一般情况下,首先是确定球磨机与螺旋分

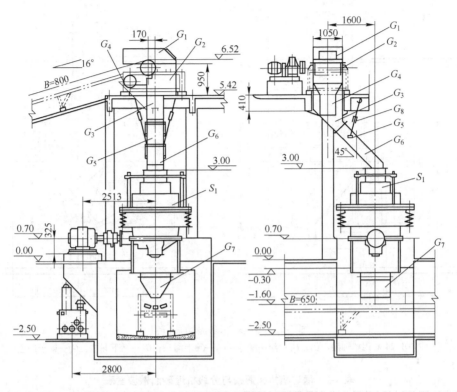

图 4-5 φ1200mm 圆锥碎矿机机组

S_1—PYB1200 标准圆锥碎矿机；G_1—胶带运输机头部漏斗上罩；G_2—胶带运输机头部死角漏斗；

G_3—弯管漏斗；G_4—粉矿漏斗；G_5—斜导矿漏斗；G_6—碎矿机给矿漏斗；

G_7—破碎机排矿漏斗；G_8—吊钩

级机的平面中心距离，此时除了要考虑球磨机和螺旋分级机横向中心距离的最大尺寸外，还要留有一定的空隙（100~200mm），以便于设备的安装和检修。其次是使球磨机的联合给矿器的中心线（与球磨机轴向中心线垂直）与螺旋分级机返砂孔（或返砂槽）的中心线重合，这样机组的平面位置关系和相关尺寸就确定了。然后，再根据机组的实际工作条件（磨矿机排矿产品的浓度和粒度，分级机返砂的浓度、粒度及返砂量的大小等），正确解决如下 3 个问题：

（1）螺旋分级机的安装角度应在允许范围之内。

（2）满足螺旋分级机返砂溜槽坡度的要求。

（3）满足球磨机排矿溜槽坡度的要求，各种坡度值最好采用处理类似性质矿石的选矿厂的实际数据；若无实际资料，可参照表 4-1 选取。

确定了分级机返砂口中心线与球磨机中心线的垂直距离和球磨机中心线与分级机溢流面之间的高差，分级机的安装角度也就固定了，这样就确定了磨矿分级机组的竖向位置关系和相关尺寸。常见的球磨机与螺旋分级机机组配置尺寸见表 4-2。

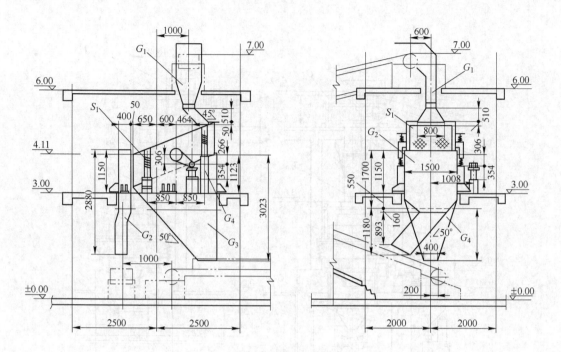

图 4-6　1200×2400 振动筛机组

S_1—2ZD1224 矿用单轴振动筛；G_1—给矿漏斗；G_2—筛上漏斗；G_3—筛下漏斗；G_4—筛子底座

表 4-1　磨矿机排矿溜槽与分级机返砂溜槽坡度表

分级溢流粒度 /mm	磨矿机排矿 溜槽坡度/%	分级机返砂 溜槽坡度/%	分级溢流粒度 /mm	磨矿机排矿 溜槽坡度/%	分级机返砂 溜槽坡度/%
-0.074	10	25	-0.4	22	40
-0.10	13	28.5	-0.6	23.5	43
-0.15	15	31.5	-0.8	24.5	45.5
-0.20	17	34.5	-1.2	25	47
-0.30	20	37.5	-2.0	27	50

注：表中所列溜槽坡度适用于矿石比密度为 2.85 和循环负荷为 500% 以内的情况，当矿石比密度大时，溜槽坡度
相应增加 15% ~ 30%。

表 4-2 球磨机与螺旋分级机联结参数

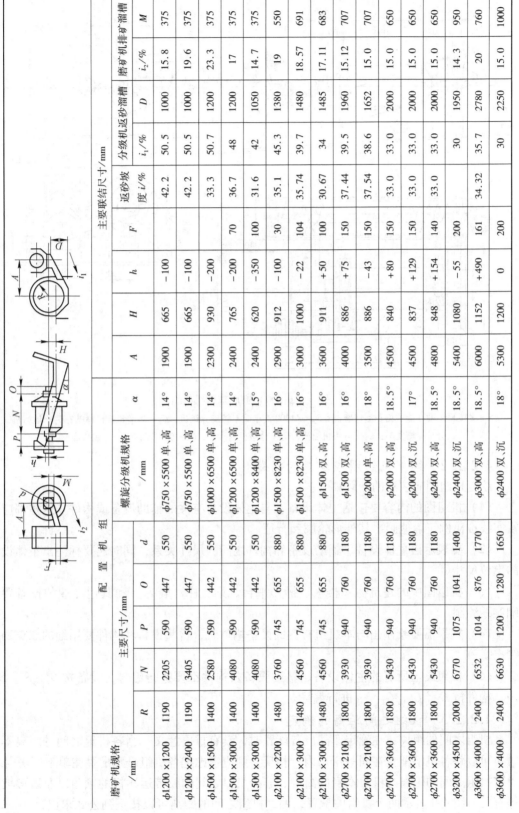

| 磨矿机规格/mm | 配置机组 主要尺寸/mm | | | | | 螺旋分级机规格/mm | 主要联结尺寸/mm | | | | | | | | | |
	R	N	P	O	d		α	A	H	h	F	返砂坡度 i/%	分级机返砂溜槽 i_1/%	D	磨矿机排矿溜槽 i_2/%	M
φ1200×1200	1190	2205	590	447	550	φ750×5500 单,高	14°	1900	665	-100		42.2	50.5	1000	15.8	375
φ1200×2400	1190	3405	590	447	550	φ750×5500 单,高	14°	1900	665	-100		42.2	50.5	1000	19.6	375
φ1500×1500	1400	2580	590	442	550	φ1000×6500 单,高	14°	2300	930	-200		33.3	50.7	1200	23.3	375
φ1500×3000	1400	4080	590	442	550	φ1200×6500 单,高	14°	2400	765	-200	70	36.7	48	1200	17	375
φ1500×3000	1400	4080	590	442	550	φ1200×8400 单,高	15°	2400	620	-350	100	31.6	42	1050	14.7	375
φ2100×2200	1480	3760	745	655	880	φ1500×8230 单,高	16°	2900	912	-100	30	35.1	45.3	1380	19	550
φ2100×3000	1480	4560	745	655	880	φ1500×8230 单,高	16°	3000	1000	-22	104	35.74	39.7	1480	18.57	691
φ2100×3000	1480	4560	745	655	880	φ1500 双,高	16°	3600	911	+50	100	30.67	34	1485	17.11	683
φ2700×2100	1800	3930	940	760	1180	φ1500 双,高	16°	4000	886	+75	150	37.44	39.5	1960	15.12	707
φ2700×2100	1800	3930	940	760	1180	φ2000 单,高	18°	3500	886	-43	150	37.54	38.6	1652	15.0	707
φ2700×3600	1800	5430	940	760	1180	φ2000 双,高	18.5°	4500	840	+80	150	33.0	33.0	2000	15.0	650
φ2700×3600	1800	5430	940	760	1180	φ2000 双,沉	17°	4500	837	+129	150	33.0	33.0	2000	15.0	650
φ2700×3600	1800	5430	940	760	1180	φ2400 双,高	18.5°	4800	848	+154	140	33.0	33.0	2000	15.0	650
φ3200×4500	2000	6770	1075	1041	1400	φ2400 双,沉	18.5°	5400	1080	-55	200		30	1950	14.3	950
φ3600×4000	2400	6532	1014	876	1770	φ3000 双,高	18.5°	6000	1152	+490	161	34.32	35.7	2780	20	760
φ3600×4000	2400	6630	1200	1280	1650	φ2400 双,沉	18°	5300	1200	0	200		30	2250	15.0	1000

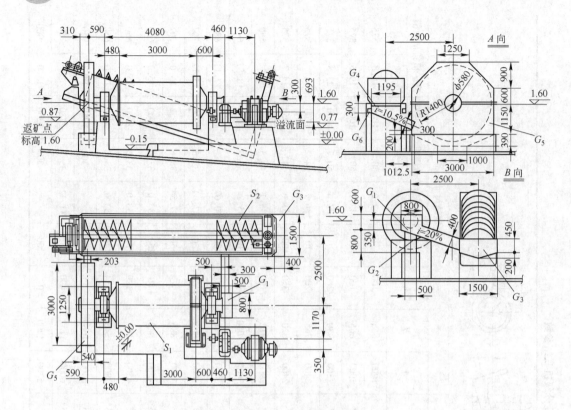

图 4-7　$\phi 1500 \times 3000$ 球磨机机组

S_1—$\phi 1500 \times 3000$ 湿式格子型球磨机；S_2—$\phi 1200$ 高堰式单螺旋分级机；G_1—球磨机排矿溜槽；G_2—球磨机
排矿溜槽支架；G_3—分级机溜槽；G_4—分级机返砂槽；G_5—泥勺罩；G_6—分级机底座

4.2.2.2　绘制机组图应注意的问题

绘制机组图应注意的问题如下：

（1）机组图的内容要包括主体设备及与主体设备有关的辅助设备或构件。这些都应以粗实线按比例正确地画出其外形轮廓和特征。

（2）要表示出主体设备、辅助设备和构件之间的尺寸关系，同时还要标注出主体设备的定位尺寸。

（3）机组图中的建筑物（楼板、操作平台、梁、柱、墙等）和其他专业的设备要用细实线绘制。

（4）如果需要绘制出与本机组有关的设备构件时，这些设备和构件要用细的双点划线绘出。

（5）机组图上所有的主体设备、辅助设备及构件都要进行编号；设备按 S_1，S_2，S_3，…；构件按 G_1，G_2，G_3，…进行编号。

4.2.2.3　机组之间距离的确定

机组之间的距离，在确定车间设备配置时，具有重要意义。当各机组之间的距离不大时，可以将各机组配置在同一厂房内；相反，则应考虑把各机组分别配置在单独厂房内。

机组之间的距离与机组本身的高度、连接机组之间的胶带运输机的倾角以及地形坡度等有关。图 4-8 表示两个机组的配置，两个机组之间的距离可以按下列公式求出：

$$L = \frac{(H_1 + H_2) - (h_1' + h_2)}{\tan\alpha + \tan\beta} \quad (4-1)$$

式中 L ——两机组之间的距离，即联系两个机组的胶带运输机的水平投影，m；

H_1 ——物料通过第 1 机组的高差损失，m；

H_2 ——物料通过第 2 机组的高差损失，m；

h_1' ——第 1 机组地坡线上高度，m；

h_2 ——第 2 机组地坡线下深度，m；

α ——中间胶带运输机 5 的提升坡度，(°)；

β ——地表坡度，(°)。

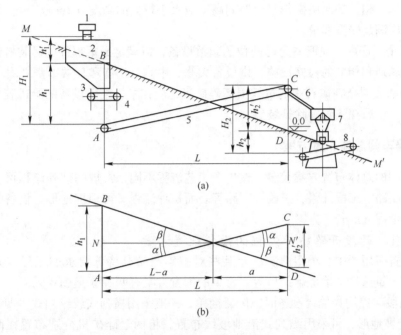

图 4-8 两个机组布置图
1—矿车；2—原矿仓；3—板式给矿机；4，5，8—胶带运输机；6—棒条筛；7—旋回碎矿机

式（4-1）表示两个机组之间的水平距离与布置形式和地形的关系，从中可以看出适当降低机组的高差，充分利用地形坡度和胶带输送机倾角，可以缩短机组之间的水平距离。这样，当机组之间的水平距离不大时，则可将它们布置在同一厂房内，可为经济地利用场地面积，减少基建投资和方便管理创造良好的条件。

4.3 破碎车间的设备配置

4.3.1 破碎车间设备配置的一般要求

破碎车间设备配置的一般要求如下：

（1）应把碎矿机的基础落在基岩上或土质坚实的地段上。基础与基础之间，基础与墙、柱子的基础之间，均应留有适当的距离。

（2）要充分利用地形坡度。适当增加胶带运输机的倾角，使设备配置紧凑，同时要尽量减少机组的高差损失，以降低厂房的高度和减少厂房的面积。

（3）若胶带运输机置于厂房内使整个厂房面积增大很多时，则应考虑采取另设胶带运输机通廊的配置方案。当胶带运输机必须置于厂房内，且呈迂回倾斜布置时，要特别注意不得妨碍设备的起吊检修操作。碎矿机的基础有胶带运输机通过时，应注意符合胶带运输机通廊的有关安全技术规定，以利于胶带运输机的操作与维护。

（4）在配置碎矿机的同时，应注意给出润滑装置的位置，相应留出通风除尘、配电、排污及采暖等辅助设施的空间和面积。

（5）设备配置要便于安装、操作和起吊检修。相邻设备的操作平台，应尽可能按同一标高联为一体；相叠的两层操作平台层间高度应大于行人的高度（2m 以上）。与此相关的楼梯、栏杆应满足安全要求。

（6）每个厂房内，应配备足够吨位的起重设备，以满足最重部件的吊装检修；要留有一定的检修场地和相应的检修设施，供设备大修、中修、小修和日常维修之用。

（7）为防止混杂在矿石中的过铁损坏碎矿机，应在中、细碎设备的给矿胶带运输机上安装电磁铁、金属探测器等除铁装置。

4.3.2   破碎车间总体布置方案

破碎车间的总体布置方案较多，按生产工艺流程不同，常规的破碎流程可分为两段开路、两段一闭路、三段开路、三段一闭路等。而每种流程又可根据地形、设备类型、规格及数量等因素配置成若干方案。

4.3.2.1   两段开路破碎流程的设备配置方案

此种配置多用于中、小型选矿厂及某些对破碎产品有特殊要求的工厂，如建筑材料厂、洗煤厂、重选厂、冶炼熔剂厂等。常见的配置方案有两种（见图 4-9）：

（1）两段破碎均为单台设备时，配置简单，一般采用横列式或纵列式（见图 4-9 中方案 a）。对陡坡地形，可采用纵列式沿地坡线布置，将两台碎矿机分别布置在两段阶梯形的厂房内，配置紧凑，但不能共用起重设备。对缓坡地形，则采用横列式沿等高线布置，两台碎矿机布置在同一厂房内，可便于管理和共用起重设备。当两台碎矿机水平距离较大时，亦可将两台碎矿机分别设在单独厂房内，通过胶带运输机通廊将两个厂房联系起来，这样可以降低基建投资。

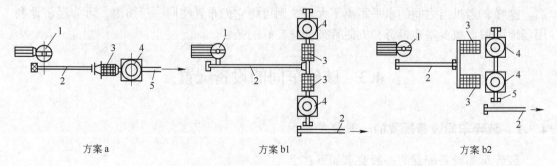

方案 a   方案 b1   方案 b2

图 4-9   两段开路破碎流程配置方案示意图

1—第 1 段碎矿机；2—胶带运输机；3—筛子；4—第 2 段碎矿机；5—集矿胶带运输机

（2）第1段为1台碎矿机，第2段为2台碎矿机时，第2段碎矿机可呈单列布置，这样厂房跨度小，对地形的适应性强（见图4-9中方案b1）；第2段碎矿机亦可并列布置，此时虽可缩短供矿胶带运输机的长度，但第2段破碎预先筛分机上的分矿漏斗可使厂房高度增加（见图4-9中方案b2）。

对大型选矿厂，可增设中间矿仓，使它兼有分配、缓冲和贮存的作用，以稳定生产。

4.3.2.2　三段开路破碎流程的设备配置方案

三段开路破碎流程常见的设备配置方案有两种，见图4-10。此种配置用于原矿含有一定矿泥和水分的情况或为棒磨机提供给矿产品时较为适宜。结合地形条件，对中、小型选矿厂多采用平地式集中配置方案，即将三段破碎设备置于同一厂房，共用一台检修设备，操作联系方便。对大、中型选矿厂多采用分散配置方案，即将三段破碎设备进行组合，分设在两个或三个厂房内。此种配置具有适应性强和减少基建投资的优点，但要增加检修起重设备。

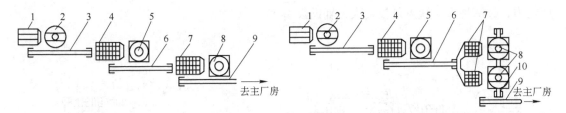

图4-10　三段开路破碎流程设备配置方案示意图

1—给矿机；2—第1段碎矿机；3，6，9，10—胶带运输机；4—中碎前预筛；
5—第2段碎矿机；7—细碎前预筛；8—第3段碎矿机

4.3.2.3　两段一闭路破碎流程的设备配置方案

此种配置方案多为中、小型选矿厂所采用，按其布置形式可分为两种，见图4-11。

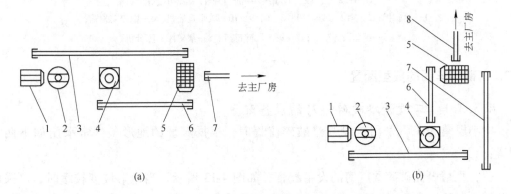

(a)　　　　　　　　　　　　　　　(b)

图4-11　两段一闭路破碎流程设备配置方案示意图

1—给矿机；2—第1段碎矿机；3，6，7，8—胶带运输机；4—第2段碎矿机；5—闭路筛分机

（1）破碎与筛分设备同置一厂房内，可将筛分机置于两段碎矿机之间，两段碎矿机安装在同一标高上的两端，也可将两段碎矿机配在一起，而将检查筛分的筛子拉开置于厂房

的另一端（图4-11a）。这样做优点是对地形适应性较强、可共用一台检修设备、便于操作联系；缺点是车间内粉尘较多、卫生条件差。

（2）将筛分机置于单独厂房内，与破碎厂房成直线或直角连接（图4-11b）。当地形平坦或沿等高线布置时，第1段碎矿机和第2段碎矿机可分设在两个厂房内，亦可设在同一厂房内。当厂址地形较陡时，两段碎矿机可配置在阶梯形厂房内，其优点是改善了破碎车间的卫生条件，同时给生产与维护带来方便。

4.3.2.4　三段一闭路破碎流程的设备配置方案

三段一闭路破碎流程在设计中应用最广泛，其设备配置方案较多，一般可归结为集中配置与分散配置两种，见图4-12。三段碎矿机集中配置在同一厂房的方案适于地形平缓的中、小型选矿厂，其优点是基建投资低、操作管理方便；缺点是噪声大、除尘要求高。大型选矿厂多采用分散配置方案，同时根据中、细碎设备的数量，可考虑设置中间矿仓或分配矿仓，其优点是适应地形能力强，缓冲能力大，生产稳定，便于发挥中、细碎设备的生产能力，灵活性大；缺点是投资大、辅助设备多。

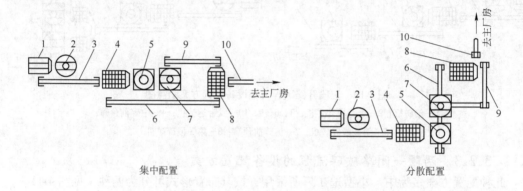

集中配置　　　　　　　　　　　　　　　　分散配置

图4-12　三段一闭路破碎流程配置方案示意图

1—给矿机；2—第1段碎矿机；3，6，9，10—胶带运输机；4—中碎前预筛；
5—第2段碎矿机；7—第3段碎矿机；8—细碎闭路筛分机

4.3.3　破碎车间的典型配置

4.3.3.1　二段开路破碎厂房的设备配置

中小规模选矿厂采用二段开路破碎流程时，根据厂址的地形条件常采用如下两种配置：

（1）两段开路破碎共厂房的设备配置，如图4-13所示。当地形坡度较缓时，可采用此种配置，其优点是操作管理方便，共用1台检修起重机。

（2）两段开路破碎分两个厂房的设备配置，如图4-14所示。当地形平缓时，可采用此种配置，其特点是用皮带通廊将两段破碎厂房联系起来，可减少厂房的面积和高度，降低基建投资。

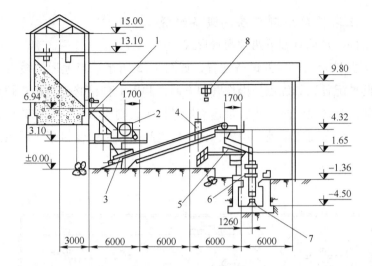

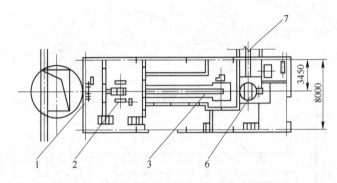

图 4-13　两段开路破碎共厂房配置图

1—3B 链式给矿机；2—400×600 颚式碎矿机；3，7—B500 胶带运输机；4—φ700 悬垂磁铁；

5—1250×2500 万能吊筛；6—φ900 中型圆锥碎矿机；8—3t 电动葫芦

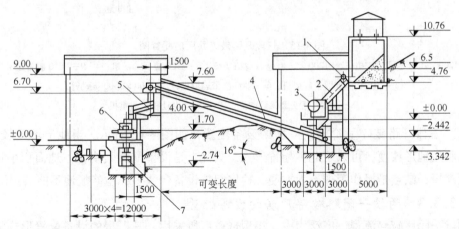

图 4-14　两段开路破碎分厂房配置图

1—3B 链式给矿机；2—1150×2000 斜格筛；3—400×600 颚式碎矿机；4，7—B500 胶带运输机；

5—1250×2500 万能吊筛；6—φ1200 中型圆锥碎矿机

4.3.3.2　三段开路破碎厂房的设备配置

根据地形条件，常见有如下两种配置形式：

（1）三段开路破碎共厂房的设备配置，如图 4-15 所示。当地形为缓坡且设备台数较少时，常采用此种配置，其优点是操作管理方便，共用 1 台检修起重机；缺点是增大了厂房的面积和空间，基建投资高。当胶带运输机过长时，则应考虑各段破碎设备分设厂房或粗碎与中、细碎设备分设在单独厂房内，各厂房之间用胶带运输机通廊联系的配置，以降低基建投资。

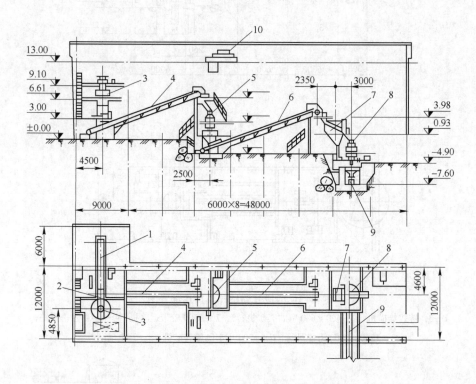

图 4-15　三段开路破碎共厂房配置图

1—1200×7000 板式给矿机；2—1200×2600 悬臂清扫条筛，3—φ500 旋回碎矿机；4，9—B650 胶带运输机；

5—φ1650 标准圆锥碎矿机；6—B800 胶带运输机；7—1500×3000 振动筛；

8—φ1650 短头圆锥碎矿机；10—15/3t 电动桥式起重机

（2）三段开路破碎呈阶梯式厂房的设备配置，如图 4-16 所示。当地形坡度较陡时，为充分利用地形坡度，可采用此种配置形式，其优点是设备配置紧凑，占地面积小且物料运输距离短；缺点是操作管理不太方便，检修起重设备台数多，检修场地不能共用。

4.3.3.3　两段一闭路破碎厂房的设备配置

两段一闭路破碎流程，广泛为中、小型选矿厂所采用，其厂房的设备配置形式常见有如下两种：

（1）破碎与筛分设备共厂房的配置，如图 4-17 所示。这种配置多为小型选矿厂采用，其特点是把碎矿机与筛分机分别布置在厂房的两端，中间用胶带运输机连接；将筛分机直

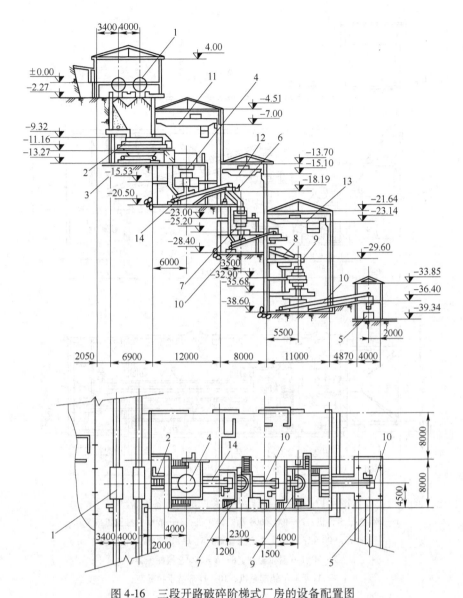

图 4-16 三段开路破碎阶梯式厂房的设备配置图

1—2m³ 翻车机；2—1200×7000 铁板给矿机；3—B500 胶带输送机；4—φ700 旋回碎矿机；

5，14—B1000 胶带运输机；6—1200×2600 悬臂条筛；7—φ1650 标准圆锥碎矿机；

8—1800×3600 振动筛；9—φ1200 短头圆锥碎矿机；10—B800 胶带输送机；

11—20/5t 电动桥式起重机；12—10t 电动桥式起重机；

13—15/3t 电动桥式起重机

接安装在粉矿仓上。这种配置的优点是设备配置紧凑、操作管理方便且可共用一台检修起重机；缺点是厂房内噪声大、空气中粉尘含量高、卫生条件差。

（2）破碎与筛分设备分设厂房的配置，如图 4-18 所示。这种配置常为中、小型选矿厂所采用，其优点是将筛分机单独设厂房有利于减少破碎车间内的粉尘，可改善卫生条件，同时相对降低了基建投资。

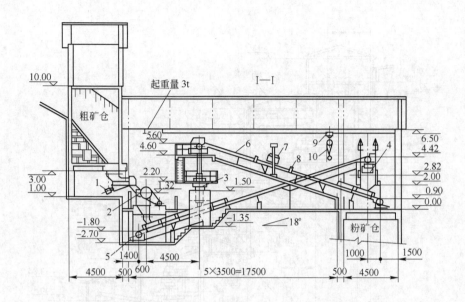

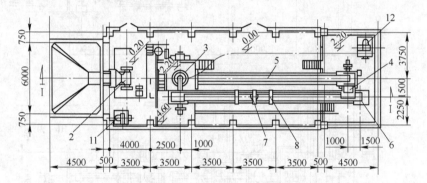

图 4-17 两段一闭路破碎共厂房的设备配置图

1—DZ$_5$电振给料机；2—400×600 颚式碎矿机；3—φ600 标准圆锥碎矿机；

4—SZZ$_2$900×1800 自定中心振动筛；5，6—B500 胶带运输机；

7—MW1-6 悬垂磁铁；8—B=500 金属探测器；

9—1t 手动单轨起重机；10—1t 环链手拉葫芦；

11，12—水力除尘器组

4.3.3.4 三段一闭路破碎厂房的设备配置

采用三段一闭路破碎流程的中、小型选矿厂常采用如下三种配置形式：

（1）破碎厂房与筛分厂房呈"L"形配置。当地形坡度为 25°左右，而且横向又较为宽阔时，厂房可顺山坡布置，如图 4-19～图 4-21 所示。

（2）破碎厂房与筛分厂房呈"I"形配置。当地形坡度在 20°～25°，而且横向又较狭窄时，破碎厂房与筛分厂房沿山坡竖向布置，如图 4-22～图 4-24 所示。

（3）破碎厂房呈阶梯配置。当地形较陡时，为充分利用地形坡度，可采用阶梯式配置形式，如图 4-25 所示。

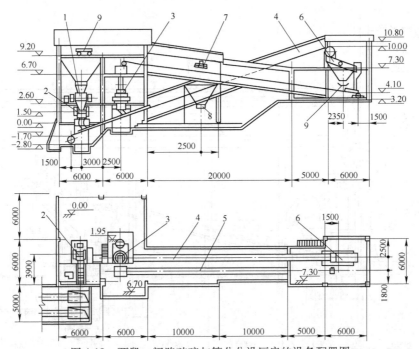

图 4-18　两段一闭路破碎与筛分分设厂房的设备配置图

1—1200×4500 板式给矿机；2—400×600 颚式碎矿机；3—φ1200 中型圆锥碎矿机；4，5—B650 胶带运输机；
6—1250×4000 万能悬挂振动筛；7—B650 螺旋刮板卸矿机；8—500×500 双颚式扇形闸门；
9—5t 手动单梁起重机

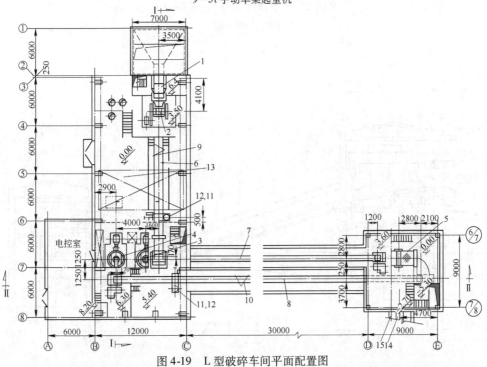

图 4-19　L 型破碎车间平面配置图

1—DZ₉1500×2400 电磁振动给料机；2—PEF600×900 颚式破碎机；3—φ1200 标准圆锥破碎机；4—φ1200
短头圆锥破碎机；5—ZD1540 矿用单轴振动筛；6—B650 1 号胶带运输机；7—B650 2 号胶带运输机；
8—B650 3 号胶带运输机；9—B=800 金属探测器线圈；10—B=650 金属探测器线圈；11—除铁小车；
12—MW1-6 悬挂磁铁；13—通用电动桥式起重机（$L_K = 10.5m$，$Q = 8t$，$H = 16m$）；
14—B550 4 号胶带运输机；15—B=650 胶带运输机电子秤

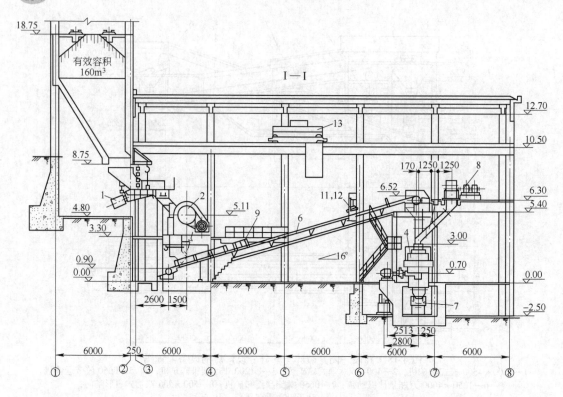

图 4-20 L 型破碎车间 I—I 剖面图

（图注同图 4-19）

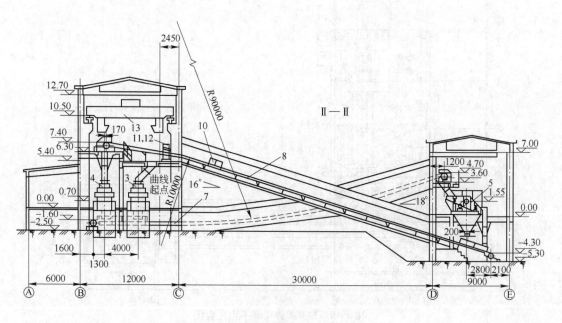

图 4-21 L 型破碎车间 II—II 剖面图

（图注同图 4-19）

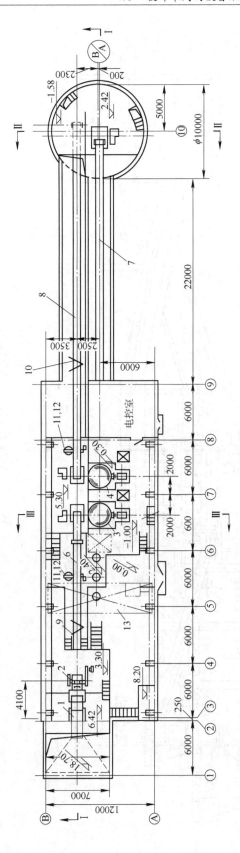

图 4-22 I 型破碎车间平面配置图

1—DZ₉1500×2400 电磁振动给料机;2—PEF600×900 颚式碎矿机;3—φ1200mm 标准圆锥碎矿机;4—φ1200mm 短头圆锥碎矿机;5—ZD1540 矿用单轴振动筛;6—B650 1 号胶带运输机;7—B650 2 号胶带运输机;8—B650 3 号胶带运输机;9—B=800 金属探测器探测线圈;10—B=650 金属探测器探测线圈;11—除铁小车;12—MW1-6 悬挂磁铁;13—通用电动桥式起重机($L_K = 10.5m$, $H = 16m$, $Q = 16t$);14—CD₂-24 电动葫芦

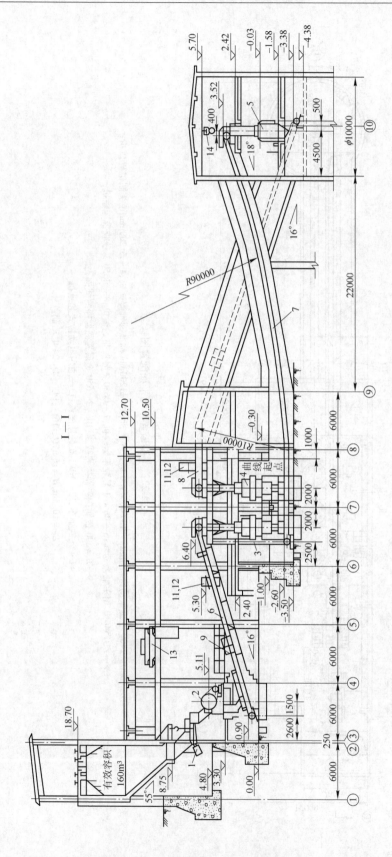

图 4-23　Ⅰ型破碎车间Ⅰ—Ⅰ剖面图
（图注同图 4-22）

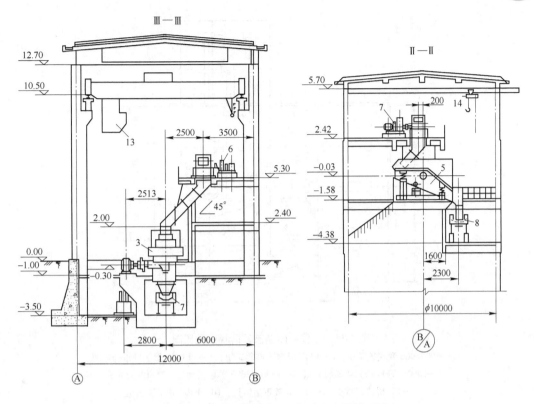

图 4-24　Ⅰ型破碎车间Ⅱ—Ⅱ、Ⅲ—Ⅲ剖面图
（图注同图 4-22）

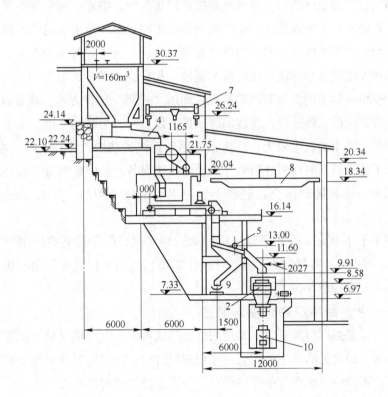

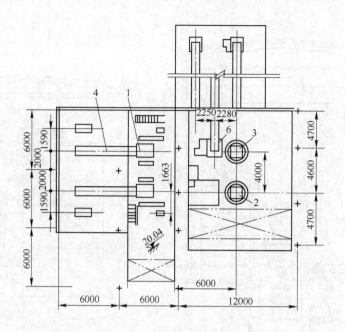

图 4-25　三段一闭路破碎阶梯式配置图

1—600×900 颚式碎矿机；2—1200 标准圆锥碎矿机；3—西 1650 短头圆锥碎矿机；

4—1060×2900 槽式给矿机；5，6—1500×3600 单层振动筛；7—10t 起重机；

8—10t 桥式起重机；9—B650 胶带运输机；10—B800 胶带运输机

4.3.3.5　粗碎车间（厂房）的设备配置

大、中型选矿厂的破碎流程，通常是将粗碎厂房与中、细碎厂房分开布置，而通过组合可构成若干种破碎厂房布置形式。粗碎机组的具体配置形式与采场的供矿制度、运输工具和碎矿机的给矿、排矿方式及原矿性质（粒度、含泥、含水）等因素有关。

当原矿采用大型载重自卸汽车或电机车运输，相应的原矿最大粒度在 500mm 以上时，常采用规格 $\phi900mm$ 以上的大型旋回碎矿机，而用"挤满"给矿方式，就是将原矿石从车厢里直接卸入碎矿机的破碎腔内，在旋回碎矿机上仅设有一个缓冲矿槽。由于矿石从高处落入碎矿机内时，产生的灰尘较大，厂房常采用敞开式的结构，并且设有喷水除尘装置。这种配置省去了造价昂贵的高强度粗矿仓和重型给矿设备，且碎矿机可安装在露天敞开式建筑物中。因此，这种破碎组合在经济上、技术上都是合理的，其典型配置如图 4-26 所示。

对于规格小于 $\phi900mm$ 的旋回碎矿机和颚式碎矿机，因受设备性能限制，不宜采用"挤满"给矿，需设置小容量的原矿仓，并使用重型板式给矿机或电振给矿机向粗碎机均匀给矿，其典型配置如图 4-27 所示。

4.3.3.6　中、细碎厂房的设备配置

当中、细碎设备共厂房配置时，常见的配置形式有中、细碎机呈单列配置、并列配置与重叠配置三种，最常见的是单列配置。在单列配置中，许多大型和中型的有色金属选矿厂多采用中碎前不设中间矿仓与中碎前设有中间矿仓的两种配置形式。

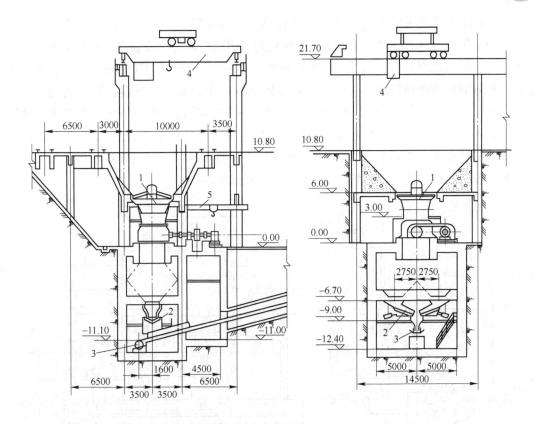

图 4-26　粗碎厂房设备配置（一）

1—PX1200/180 型旋回碎矿机；2—1500×2500 电振给矿机；3—B1400 胶带运输机；

4—75/20t 电动桥式起重机；5—5t 手动链式起重机

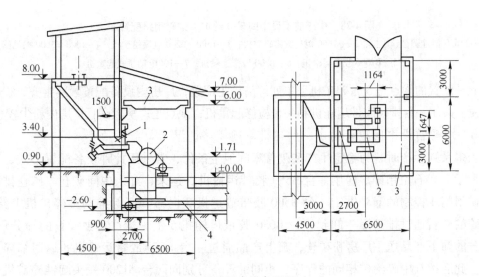

图 4-27　粗碎厂房设备配置（二）

1—PZ-9 型电振给矿机；2—PE600×900 颚式碎矿机；3—10t 电动桥式起重机；4—B650 胶带运输机

A　中碎前不设中间矿仓的中、细碎机单列闭路配置

当细碎机的台数不多时，可以将与细碎机构成闭路的筛分机安装在细碎机上面，如图4-28所示。矿石由粗碎厂房直接用胶带运输机送至一台 φ1650 标准圆锥碎矿机 1，其排矿给到一台 B1000 胶带运输机 5 上，再经两段倾斜胶带输送机迂回转运到细碎前的分配矿仓。矿仓排矿通过两台 1500×2200 电振给矿机 3 分别均匀地向两台 1800×3600 振动筛 4 给矿。筛下产物由一台 B800 胶带运输机 6 送往主厂房的粉矿仓，筛上产物再进两台 φ1650 短头圆锥碎矿机 2 破碎，其破碎产物卸到中碎排矿的同一台胶带运输机 5 上，以此形成细碎段的闭路作业。为检修配有 10t 电动桥式起重机 7。

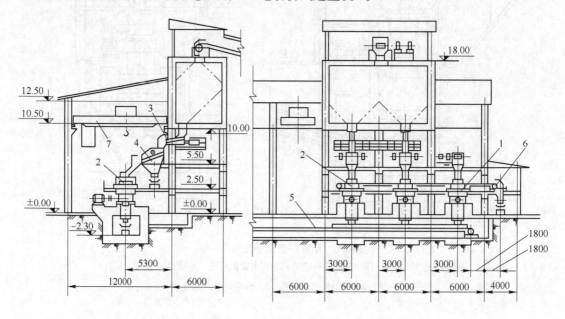

图 4-28　中碎前不设中间矿仓的中、细碎闭路配置图
1—φ1650 标准圆锥碎矿机；2—φ1650 短头圆锥碎矿机；3—1500×2200 电振给矿机；4—1800×3600 振动筛；
5—B1000 胶带运输机；6—B800 胶带运输机；7—10t 电动桥式起重机

此种配置的优点是 3 台碎矿机呈单列等高等距配置，厂房内设备配置紧凑整齐，操作联系方便，共用一台排矿胶带运输机和一台检修起重机；缺点是厂房较高且厂房内粉尘较大。

B　中碎前设中间矿仓的中、细碎机单列闭路配置

当多系列生产时，为稳定生产和改善车间卫生条件，常采用此种设备配置形式，如图4-29所示。矿石由粗碎厂房用一台 B650 胶带运输机 5 运来，卸入中间矿仓。矿仓排矿由带放矿闸门 4 控制的漏斗供给一台 B500 胶带输送机 3 向 φ1200 标准圆锥碎矿机 1 给矿。经破碎的矿石通过排矿漏斗卸到一台 B650 胶带运输机 6 上，运往单独设置的筛分厂房。经筛分的筛下产品送主厂房粉矿仓；筛上产品通过一台 B650 胶带运输机 8 返回细碎分配矿仓。此后按与中碎给矿相同的程序、相同的设备分别向两台 φ1200 短头圆锥碎矿机 2 给矿，其排矿与中碎排矿一样卸到同一台集矿排矿胶带运输机 6 上，一并送筛分厂房进行检查筛分，构成细碎闭路循环。

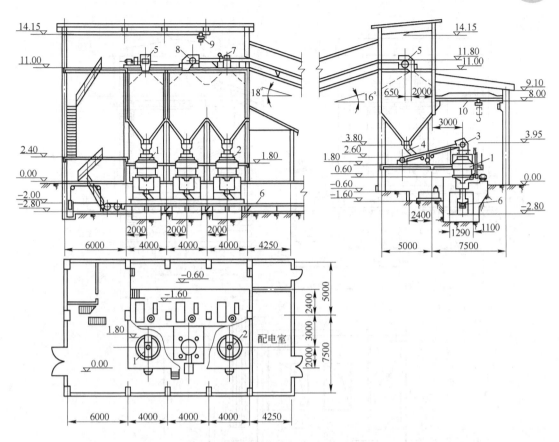

图 4-29　中碎前设中间矿仓的中、细碎闭路配置图

1—φ1200 标准圆锥碎矿机；2—φ1200 短头圆锥碎矿机；3—B500 胶带运输机；4—放矿闸门；

5，6，8—B650 胶带运输机；7，10—5t 电动单梁起重机；9—1t 手动单轨起重机

此种设备配置形式的优点是系统缓冲能力强，生产稳定，共用一台排矿胶带运输机和一台检修起重机，设备配置紧凑，车间卫生条件好；缺点是基建费用略高。

4.3.3.7　筛分厂房的设备配置

当筛分机需在独立的筛分厂房内进行配置时，其设备配置主要是依据筛子的数目而分为带分配矿仓的与不带分配矿仓的两种形式。

A　不带分配矿仓的筛分厂房的设备配置

如图 4-30 所示，需筛分的矿石由 B500 胶带运输机 1 自破碎厂房运来，卸入二分漏斗分配给两台 1500×3000 自定中心振动筛 2。筛下产物通过筛下漏斗由 B650 胶带运输机 5 运走；筛上产物通过筛上漏斗由 B650 胶带运输机 3、4 转运返回破碎。为降低厂房内空气中的含尘量，设有专门的通风机室和通风系统，对筛子及其他卸矿扬尘点进行通风除尘。此种配置适于筛分机较少的中、小型选矿厂采用闭路破碎流程的独立筛分厂房的设备配置。

B　带分配矿仓的筛分厂房的设备配置

图 4-31 所示属大型选矿厂采用的筛分厂房。厂内装有 8 台 1500×4000 共振筛 3，相

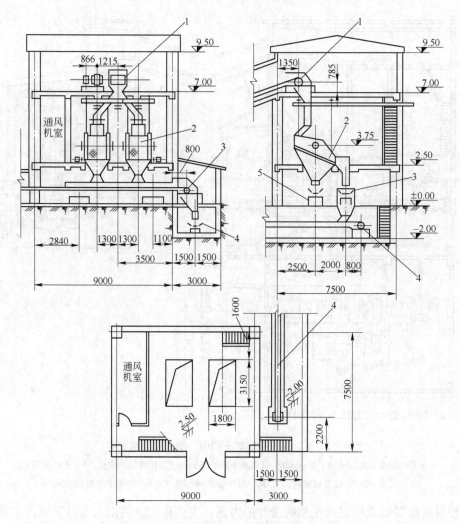

图4-30　不带分配矿仓的筛分厂房配置图

1—B500胶带运输机；2—1500×3000自定中心振动筛；3，4，5—B650胶带运输机

应设有4格分配矿仓，分格仓底开两个排矿口，分别通过B1000胶带运输机2向8台筛子给矿。分配矿仓上的B1400胶带运输机1带有卸矿小车，可将来矿往复分卸于各格矿仓。筛子即根据各格矿仓的贮矿情况启闭。筛下、筛上产物分别由B1000胶带运输机4和B1400胶带运输机5送往主厂房与破碎厂房。根据筛子规格大、数量多的特点，专配备一台5t电动单梁桥式起重机6供检修用。在整个筛子工作区间，设有通风机室。此种配置适于大、中型选矿厂独立筛分厂房的设备配置。

4.3.3.8　洗矿厂房的设备配置

A　一般洗矿流程的设备配置

一般洗矿作业多用于易洗矿石的脱泥，其目的在于确保破碎流程畅通，防止矿泥堵塞中、细碎设备，或当矿石中所含的原生矿泥需进行单独选别时采用，常见配置如图4-32所示。此种配置比较简单，在粗碎后用振动筛洗矿，筛上产品给入中碎机，筛下产品送螺旋分级机进行脱泥，分级机返砂直接送入粉矿仓，分级机溢流可直接送入磨矿的相应作业

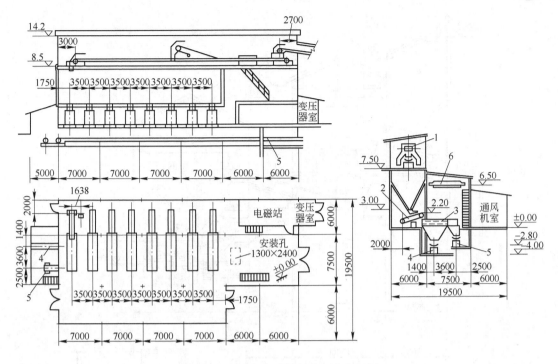

图 4-31 带分配矿仓的筛分厂房配置图

1，5—B1400 胶带运输机；2，4—B1000 胶带运输机；3—1500×4000 共振筛；6—5t 单梁桥式起重机

或经浓缩机浓缩后再分别送入相应系统。此种配置将洗矿设备置于破碎厂房内，与中、细碎设备构成机组，其优点是易实现自流配置，洗矿效果较好，同时大大降低了碎矿车间空气中的粉尘含量。此种配置适用于中、小型选矿厂；大型选矿厂可设置独立洗矿厂房，见图 4-33。

B 难洗矿石的洗矿车间设备配置

当处理难洗矿石时，为解决设备堵塞和泥砂分选等问题，多在粗碎后用圆筒筛洗矿机及槽式洗矿机两次洗矿的自流配置，如图 4-34 所示。

C 洗矿设备配置的一般原则

（1）当洗矿的物料粒度大、浓度高、波动大时，配置上应充分利用自流方式，合理确定流槽坡度，以减少磨损和对下段设备的冲击。

（2）对含难洗泥团较多的矿石应采取特殊措施，如难以找到理想的擦洗设备时，可考虑设置手选场地排除泥团。

（3）采用水力洗矿床或有废石产生的洗矿过程，应设置相应的运输设备和堆存场地。

（4）合理地选择螺旋槽式洗矿机的安装角度，以减少洗矿产品的含水量。螺旋分级机的返砂水分多、粒度小，应先送入粉矿仓与干矿混合后再给入磨矿系统。

（5）正确选择胶带运输机的安装角度，其倾角一般应小于 10°～12°，否则易造成洗矿后的物料下滑；如与干料混合时，也不应大于 16°。

（6）洗矿设备磨损快，要配有相应的检修设备和场地。

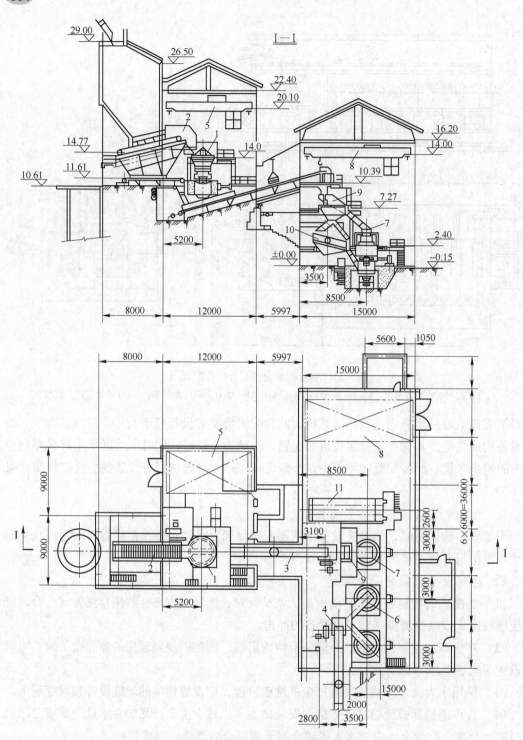

图 4-32   一般洗矿流程设备配置图

1—700/130 旋回碎矿机；2—1500 板式给料机；3，4—胶带输送机；5—桥式起重机；6—1750 细碎机；

7—1750 中碎机；8—10t 起重机；9—1.75×3.5m 重型振动筛；

10—2WXS-2 型振动筛；11—φ1500 高堰式螺旋分级机

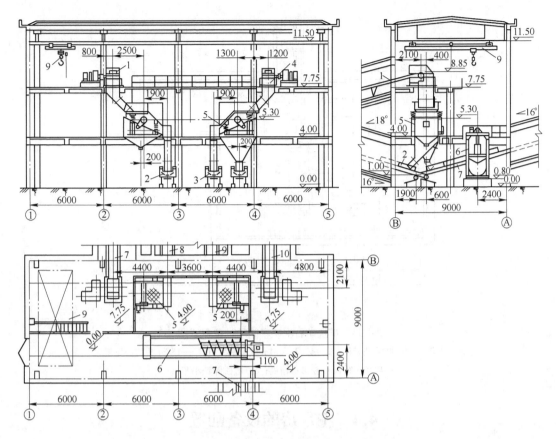

图 4-33 独立洗矿厂房设备配置图

1—8050 胶带运输机；2，4，7—6550 胶带运输机；3—6550 胶带运输机，5—ZD1530 矿用单轴振动筛；

6—ϕ1500 高堰式单螺旋分级机；8—B = 650 DCB-Ⅱ 型胶带运输机电子秤；

9—SDXQ 手动单梁悬挂起重机（Q = 3t）；10—6550 胶带运输机

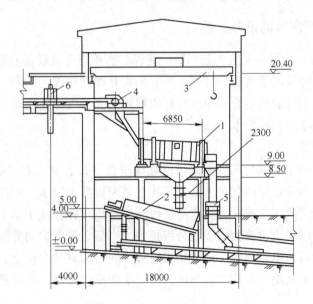

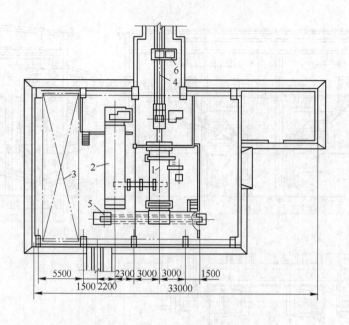

图 4-34　难洗矿石洗矿车间的设备配置图

1—ϕ2.2×7.7m 圆筒洗矿机；2—ϕ2.2×8.4m 螺旋洗矿机；3—15/3t 桥式起重机；

4，5—800mm 胶带运输机；6—电磁除铁小车

4.4　主厂房的设备配置

通常将磨矿与选别设备配置在同一厂房内，成为整个选矿厂的主体部分，故称之为主厂房。在主厂房的配置中，一般要包括粉矿仓或粉矿贮存堆以及相关的辅助设施在内。这就要求在配置设计时，要综合考虑磨矿和选别设备、粉矿仓（堆）及相关的辅助设施。

4.4.1　磨矿车间（厂房）的设备配置

磨矿车间（厂房）的设备配置主要与磨矿流程、磨矿与分级设备的形式、磨矿机组数量以及场地的地形条件等因素有关，其基本配置形式有横向和纵向两种。配置设计中主要问题之一是根据工艺流程的特点合理地安排好物料的自流，以降低能耗与成本。

4.4.1.1　设备配置的基本方案

A　纵向配置方案

磨矿机、分级机的中心线与厂房纵向定位轴线垂直（即长列式粉矿仓的中心线）。它是采用一段闭路磨矿的最常见的配置方案，其优点是配置简单紧凑，操作看管方便，有利于矿浆自流输送。对两段闭路磨矿，可将第 2 段磨矿机组布置在低于第 1 段磨矿机组的台阶上，以使第 1 段分级溢流自流到第 2 段分级机中。当第 2 段磨矿的分级作业采用水力旋流器时，可把第 2 段磨矿机组与第 1 段磨矿机组置于同一标高的台阶上，用砂泵向水力旋流器给矿。这样布置可共用一台检修起重机，便于生产操作管理，同时具有改变磨矿流程的灵活性。

B 横向配置方案

磨矿机、分级机的中心线与厂房纵向定位轴线平行（即平行于长列式粉矿仓的中心线）。此种配置多用于二段连续磨矿流程。此时，可减少厂房跨度，但操作管理不及纵向配置方便。当第 2 段磨矿的分级也是用螺旋分级机时，二段磨矿机组可采用阶梯式配置，以便矿浆自流输送。当第 2 段分级设备采用水力旋流器时，同样可将两段磨矿机组布置在同一平台上，而把水力旋流器设置在同一跨间或相邻跨间的高处。

4.4.1.2 磨矿车间设备配置的基本要求

磨矿车间设备配置的基本要求为：

（1）必须满足磨矿工艺流程的要求，尽可能兼顾流程变革的适应性。

（2）磨矿分级机组必须自流连接，其分级机返砂坡度与磨机排矿坡度都应满足自流坡度的要求（参照表4-2）。当采用水力旋流器时，其溢流（或沉砂）管路必须满足自流坡度。

（3）磨矿车间的长度和选别车间的长度要基本一致，设备配置要紧凑整齐，尽量减少厂房的跨度与高度。通常磨矿厂房的跨度在 9 ~ 24m 之间。

（4）地面应设计成有 8% ~ 10% 的坡度，并与排污地沟相通，以便清洗地面和污水集中处理。大型磨矿机组的操作平台与地面之间应留有足够的高度（2m 以上），以便于操作及冲洗地面。

（5）当磨机给矿胶带运输机需安装自动秤计量时，应注意符合自动秤的技术规定。一般胶带运输机的倾角不大于 20°，从最近受矿点到自动秤的距离不小于 8m。

（6）应根据磨矿设备的规格和数量留有足够的检修场地和相应吨位的检修起重设备。同时，也要考虑其他辅助设备及设施的位置和空间，并为选厂的扩建留有余地。

4.4.2 浮选车间（厂房）的设备配置

浮选车间的设备配置在很大程度上取决于浮选系列数，而浮选系列的划分又与磨矿系列有密切关系。从这个意义上来说，磨矿与浮选车间的设备配置是不可分割的。

4.4.2.1 浮选车间设备配置的基本方案

A 横向配置方案

每列浮选机的中心线与厂房纵向定位轴线平行（即平行于长列式粉矿仓的中心线）。它具有对地形条件适应性强的特点，因此被广泛采用。当在陡坡地形上配置时，浮选机列可沿山坡分别布置在几个不同台阶上，使矿浆自流输送。如受地形限制，也可将不同循环的浮选机列分别布置在上下两层楼板上，以确保矿浆自流输送。

B 纵向配置方案

每列浮选机的中心线与厂房纵向定位轴线垂直（即长列式粉矿仓的中心线）。这种配置形式主要适用于地形较缓的大、中型浮选厂，另外对充气搅拌式和充气式浮选机的配置更为有利。其优点是可减少作业机组之间的管道长度，节省高差损失，减少浮选跨间的长度，系列间互换性好，便于矿浆自流和看管。

4.4.2.2 浮选车间设备配置的基本要求

（1）在满足工艺流程和生产要求的前提下，为求设备配置整齐、紧凑，尽可能使各系列浮选机的槽子数或总长度一致，以便充分利用厂房面积，同时有利于操作与管理。必要时需进行不同方案的比较，如图 4-35 和图 4-36 所示。

（2）划分浮选机系列必须与磨矿系列合理地组合。一般以一台磨机对一个浮选系列为宜，这样既有利于操作、调整和技术考查，也有利于各系列轮换检修，同时又有利于分期建设、分期投产。

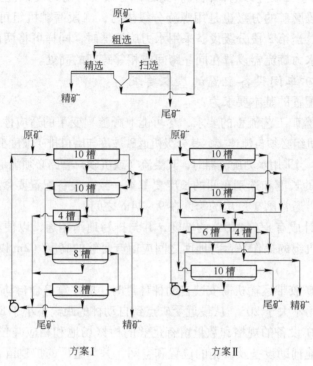

图4-35　浮选机的不同配置方案

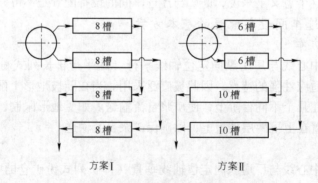

图4-36　具有搅拌槽的浮选机配置方案

（3）力求做到矿浆自流。有自吸浆能力浮选机无需设立泡沫泵，但每系列浮选机的槽数不能过多，否则泡沫产品无法自流返回。XJK型浮选机的槽数与其泡沫槽坡度和自流管坡度见表4-3和表4-4。对无自吸浆能力的浮选机，其泡沫产品需用泡沫泵输送，槽内矿浆需借助配置高差流动。一般每组浮选机不超过6槽，各组间的落差为300～500mm。当利用砂泵返回中矿时，应尽量减少砂泵的数量。

表4-3　XJK型浮选机用溜槽输送浮选泡沫产品时，从1~10槽间其溜槽的最大允许坡度值　（%）

XJK型浮选机 规格/m³	溜槽连接浮选机的槽数										吸浆管中心至 槽底距离/mm	泡沫槽宽 度 B/mm
	1	2	3	4	5	6	7	8	9	10		
0.13	36.5	22.1	15.8	12.3	10.1	8.5	7.3	6.5	5.8	5.3	188	100
0.23	36.5	22.1	15.8	12.3	10	8.5	7.3	6.5	5.8	5.2	224	100~150
0.35	35.0	21.6	15.4	12	9.8	8.3	7.2	6.3	5.6	5.1	243	150~200
0.62	34.8	21.5	15.4	11.9	8.3	8.3	7.3	6.3	5.6	5.1	265	200~250
1.10	27.2	21.2	15.2	11.8	9.7	8.1	7.1	6.2	5.6	5.0	321	250~300
2.80	19.8	13.7	9.8	7.6	6.2	5.2	4.5	4.0	3.6	3.2	406	300~350
5.80	14.6	11.9	8.5	6.6	5.4	4.5	4.0	3.5	3.1	2.8	515	350~400

注：泡沫槽起坡点一般低于浮选机泡沫堰50mm或更多。

表4-4　浮选厂常用的溜槽、自流管坡度值

物料名称及输送条件		自流管道（溜槽）		泡沫溜槽	
		浓度/%	坡度/%	单坡溜槽最大长度/m	最大溜槽坡度/%
铜、锌、黄铁矿分级机 溢流用管道输送到浮选机	粒度-0.3mm	40	5~8		
	粒度-0.2mm	33	3~5		
经粗磨后含大量黄铁矿的混合硫化矿精矿， 不补加水		40	10（15）	10	15
条件同上，补加水		25~30	7（10）	10	10
铜、铅、锌、黄铁矿精矿，送到浓缩作业， 加水冲		20~25	4（7）	20	7
浓缩后的精矿		50~70	7		
浮选各作业尾矿		33	1.5~2.0 （2~4）		

注：表中所列管（槽）坡度为直线段坡度，有拐弯或弯曲段坡度相应增加20%~30%。

（4）泡沫槽尺寸应与浮选机规格相适应，要满足生产要求。为看管方便，泡沫槽挡板应高出操作平台0.6~0.8m。泡沫槽起始端的起点处应低于浮选机泡沫溢流堰50mm。在计算泡沫槽坡度时，要从起坡点开始，并包括溜槽连接管在内。但连接管坡度一般按1.5%计算。

（5）药剂室（或给药台）最好集中设置。大型选矿厂的药剂室可设在厂房内的独立跨间里，并具有一定高度，以保证药剂自流所需的管道坡度；通常对小型浮选厂不设集中给药室，而采用分散给药台，在配置时应考虑给药台的面积大小及如何架设。同样，对某些干式添加的药剂，常采用分散添加，也应在配置时予以考虑。

（6）地面应有5%~8%的坡度并与地沟相通，还应设置事故放矿的泵池，为冲洗地面和事故处理创造良好条件。

（7）自动取样系统应与生产流程相适应，配置时应按取样设备的要求留有确定的位置和高差（一般不小于1000mm）。

4.4.2.3　磨浮车间设备配置实例

（1）一段磨矿的浮选厂主厂房设备配置，如图4-37所示。其配置特点是：磨矿机组呈纵向配置；浮选机列呈横向配置；检修场地集中于厂房一端；给药室配置在浮选跨间的楼面上。

　　其优点是设备配置紧凑整齐，矿浆可自流输送并便于操作与管理，适于中、小型浮选厂。

　　（2）两段磨矿的浮选厂主厂房设备配置，如图 4-38 所示。其配置特点是：两段磨矿机组均呈横向配置并分别布置在磨矿跨间台阶上，浮选机列呈纵向配置并布置在同一标高的两个浮选跨间内，给药室集中布置在单独跨间的楼上。此种配置适于大型浮选厂。

　　（3）阶段磨矿阶段选别主厂房设备配置，如图 4-39 所示。其配置特点是：充分利用地形坡度，将两段磨矿机组纵向布置在不同标高的两个跨间里，第 1 段浮选机列横向布置在两段磨矿车间的跨间中，给药室集中设置在楼上；第 2 段浮选机列也为横向配置。此种配置适于阶段选别的大、中型浮选厂。

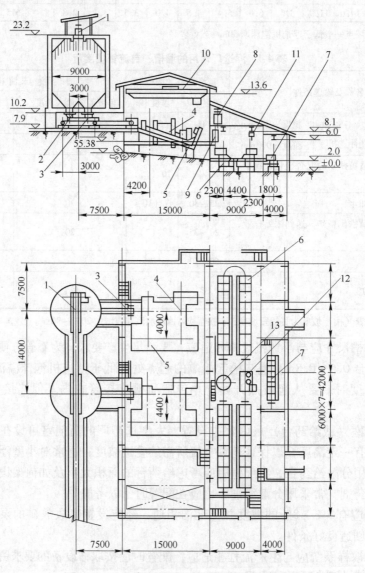

图 4-37　一段磨矿的浮选厂主厂房设备配置图

1—B650 胶带运输机；2—600×600 摆式给矿机；3—B500 胶带运输机；4—φ2700×3600 球磨机；

5—φ2000 高堰式分级机；6—XJK-2.8 浮选机；7—XJK-0.62 浮选机；8—药剂搅拌槽；

9—给药机；10—15/3t 电动桥式吊车；11—1t 手动起重机；12—4PS 砂泵

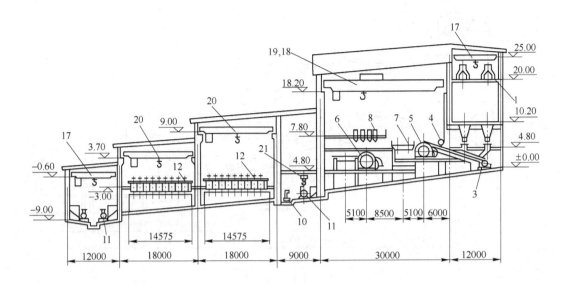

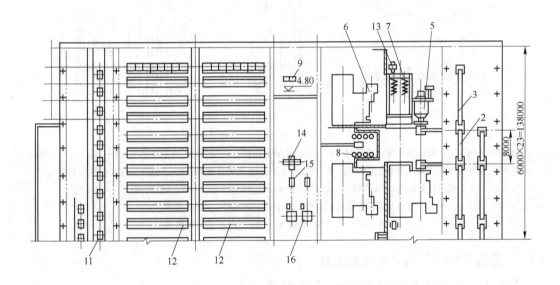

图 4-38 两段磨矿的浮选厂主厂房设备配置

1—B1400 胶带卸矿小车；2，3—B800 胶带运输机；4—B800 胶带秤；5—φ2700×3600 格子型球磨机；

6—φ2700×3600 溢流型球磨机；7—φ2400 双螺旋分级机；8—φ750 水力旋流器；

9—两支流矿浆分配器；10—4in 立式砂泵；11—НЛ-4 砂泵；

12—6A-8 槽浮选机；13—АЛ-1 型自动取样机；14—矿浆分配器；

15—给药机；16—贮药桶；17—5t 电动单梁起重机；18—15/3t 电动桥式起重机；

19—125/20t 电动桥式起重机；20—2t 电动单梁起重机；

21—2t 电动葫芦

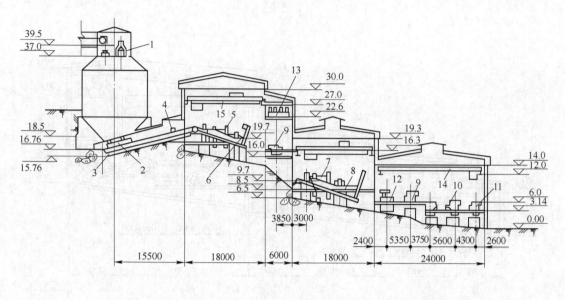

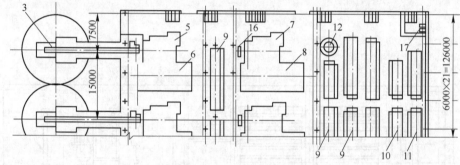

图 4-39　阶段磨选流程主厂房设备配置

1—B1000 卸矿小车；2—600×600 摆式给矿机；3—B650 胶带运输机；4—B=650 胶带自动秤；5—φ3200×3100 格子型
球磨机；6—φ2400 高堰式双螺旋分级机；7—φ2700×3600 溢流型球磨机；8—φ2400 沉没式双螺旋分级机；
9—7A-6 槽浮选机；10—7A-4 槽浮选机；11—6A-6 槽浮选机；12—φ3000 搅拌槽；13—给药机；
14—电动单梁起重机（$Q=2t$）；15—30/5t 电动桥式起重机；
16—φ500 水力旋流器；17—АЛ-1 型自动取样机

4.4.3　重选车间（厂房）的设备配置

4.4.3.1　重选车间（厂房）设备配置形式

重选工艺流程一般比较复杂，选别设备不但数量多，而且种类杂。因此，重选车间的设备配置形式较多，其基本配置形式可归纳为如下 3 种：

（1）单层阶梯式配置。这种配置形式，是把各作业的选别设备沿地形坡度自上而下分别布置在不同标高的单层台阶上，矿浆输送常采用地沟。这种配置的优点是：流程流向非常清楚，便于看管与维护；厂房结构简单、投资省、上马快；缺点是占地面积大，地沟系统复杂。单层阶梯式配置形式适于处理量不大的中、小型重选厂，尤其是处理砂矿的重选厂。其典型配置如图 4-40 所示。

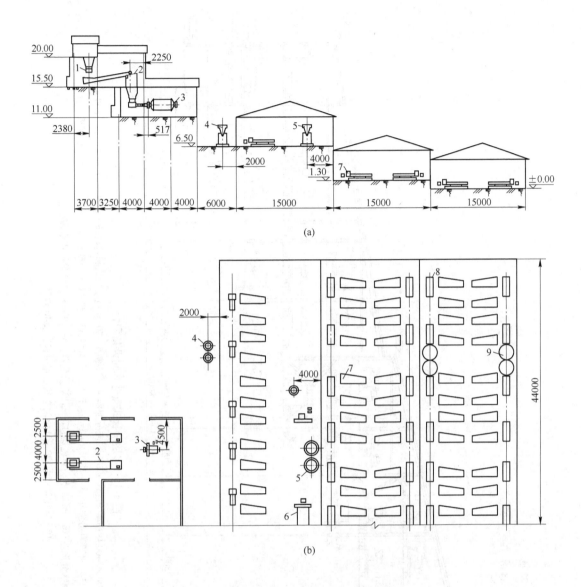

图 4-40 单层阶梯式重选车间设备配置

1—振动给料机；2—φ1.5m×6.7m 洗矿机；3—φ1.5m×3.00m 棒磨机；4—φ2000 分泥斗；5—φ3000 分泥斗；

6—φ1.5m×2.4m 球磨机；7—1.8m×4.4m 摇床；8—分级箱；9—搅拌槽

（2）多层阶梯式配置。这种配置形式适于流程复杂或采用联合流程及场地窄小的大型重选厂或精选厂。其优点是占地面积小，便于集中管理，配置灵活性大，适于处理难选的复杂矿石；缺点是管道配置系统复杂，建筑费用高，人工采光要求高。其典型配置如图4-41所示。

（3）多层-单层阶梯混合式配置。这种配置形式是上述两种配置形式的组合，因此具有两者的优点。其特点是将物料一次提升到需要的高度，然后自流到各个作业点。它适应性强，既适于各种复杂矿石的处理，又适于各种地形的建厂条件，为大、中型重选厂广泛采用。

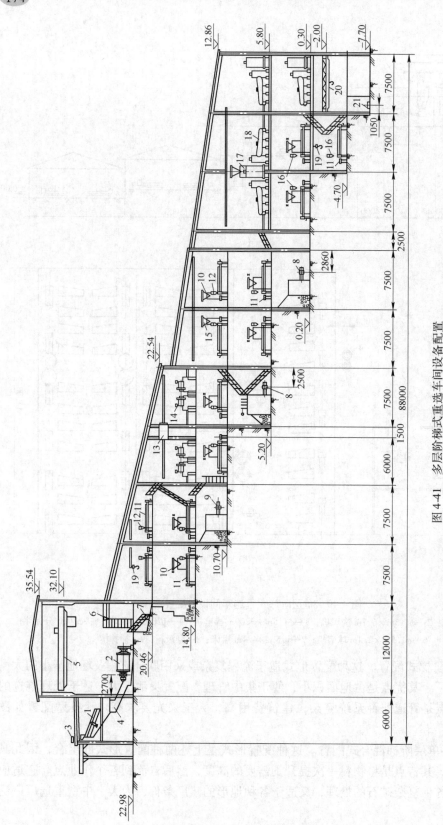

图 4-41 多层阶梯式重选车间设备配置

1—1500mm×3000mm 振动筛;2—φ1500×2400 棒(球)机;3—φ700 二流分配器;4—溜槽;5—30/5t 电动桥式起重机;6—φ500 水力旋流器;7—φ60 砂泵;
8—φ150 砂泵;9—φ200 砂泵;10—φ2000 分泥斗;11—1800×4400 摇床;12—分级箱;13—φ1800×1800 贮矿桶;14—φ800 离心选矿机;
15—φ3000 分泥斗;16—φ125 水力旋流器;17—φ400 分配器;18—1000×3000 单层皮带溜槽;
19—1t 电动葫芦;20—3t 电动单梁起重机;21—φ40 砂泵

4.4.3.2 重选车间（厂房）设备配置基本要求

重选车间（厂房）设备配置基本要求为：

（1）结合流程要求和地形特点，认真找出合理的物料自流总体布置方案，将分级与粗粒选别作业配置于较高处，做到主矿流自流，粗粒自流；除流程中循环矿流外，尽量不用或少用砂泵。地沟、自流溜槽的适宜坡度见表4-5～表4-8。自流管直径应大于75mm，压力管直径应大于32mm，其坡度也必须得到保证。

表4-5 某砂锡矿重选厂地沟坡度

名 称		粒度/mm	浓度/%	地沟坡度/%
一段粗选摇床	精 矿	-2.0	15～20	10～12
	中 矿	-2.0	15～20	7～8
	尾 矿	-2.0	10	6～7
二段粗选摇床	精 矿	0.5～0.3	15～20	8～10
	中 矿	0.5～0.3	15～20	6～7
	尾 矿	0.5～0.3	10	<5
一段粗选分级箱溜槽	一 段			8～10
	二 段			7～8
	三 段			6
二段粗选分级箱溜槽	一 段			8
	二 段			6
	三 段			4

表4-6 某钨矿重选作业溜槽坡度

矿石类型	粒度/mm	浓度/%	坡度/%	溜槽大小（高×宽）/mm
粗粒跳汰尾矿	8～2	17	18	450×380
粗粒跳汰精矿	2～0.5	35	15	450×380
粗粒摇床尾矿	2～0.5	20	9	400×150
中粒摇床尾矿	1～0	18	6	400×150
细粒摇床尾矿	0.5～0	13	3	400×150
摇床中矿或精矿	2～0	12～20	13～16	400×150
粗选尾矿	2～0	10	4～5	450×350

表4-7 某钨矿精矿溜槽坡度

精矿粒度/mm	精矿浓度/%	精矿品位(WO₃)/%	溜槽坡度/%	备 注
8～4.5	10	70	19.4～26.8	槽内衬胶皮
4.5～1.5	10	45～50	26.8	槽内衬铸铁板
-1.5	8.6～10	20～25	19.4	槽内衬铸铁板
-0.5	6～10	20～18	17.6	槽内衬铸铁板
0.1～0.074	7～10	20～18	6	管 子

续表 4-7

精矿粒度/mm	精矿浓度/%	精矿品位(WO₃)/%	溜槽坡度/%	备 注
-0.074	5~7	15~18	6	槽内衬铸铁板
-1.5①	25~30	29~30	15.8	槽内衬铸铁板
-2①	14	20	14.0	槽内衬胶皮

①试验室内得到的试验数据，其他均为生产实践数据。

表 4-8　某锡石硫化矿重选地沟坡度

物料名称	含锡品位/%	地沟坡度/%
砂矿精矿	约50	20
砂矿次精矿	约20	12
砂矿中矿	约2	10
砂矿尾矿	<0.1	6
泥矿精矿	约50	13
泥矿次精矿	约20	10
泥矿中矿	约2	3
泥矿尾矿	<0.1	4

注：地沟均为 U 形底，沟宽 200~300mm，原矿密度 $3.4t/m^3$。

（2）除干矿给矿要求均匀外，要做到矿浆体积流量稳定、均衡，浓度和粒度稳定。因此，要有良好的给矿、分配及贮矿设备和配置。

（3）对重量大、振动大的设备，尽量布置在底层。将多台摇床布置于楼板上时，应采取防震措施。多台摇床其操作面要相对配置，并设有足够亮度的照明灯，以便于操作和看管。对其精矿产品及尾矿的排放，要统一设置精矿运输设施、通道及排尾地沟网路。

（4）对于需要配有稳压水装置的设备，如跳汰机、离心机、分泥斗、分级箱等，在配置时应预留出适当的位置。对水力旋流器最好采用高位槽恒压给矿。

（5）应尽量采取措施防止生产过程中的水、砂溅漏，同时，地面和操作平台应设计排水、回水利用及矿砂回收设施。

（6）当使用矿浆计量装置和自动取样机时，要考虑它们的安装位置及所需高差。

4.4.4　磁选车间（厂房）的设备配置

4.4.4.1　磁选车间设备配置形式

根据分选介质的不同，磁选可分为干式与湿式两种，我国普遍采用的是湿式磁选。湿式磁选车间的设备配置形式常见的有两种。

A　自流式配置

当地形坡度较陡（一般为 15°~25°）时，常采用此种配置形式，如图 4-42 和图 4-43 所示。其特点是把磁选车间的选别设备按工艺流程的顺序、沿地形坡度、自上而下依次布置在几个不同标高的台阶上，使矿浆全部自流输送。

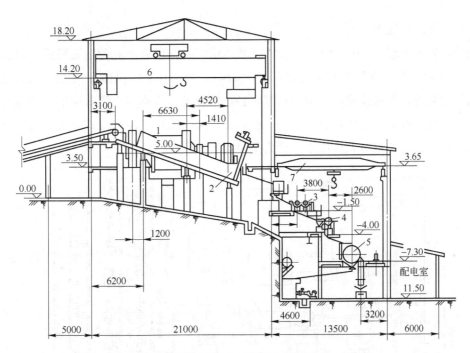

图 4-42　磁选厂主厂房（一段磨矿自流配置）剖面图

1—φ3600×4000 球磨机；2—φ3000 双螺旋分级机；3，4—φ600×1800 双筒半逆流式永磁磁选机；
5—φ2300×2640 永磁磁选过滤机；6—桥式起重机（$Q=75t$）；7—单梁起重机（$Q=5t$）

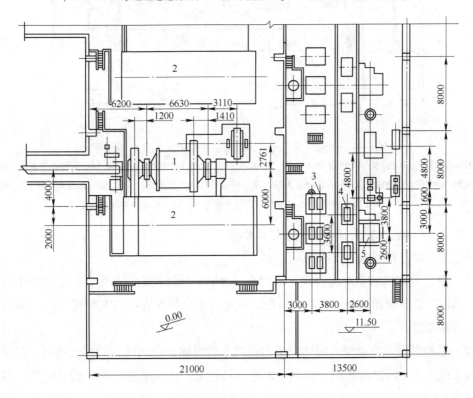

图 4-43　磁选主厂房（一段磨矿自流配置）平面图

（图注同图 4-42）

B   半自流式配置

当地形坡度较缓（一般为 10°左右）或平地建厂时，可采用此种配置形式，如图 4-44和图 4-45 所示。其特点是用砂泵向第 2 段分级作业的水力旋流器给矿，水力旋流器设置在选别跨间的高处，其溢流按作业顺序自流到各选别设备，故称半自流式配置。因为磁力脱水槽、磁选机等设备重量较轻且振动小，所以磁选跨间通常采用多层式布置，其优点是厂房占地面积小，这一点对大型磁选厂更为重要。

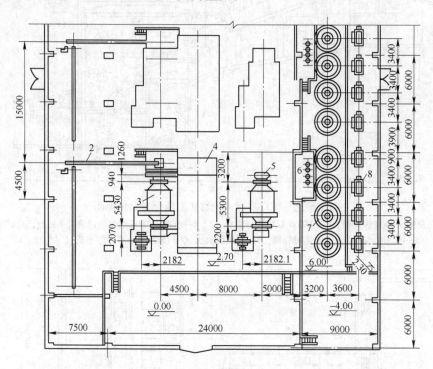

图 4-44   磁选厂主厂房（两段磨矿半自流式配置）平面图

1—600×600 摆式给矿机；2—B650 胶带运输机；3—φ2700×3600 格子型球磨机；4—φ2000 高堰式双螺旋分级机；
5—φ2700×3600 溢流型球磨机；6—φ500 水力旋流器；7—φ3000 永磁脱水槽；8—φ750×1800 筒式永磁磁选机；
9—4PSJ 衬胶砂泵；10—30/5t 电动桥式起重机；11—3t 电动单梁起重机

4.4.4.2   磁选车间设备配置基本要求

磁选车间设备配置基本要求为：

（1）由于磨矿机的生产能力往往很大，一台磨矿分级机组需与多台磁选机相组合，因此常需采用矿浆分配器，使矿浆均匀分配，以稳定磁选机作业。对其所需高差，在设备配置中应一并考虑。

（2）尽量利用地形坡度，使物料能自流或半自流输送。当必须采用泵送时，砂泵和泵池应安置在磁选车间的最底层，以利于入池物料自流。铁矿磁选厂常见的自流管、溜槽坡度，如表 4-9 所示。

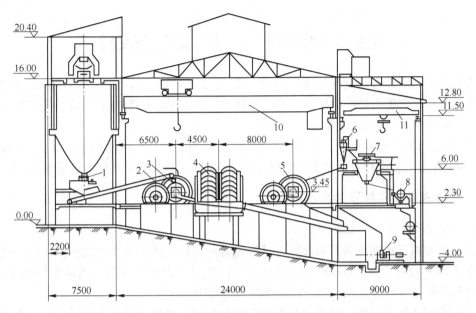

图 4-45 磁选厂主厂房（两段磨矿半自流式配置）剖面图

（图注同图 4-44）

表 4-9 铁矿磁选厂常用的自流管、溜槽的坡度

产 品 名 称	产品密度/t·m⁻³	产品粒度(−74μm)/%	矿浆浓度/%	矿浆量/L·s⁻¹	自流管、槽坡度/%
一次球磨机排矿①	3.4 ~ 3.6	24 ~ 35	75 ~ 65	20 ~ 45	15 ~ 12
一次分级机返砂①	3.4 ~ 3.6	8 ~ 10	85 ~ 75	8 ~ 28	36 ~ 33
二次球磨机排矿①	3.7 ~ 3.8	40 ~ 60	50 ~ 40	22 ~ 45	14 ~ 10
二次分级机返砂①	3.7 ~ 3.8	25 ~ 40	75 ~ 70	9.6 ~ 15	35 ~ 32
一次分级机溢流①	3.3 ~ 3.5	40 ~ 60	62 ~ 50	15 ~ 25	11 ~ 8
一次脱水槽给矿	3.3 ~ 3.5	40 ~ 60	—	3.8 ~ 6.3	12 ~ 9
一次脱水槽精矿	3.6 ~ 3.8	35 ~ 60	55 ~ 40	13 ~ 22	13 ~ 11
二次分级机溢流	3.6 ~ 3.7	80 ~ 90	20 ~ 15	55 ~ 83	6 ~ 4
二次脱水槽给矿	3.6 ~ 3.7	80 ~ 90	20 ~ 15	11 ~ 16.6	8 ~ 6
二次脱水槽精矿	4.0 ~ 4.2	75 ~ 85	40 ~ 35	3.6 ~ 4.7	10 ~ 8
磁选精矿	4.3 ~ 4.4	80 ~ 90	45 ~ 35	12 ~ 18.8	8 ~ 7
磁选精矿	4.3 ~ 4.4	80 ~ 90	45 ~ 35	4 ~ 12	9
磁选尾矿	2.8 ~ 2.9	35 ~ 50	7 ~ 2	11 ~ 45	5 ~ 3
三次脱水槽给矿	4.3 ~ 4.4	80 ~ 90	45 ~ 35	6 ~ 9.4	8 ~ 6
三次脱水槽精矿	4.3 ~ 4.6	85 ~ 90	45 ~ 35	12 ~ 18	10 ~ 9
三次脱水槽精矿	4.4 ~ 4.6	85 ~ 90	45 ~ 35	6 ~ 9	11
一次脱水槽尾矿	2.7 ~ 2.8	70 ~ 85	9 ~ 6	55 ~ 87	3 ~ 2
二次脱水槽尾矿	2.7 ~ 2.8	80 ~ 90	7 ~ 3	34 ~ 89	3 ~ 2
三次脱水槽尾矿	2.7 ~ 2.8	~ 90	2 ~ 0.6	12 ~ 45	3 ~ 2

①生产中必须加冲洗水，否则易堵塞。

4.5　脱水车间（厂房）的设备配置

精矿脱水流程常由二段（浓缩、过滤）或三段（浓缩、过滤、干燥）作业组成。脱水作业段数的确定是由精矿的性质、用户对精矿产品所含水分的要求、精矿贮存和运输方式以及气候条件等因素所决定的。

精矿脱水车间的设备配置，主要取决于脱水作业的段数、脱水设备的形式、规格和数量以及厂址地形、气候条件等。精矿的贮存与装运，也是脱水车间设备配置必须解决的问题。

4.5.1　脱水车间设备配置的基本方案

脱水车间设备配置的基本方案为：

（1）浓缩机和过滤机共厂房配置。这种设备配置形式适于精矿产量较少，浓缩机的直径不超过 15m 的中、小型选矿厂，尤其适于寒冷地区，以便于保温。当地形条件允许时，可将脱水厂房与主厂房联在一起，以便于操作与管理。

（2）浓缩机露天布置、过滤机为单独厂房的配置。当选矿厂处于年最低气温不太低的地区，或浓缩机直径大于 15m 的大、中型选矿厂，为降低土建费用，可采用这种配置。

（3）浓缩机露天布置、过滤机与干燥机共厂房配置。这种配置适于精矿经脱水后（一般含水率小于 5%）直接装袋或装筒外运的选矿厂。通常将过滤机置于楼上，干燥机置于楼下，以便过滤机的滤饼直接给入干燥机内，避免由于运输滤饼而造成金属损失，同时又便于操作与管理。

4.5.2　脱水车间设备配置的一般要求

脱水车间设备配置的一般要求为：

（1）采用两段脱水的设备配置时，浓缩机的位置与主厂房精矿排出的位置应相适应。在保证自流输送的条件下，力争管线最短。过滤机的标高应满足滤液自流至浓缩机。但当地形坡度允许时，最好按流程顺序依次从高至低安装浓缩机、过滤机，让浓缩机的排矿自流入过滤机中。

（2）采用三段脱水的设备配置时，应以过滤机为中心，使滤液、滤饼分别自流或自溜进入浓缩机与干燥机。同时，在地形条件允许的情况下，尽可能做到精矿自流给入浓缩机。

（3）浓缩机露天布置时，山坡建厂多采用半地下式为宜。浓缩机的排矿管上应串联安装两个闸门，以便于放矿和检修。其排矿尽量采用自流输送。当必须采用砂泵扬送时，要配有备用机组，一般备用比例为 1:1。

（4）过滤机前面应安装矿浆缓冲槽，如给多台过滤机供矿浆时，应安装矿浆分配器，以确保均匀给矿。

（5）当采用活塞真空泵时，必须严格防止气水分离器中的滤液串入真空泵的活塞缸中。为此，气水分离器的安装高度必须大于 10.5m。当采用水力喷射泵时，尾管安装高度也应大于 10m，以确保其真空度。

（6）真空泵和空压机应设置在单独的房间内，送风管网宜采用并联方式。

（7）干燥厂房的配置除应考虑设备的操作、检修、给矿与排矿便利之外，还应考虑抽烟管道、除尘设备的保温，收尘设备、燃料贮存和排渣的堆放、装运等有关辅助设施的配置问题。

（8）精矿仓与包装产品的场地应与装运方式结合考虑，尽量减少二次运输。对水分少而松散的物料，可采用高架式装车仓装车；对含水大于8%而较黏的精矿，则以抓斗仓为宜；对水分在4%左右的干燥精矿，一般装袋或装桶外运。

（9）对贵重金属的精矿，设计时要考虑完善的回收系统。浓缩机的溢流应设置回收细粒级的沉淀池及回收泵；过滤机的地面和楼板应有3%左右的坡度，并设有排污地沟及污水沉淀池，以便保持地面清洁，减少金属流失。收尘系统排出的气体中不允许含有精矿粉。

4.5.3 脱水车间的典型配置

4.5.3.1 两种精矿脱水车间的设备配置

图4-46所示为浓缩机与过滤机共厂房配置。其配置特点是过滤机高于浓缩机安装于楼板上，滤液可自流返回，浓缩机的底流用砂泵扬送到过滤机的三流矿浆分配器，然后向3台过滤机均匀给矿。6台过滤机共用1台排滤饼胶带运输机和1台检修起重机。

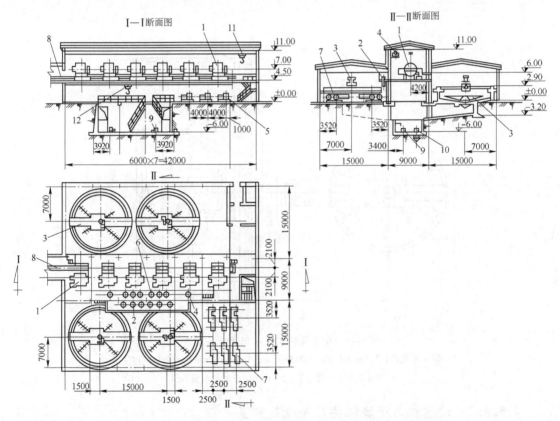

图4-46 两种精矿脱水车间设备配置

1—20m³ 过滤机；2—2.2m³ 滤液缸；3—12000 浓密机；4—三流分配器；5—PMK-3 压风机；

6—0.8m³ 气水分离器；7—V₇ 型真空泵；8—B500 胶带运输机；9—2SP 砂泵；

10—ПHB-2 立式砂泵；11—3t 电动葫芦；12—1t 手拉葫芦

4.5.3.2 单金属精矿脱水车间的设备配置

图 4-47 所示为浓缩机露天布置，过滤机与精矿仓共厂房配置。其配置特点是浓缩机置于高处为露天半地下式配置，经浓缩的精矿可以自流到过滤机，滤饼直接卸入精矿仓中。在精矿仓跨间备有 1 台电动单轨抓斗，可直接将精矿装车外运。

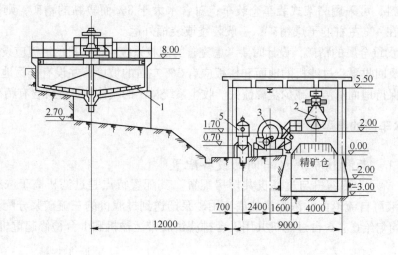

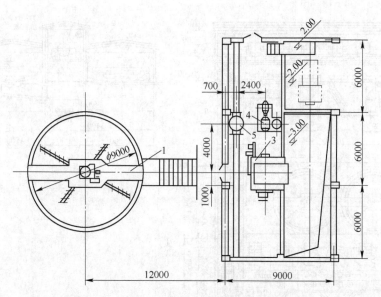

图 4-47 单金属精矿脱水车间设备配置

1—ϕ9m 浓缩机；2—3t 301 型电动单轨抓斗；3—10m^2 折带式圆筒真空过滤机；

4—SZ-3 水环式真空泵；5—0.2m^3 自动放水滤液缸

4.5.3.3 过滤机与干燥机共厂房设备配置

如图 4-48 所示，其配置特点是将过滤机布置在楼板上，干燥机安放在楼下，使滤饼直接溜入干燥机，干燥后的精矿由胶带输送机输入精矿仓。精矿仓跨间配有抓斗起重机，可直接将精矿装车外运。

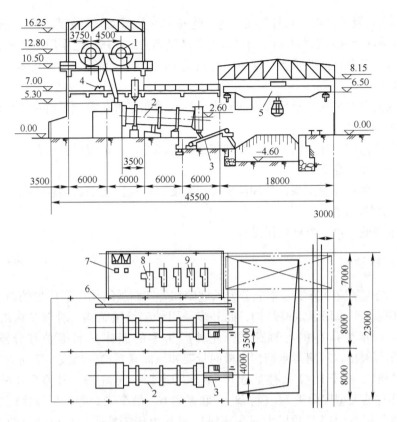

图 4-48　过滤机与干燥机共厂房设备配置

1—40m² 外滤式圆筒过滤机；2—ϕ2200×12000 圆筒干燥机；3，4，6—B500 胶带运输机；
5—5t 电动桥式抓斗起重机；7—水泵；8—真空泵；9—空压机

4.6　选矿厂房有关建筑要求和模数协调标准

选矿厂房建筑除特殊形体和经济上不合理的以外，均应充分考虑厂房建筑模数协调标准，以利于建筑制品、建筑构配件和组合件实现工业化大规模生产，并具有较大的通用性，加快建设速度，提高施工质量和效率，降低建筑造价。在进行厂房设备配置时应予以充分考虑。

4.6.1　选矿厂房特点和要求

选矿厂房特点和要求为：

（1）选矿厂房建筑设计是在选矿工艺设计的基础上进行的，有关技术性能必须适应工艺要求。

（2）厂房中由于设备台数多、机体重、形体大，作业生产联系紧密，连续运转，离不开起重设备吊运材料和备品备件，厂房一般均具有较大而畅通的空间，足够的厂房高度、长度和跨度。

（3）厂房屋顶重量较大，多有吊车荷载，厂房中楼板上多放置设备，其荷载也较大，厂房结构必须具有必要的坚固性和耐久性，能经受外力（如振动）、湿度、温度变化等不利因素的影响。目前广泛采用钢筋混凝土骨架承重，特别高大的厂房广泛采用钢骨架承重。

（4）厂房中需有良好的采光、通风，有效地排除余热、湿气、有害气体，采用适宜的消声、隔噪措施。

（5）室内的自然采光、通风和屋面防水、排水需在屋顶上设置天窗及排水系统，屋顶构造较为复杂。

（6）厂房结构应具有一定的通用性和扩建的可能性，以适应设备更新、工艺流程改造以及生产规模扩大的需要。

（7）生产中常有外溢矿浆，为冲洗和清扫方便，厂房内地面、楼板、操作平台及排污地沟应具有适宜的坡度。

（8）力求降低造价，维修费用最省。

4.6.2　单层厂房结构

单层厂房结构的支承方式基本上分为承重墙和骨架两类结构。当厂房的跨度、高度及吊车荷载很小时，可采用承重墙结构，此外多采用骨架承重结构。骨架结构由柱子、梁、屋架等组成，以承受厂房的各种荷载，此种厂房中的墙体只起围护和分隔作用，见图4-49。由图可看出，厂房承重结构由横向骨架和纵向联系构件组成。横向骨架包括屋面大梁3（或屋架）、柱子1、2及柱基础8，它承受屋顶、天窗13、外墙9及吊车等荷载；纵向联系构件包括大型屋面板11（檩条）、联系梁6、吊车梁5等，可以保证横向骨架的稳定性，并将作用在山墙上的风力或吊车纵向制动力传给柱子。组成骨架的柱子、柱基础、屋架、吊车梁等是厂房承重的主要构件，关系到整个厂房的坚固、耐久及安全。

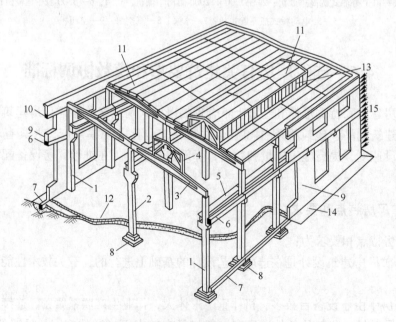

图4-49　单层厂房装配式钢筋混凝土骨架及主要构件

1—边列柱；2—中列柱；3—屋面大梁；4—天窗架；5—吊车梁；6—联系梁；7—基础梁；8—柱基础；

9—外墙；10—圈梁；11—屋面板；12—地面；13—天窗；14—散水；15—风力

骨架结构按材料可分为砖石混合结构、钢筋混凝土结构和钢结构。砖石混合结构是由砖柱和钢筋混凝土屋架或屋面大梁组成，也可用砖柱和木屋架或轻钢屋架。此种结构简单，但承重能力及抗振性能较差，仅适于吊车吨位不超过 5t、跨度不大于 15m 的小选厂厂房。装配式钢筋混凝土结构，坚固耐久，承重能力较大，可预制装配，比钢结构节省钢材，节约木材，工业建筑中广泛采用；但其自重大，纵向刚度较差，传力受力也不尽合理，抗震不如钢结构。钢结构厂房主要承重构件全由钢材制成，结构抗震性好，施工方便，比钢筋混凝土构件轻便，多用于吊车荷载重、高温、振动大的生产厂房；但钢结构易锈蚀，耐火性能较差（易弯失稳），使用时应采取相应的防护措施。

4.6.3 厂房高度和跨度

厂房高度是由室内地坪面到屋顶承重结构下表面的距离。如果屋顶承重结构是倾斜的，则厂房高度是由地坪面到屋顶承重结构的最低点。

厂房柱顶标高的确定方法如下：

（1）无吊车厂房的柱顶标高应按最大生产设备高度和其安装、检修时所需的净空高度来确定，一般不低于 4m，以保证室内最小空间；柱顶标高应符合 3M 数列，M 为基本模数符号，1M = 100mm 是基本模数值，砖石结构柱顶标高也可采用 1M 数列。

（2）有吊车厂房的柱顶标高 H，可按本书图 5-1 所示计算后确定。

厂房高度对造价有直接影响，在确定厂房高度时，应尽量避免不必要的高度损失。室内地坪标高，单层厂房室内地坪与室外地面一般需设置高差，以防止雨水流入室内。为便于运输车辆进出厂房以及不加长门口坡道长度，这个高差一般取 150mm，不宜太大。

厂房跨度 L 由选矿工艺人员根据设备配置、操作、维护、检修等实际需要而定，应符合扩大模数数列：跨度 18m 以下（含 18m）为 30M，18m 以上为 60M。

4.6.4 厂房柱网、定位轴线和建筑模数协调标准

4.6.4.1 柱网

在厂房中为支承屋顶和吊车，需设柱子。柱子在平面图上排列所形成的网格称为柱网。柱子纵向定位线之间的距离称跨度，柱子横向定位轴线之间的距离称柱距。柱网的选择，就是选择厂房跨度和柱距，如图 4-50 所示。

选矿工艺设计人员根据工艺、设备配置的需要，把厂房跨度和柱距尺寸等提供给土建专业。在选择柱网时，首先应满足工艺要求，其次根据厂房建筑模数协调标准选择通用性较强和经济合理的柱网。跨度和柱距尺寸的大小，决定着吊车梁、屋架屋面梁、托架、托架梁等的长度和屋面板、外墙墙板的宽度及长度尺寸，这些尺寸应符合模数化。

国内外实践证明，生产工艺流程、设备以及生产规模不可能一成不变。随着新技术、新设备的采用，厂房应适当考虑生产工艺改变的需要，要具有通用性和较大的柱网。扩大柱网能扩大厂房生产面积，因为小柱网柱子多，柱子周围又有一圈不能利用的面积，尤其不能布置基础较深的设备，相应地减少了厂房可利用的面积。扩大柱网还能减少构件数量，可显著加快施工速度。

据有关资料分析，在 6m 柱距有吊车的厂房，跨度 18m 被认为是最经济的。6m 柱距是我国目前的基本柱距，应用较广，也较经济，但长远来看，柱距仍嫌太小，其占用和周

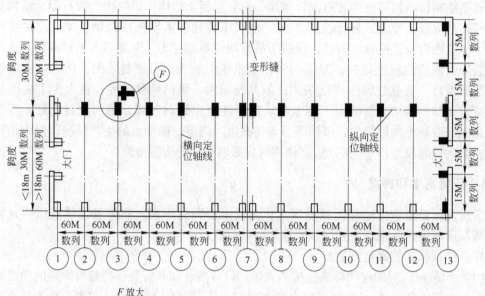

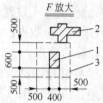

图 4-50 跨度、柱距、柱网示意图
1—柱子；2—设备；3—柱子基础轮廓

围不能用的面积多，厂房通用性较差。12m 柱距即使造价高于 6m 柱距 10%，在实际中已有采用。有桥式吊车的厂房跨度愈大，厂房单位面积造价愈低，因为单位面积的吊车梁、柱子的建筑造价相应降低。当柱距为 12m（有托架和天窗），吊车起重量为 30t 或大于 30t 时，24~30m 跨度是比较经济的，扩大了面积，提高了通用性，增加了吊车服务范围。

根据经济分析和标准规定，我国工业厂房建筑实践中，桥式起重机的起重量不大于 50t 时，采用的柱网一般为 6×18、6×24、6×30、6×36、12×24、12×30（m）。在某些情况下，还需结合设备配置、结构类型、地质条件综合考虑选定柱网，也可选用 6×9、6×12、6×15、6×21、6×2（m）等柱网。

4.6.4.2 厂房定位轴线和建筑模数协调标准

A 厂房定位轴线

它是划分厂房主要承重构件和确定承重构件相互位置的基准线，是施工放线和设备定位的依据。为了方便，将平行厂房轴向的定位轴线称为纵向定位轴线，在厂房建筑平面图中由下向上顺次按 A、B、C、…等汉语拼音字母编号；将垂直厂房轴向的定位轴线称为横向定位轴线，在厂房建筑平面图中由左向右按 1、2、3、…等阿拉伯数字编号，参见图 4-50。根据我国《厂房建筑模数协调标准》（GBJ6—86）规定，要求厂房建筑的平面和竖向协调模数的基数值均应取扩大模数 3M。

B 单层厂房的跨度、柱距和柱顶标高的建筑模数

跨度在 18m 以下（含 18m）时，应采用扩大模数 30M 数列；18m 以上，应采用扩大

模数 60M 数列；柱距应采用扩大模数 60M 数列，见图 4-50。有吊车（含悬挂吊车）和无吊车的厂房由室内地面至柱顶的高度和至支承吊车梁的牛腿面的高度均应为扩大模数 3M 数列，如图 4-51 所示。

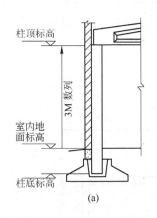 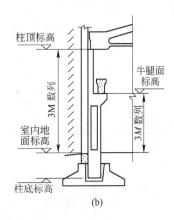

图 4-51　高度示意图

（自室内地面至支承吊车梁的牛腿面的高度在 7.2m 以上时，宜采用 7.8、8.4、9.0 和 9.6m 等数值；预制钢筋混凝土柱自室内地面至柱底的高度宜为模数化尺寸）

根据刚度要求，柱距 6m 的厂房柱的截面尺寸可参考表 4-10 确定，表中柱子总高度 H 是由基础顶面至柱顶的距离，下柱高度 H_x 是由基础顶面至搁置吊车梁的牛腿顶面的距离。

表 4-10　厂房柱总高、下柱高度与对柱距 6m 的厂房柱截面尺寸要求

项目	房柱总高、下柱高示意图	条件与截面高度 h	截面宽度 b	说　明
无吊车厂房柱		单跨，$h \geqslant \dfrac{H}{17}$ 多跨，$h \geqslant \dfrac{H}{20}$	$r \geqslant \dfrac{H}{30}$，$D \geqslant 250mm$ $r \geqslant \dfrac{H}{105}$，$D \geqslant 300mm$	（1）本表适用于承受轻、中级工作制吊车的矩形柱。承受重级工作制吊车的矩形柱截面高度 h 乘以 1.1； （2）柱距为 9m 或 12m 时，截面高度 h 分别乘以 1.05 和 1.1； （3）工字形柱和双肢柱截面高度 h 分别乘以 1.1 和 1.2； （4）本表适用于混凝土标号为 200 号，标号为 300 号和 400 号时，截面高度 h 分别乘以 0.9 和 0.8
有吊车厂房柱		$Q \leqslant 10t$，$h \geqslant \dfrac{H_x}{14}$ $Q = 10 \sim 30t$，$h \geqslant \dfrac{H_x}{12}$ $Q = 30 \sim 50t$，$h \geqslant \dfrac{H_x}{10}$ $Q = 50 \sim 75t$，$h \geqslant \dfrac{H_x}{9}$	$r \geqslant \dfrac{H_x}{25}$，$D \geqslant 350mm$ $r \geqslant \dfrac{H_x}{85}$，$D \geqslant 400mm$	

注：表中 r 为管柱截面半径；D 为管柱外径。

4.7　选矿厂工艺设计图的绘制

4.7.1　工艺制图一般要求

4.7.1.1　图纸规格

（1）图纸幅面及图框尺寸，应符合表 4-11 和图 4-52 的规定。

表 4-11　图纸幅面及图框尺寸　　　　　　　（mm）

幅 面 代 号	A1	A2	A3	A4
$B \times L$	594×841	420×594	297×420	210×297
a	25			
b	100			—
c	10			5
d	5			
e	10			—
规格系数	1	0.5	0.25	0.125

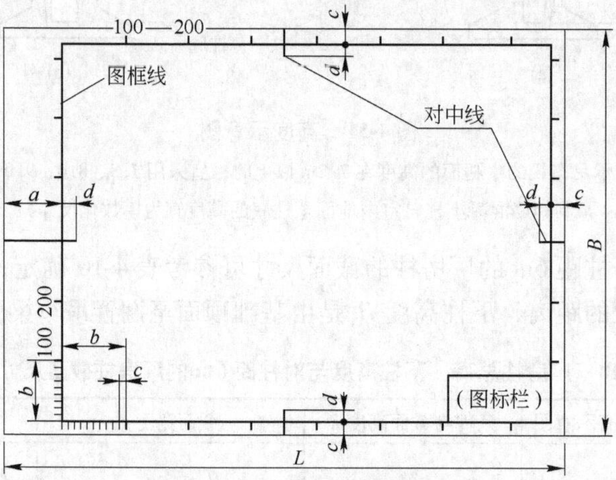

A1、A2、A3 图纸横式幅面

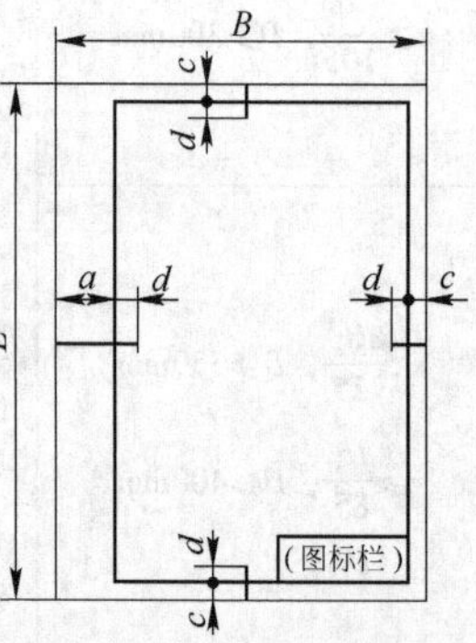

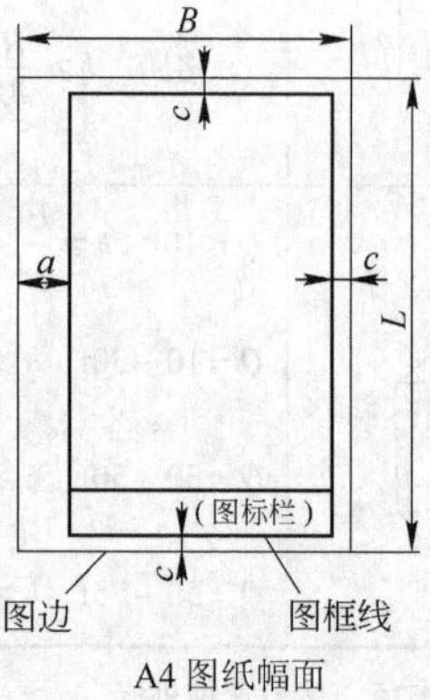

A1、A2、A3 图纸立式幅面　　　　A4 图纸幅面

图 4-52　图纸幅面和图框尺寸

（2）A1、A2 图纸内框四边应有准确标尺，标尺分格应以图内框线左下角为零点，按纵横方向排列。标尺大格长为 100mm，小格长为 10mm，分别以粗细实线标界，标界线段长分别为 3mm 和 2mm。标尺数值应标于大格标界线附近。标尺标注方法，应符合表 4-11 及图 4-52 的规定。

（3）图纸规格系数大于1时，应分张绘制。对分区绘制的图纸，应于每张图右上角附索引图。索引图以细实线绘制，并于图中表示清楚本图所在位置。每张分区绘制的图纸，均应绘有图纸拼接线，拼接线以粗虚线绘制，其表示方法，应符合图4-53的规定。

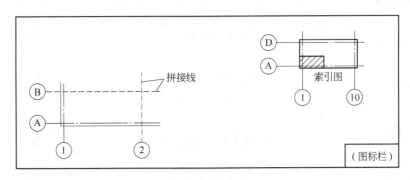

图4-53 分区绘制配置图表示方法

4.7.1.2 制图比例

（1）制图比例应根据厂房、设备和构件大小确定，各类选矿工艺设计制图比例的选取，应符合表4-12的规定。

表4-12 制图比例

图 纸 类 别	常 用 比 例
工艺建筑物联系图	1:1000；1:500
配置图	1:200；1:100；1:50
管路图	1:200；1:100；1:50
安装图	1:200；1:150；1:100；1:50；1:25；1:20；1:10；1:5
制造图	1:50；1:25；1:20；1:10；1:5；1:2.5；1:2；1:1；2:1

（2）工艺建筑物联系图和配置图的平、剖面图，在图面布置上有特殊要求时，可采用不同比例绘制。

（3）设备联系图不按比例绘制，但设备与相应设施间，应保持一定的相应关系。

（4）室外管路图的比例，可根据需要选用，不受表4-12限制。

（5）当绘制图纸中仅有一种比例时，制图比例应标注在图标栏内，如采用不同比例绘制时，图标栏内仅填写主要比例，其余比例应分别填写在相应图形的图名或标号下面。表示方法应符合图4-54的规定。

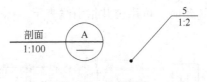

图4-54 比例标注

4.7.1.3 图线

（1）图线类型的选用应符合表4-13的规定。

表4-13   图线用途

图纸类别	表示内容	图线类型
设备联系图	设备及构筑物外轮廓	细实线
	设备及构筑物间的连接线	粗实线
工艺建筑物联系图	工艺建筑物外轮廓	粗实线
	带式输送机简要外形	细实线
配置图	设备及构件的外轮廓	粗实线
	建筑物及其他相关专业设备外轮廓	细实线
管路图	工艺管路走向及固定方式	粗实线
	建筑物及相关设备外轮廓	细实线
安装图	设备及构件的外轮廓	粗实线
	建（构）筑物简要图形	细实线
	与本图有关的设备及构件简要外形	细双点划线
制造图	构件及零件图形	粗实线
	与安装有关的设备、构件及基础外形	细双点划线

（2）图线类型及选用宽度，应符合表4-14的规定。

表4-14   图线类型及线宽   （mm）

图线名称	图线形式	线宽
粗实线	———————	
粗虚线	— — — — — — —	
粗点划线	—·—·—·—·—	0.5 ~ 1.4
粗双点划线	—··—··—··—	
细实线	———————	
细虚线	- - - - - - -	
细点划线	—·—·—·—·—	0.18 ~ 0.35
细双点划线	—··—··—··—	
折断线	⌐〵	
波浪线	〜〜〜	

注：需要缩微的图纸线宽不宜采用0.18mm。

（3）各类图纸中的部件、构件及零件的标号线和指引线，应以细实线绘制，并于其一端画一圆点。标号之间关系清楚时，可用公共指引线表示。标号和指引线表示方法，应符合图4-55的规定。

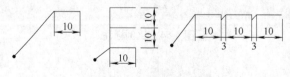

图4-55   标号和指引线

（4）图中设备编号的横线及指引线，应以细实线绘制，表示方法应符合图4-56的规定。

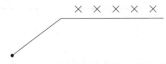

图4-56　设备编号横线及指引线

4.7.1.4　厂房定位轴线

（1）厂房定位轴线应采用细点划线绘制，其轴线编号应标注在轴线端部的圆内。圆应以细实线表示，圆直径为8~10mm。

（2）平面图上定位轴线的编号，宜标注在图形下方与左侧，编号顺序及方法必须与土建专业图纸一致。

（3）厂房定位轴线可采用分区编号（见图4-57），编号的注写应为分区号——该区轴线号。

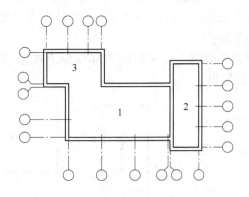

图4-57　轴线分区编号

4.7.1.5　视图符号

（1）图形剖面符号编号，应以大写拉丁字母表示，并填写于圆符号中上部。剖面编号顺序，应按由左至右，由下至上连续编排。剖面圆符号以细实线绘制，圆外缘应按剖视方向绘制涂色切线角，圆中横线为粗实线，圆下半部应填写该剖面所在的图号。当图号较长时可穿过圆周界填写。如所在图号为本图时，应于剖面符号圆下部画一细短横线。图形剖面符号表示方法，应符合图4-58的规定。

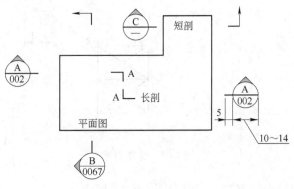

图4-58　图形剖面符号

（2）剖面标题符号，应置于剖面图形下部，符号表示方法，应符合图 4-59 的规定。

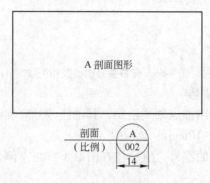

图 4-59　剖面标题

（3）图面视图如不能按基本视图布置时，应于其视图下部标出相应向视图方向。向视图符号应以粗短实线及箭头表示，其向视编号应以大写拉丁字母排序。向视图标题表示方法，应符合图 4-60（a）的规定。

配置图中需单独绘制的平面图，其平面图下部应标出该图名称。平面图标题表示方法，应符合图 4-60（b）的规定。

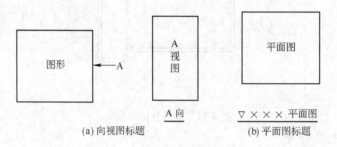

(a) 向视图标题　　　　　(b) 平面图标题

图 4-60　图标题

（4）详图符号应以细实线绘制，其编号以阿拉伯数字排序，详图指引线及圈定范围线，应以细实线表示。详图符号表示方法，应符合图 4-61 的规定。

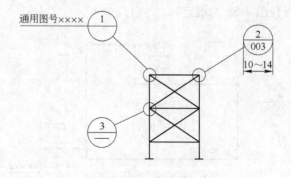

图 4-61　详图符号

（5）详图标题符号表示方法，应符合图 4-62 的规定。

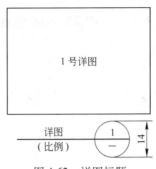

图 4-62 详图标题

4.7.1.6 尺寸标注

（1）尺寸线与尺寸界线应用细实线绘制，尺寸线起止符号应用粗斜短线绘制，其倾斜方向与尺寸界线成顺时针 45°，长度为 2～3mm。尺寸线与尺寸界限表示方法，应符合图 4-63 的规定。

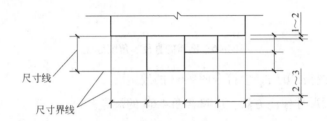

图 4-63 尺寸线与尺寸界线

（2）尺寸数字应标注在尺寸线上方中部，当尺寸界线距离较密时，最外边的尺寸数字可标注于尺寸界线外侧；中部尺寸数字可将相邻的数字标注于尺寸线的上下两边，必要时可用引出线标注。水平与垂直尺寸标注方法，应符合图 4-64 的规定。

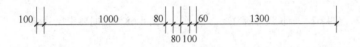

图 4-64 水平与垂直尺寸标注

（3）斜尺寸标注方法，应符合图 4-65 规定。图中 30° 范围内斜线部分，不宜标注尺寸，当必须标注时，应按图中（a）、（b）、（c）图示形式标注。

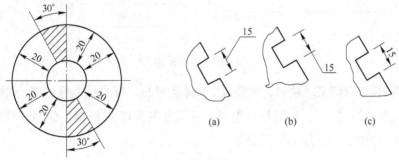

图 4-65 斜尺寸数字标注

（4）圆弧的半径和角度标注方法，应符合图 4-66 的规定。

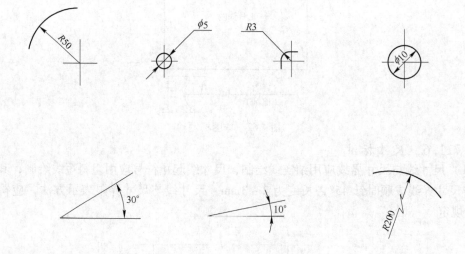

图 4-66　圆弧的直径、角度标注

（5）等长尺寸标注方法，应符合图 4-67 的规定。

（6）相同要素尺寸标注方法，应符合图 4-68 的规定。

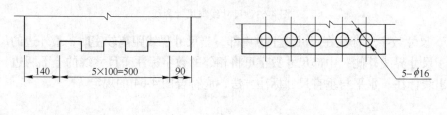

图 4-67　等长尺寸标注　　　　图 4-68　相同要素尺寸标注

（7）坡度方向应以带箭头的短细线表示，箭头指向低处，坡度数值应标注于短细线上部。坡度标注方法，应符合图 4-69 的规定。

图 4-69　坡度标注

（8）标高符号以细实线绘制，标高数字以米为单位，零点标高应注写 ±0.00，正数不注"+"，负数应注"−"。标高符号绘制，应符合表 4-15 的规定。标高的数字注到小数点后两位，必要时可注到小数点后三位。

表4-15 标高符号

类 别	立 面 图		平 面 图
	一 般	必要时	
相对标高	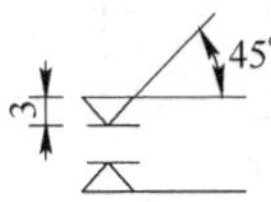 3 / 45°	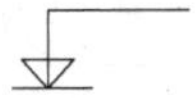 ▽	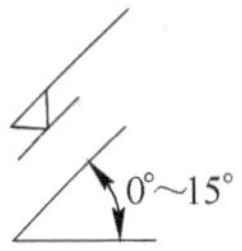 0°~15°
绝对标高	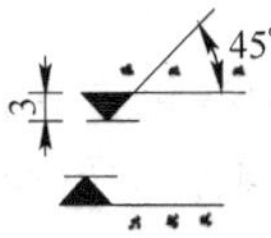 3 / 45°	 ▼	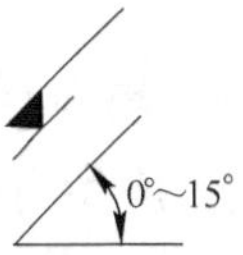 0°~15°

4.7.1.7 字体

（1）图及说明的汉字，应采用长仿宋字体，字高和字宽的尺寸，应符合表4-16的规定。

表4-16 长仿宋字体尺寸 （mm）

字 高	20	14	10	7	5	3.5	2.5
字 宽	14	10	7	5	3.5	2.5	1.8

（2）汉字高度，应不小于3.5mm，拉丁字母和阿拉伯数字高度，应不小于2.5mm。

（3）拉丁字母、希腊字母或阿拉伯数字，如需写成斜体字时，其斜度应与水平上倾75°，字高与字宽的规定与汉字规定相同。

（4）表示数量的数字，应用阿拉伯数字书写。

4.7.1.8 材料剖面图例

（1）材料剖面图例，应符合表4-17的规定。

表4-17 材料剖面

名 称	图 例	名 称	图 例
土 壤		玻璃、其他透明材料	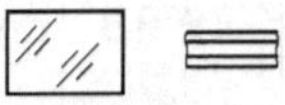
块 石		金属材料	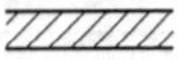
普通砖	① 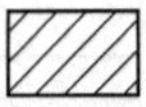	橡胶、耐火砖、铸石	
混凝土、钢筋混凝土	② 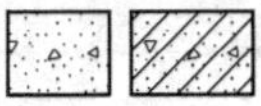	填 料	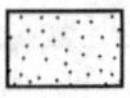
格 网		水或其他液体	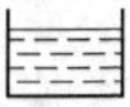
花纹钢板		矿石、砂、精矿	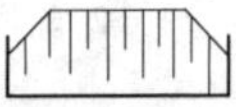
木 材		硅藻土砖	

①当比例小时可不画剖面线；

②剖面图可以涂色代替。

（2）两种材料相邻时，剖面线宜错开或反向对称方式绘制。相邻材料剖面绘制，应符合图 4-70 的规定。

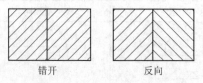

图 4-70　相邻材料剖面

（3）图中非透明材料剖面宽度小于 2mm 时，可用涂色方式代替剖面符号。涂色材料剖面间，应留有不小于 0.7mm 的距离。涂色材料间关系，应符合图 4-71 的要求。

图 4-71　涂色材料剖面相邻关系

4.7.1.9　图标与明细表

（1）图标栏内应划分为设计单位名称、工程名称、图名、图号、签字、修改、参考图及会签等分区，分区尺寸及格式根据具体要求确定。

（2）设备明细表应采用 A3 图纸规格绘制，其格式应符合图 4-72 的规定。两张以上的设备明细表，应于最后一张表上附图标栏，第二张设备表取消表名及表头上部内容。于表头右上角注明第×张共×张。

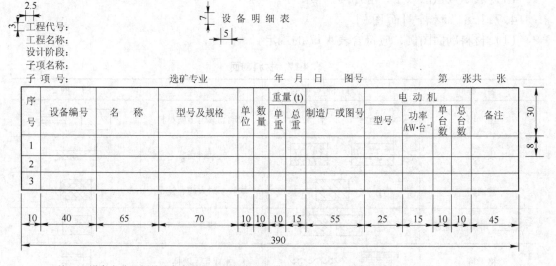

注：1. 设备名称及规格应与制造厂家提供资料一致；
　　2. 除设备主机外，对主机附属设备，应填写在主机之后，不另行编号。

图 4-72　设备明细表格式

（3）各类图纸中明细表、管路明细表及建筑物一览表，应符合图 4-73（a）~（c）的规定。

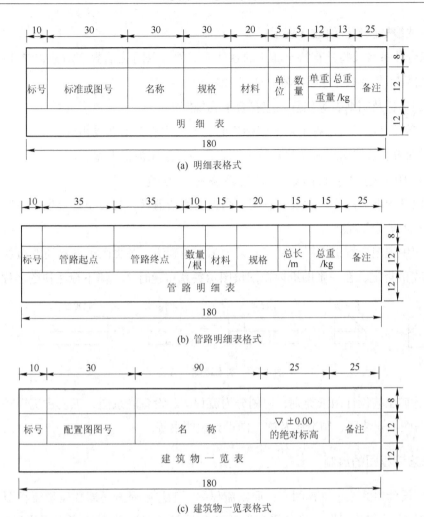

(a) 明细表格式

(b) 管路明细表格式

(c) 建筑物一览表格式

图 4-73 明细表和一览表

（4）各类图纸中选用的表格，应符合表 4-18 的规定。

表 4-18　各类图纸表格

图 纸 类 别	选 用 表 格	填 写 内 容
工艺建筑物联系图	建筑物一览表	工艺建筑物名称、标高及配置图图号
管路图	管路明细表 明细表	工艺管道 阀门、仪表、管路附件及零件
安装图	明细表	部件、构件、紧固件及零件
制造图	明细表	零件及紧固件

（5）图中设备、部件、构件及零件的编号，应符合下列规定：

1）设备以工程子项号、专业代号及设备序号三个层次统一编号；

2）部件以阿拉伯数字前冠以 B 表示，阿拉伯数字表示部件序号，B 表示部件；

3）构件以阿拉伯数字前冠以 G 表示，阿拉伯数字表示构件序号，G 表示构件；

4）零件编号以阿拉伯数字表示；

5）综合件系指某些具有特定涵义的零件或部件，以阿拉伯数字前冠以拉丁字母 O 表示，阿拉伯数字表示综合件顺序号，O 表示综合件。

（6）图标栏及明细表等位置，应符合下列规定：

1）图标栏应置于图纸右下角，图标栏的底、侧边应与图框线相重合；

2）明细表、管路明细表及建筑物一览表，应置于图标栏上方。

4.7.1.10　选矿专业图纸类别及画法的一般规定

（1）设计图纸应准确表达设计意图，图面要简洁清晰，视图布置合理，线型准确、粗细分明，字体端正美观。

（2）图中视图应按正投影绘制，并采用第一角画法。各类图纸基本视图布置关系，应符合图 4-74 的规定，在一张图纸内视图按图示关系布置时，一律不标注视图名称。

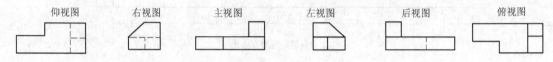

仰视图　　右视图　　主视图　　左视图　　后视图　　俯视图

图 4-74　基本视图布置关系

（3）选矿工艺设计图纸类别，应划分为流程图、设备联系图、工艺建筑物联系图、配置图、管路图、安装图、制造图及施工图设计说明书等。

4.7.2　工艺流程图的绘制

选矿厂设计中的工艺流程图有：原则流程图、工艺流程图（即数质量流程图、矿浆流程图）、取样及检查流程图、设备形象联系流程图等 4 种。前 3 种流程图均以线条表示，所以又称做线流程图。

流程图中指标及参数代号，应符合下列规定：

D_{max}——原矿的最大粒度，mm；

d_{max}——破碎产品的最大粒度，mm；

e——碎矿机紧边排口宽度，mm；

a——筛孔尺寸，mm；

Q——产量，t/h、t/d 或万吨/年；

γ——产率，%；

E——筛分或分级效率，%；

α——原矿品位，% 或 g/t；

β——精矿品位，% 或 g/t；

θ——尾矿品位，% 或 g/t；

ε——回收率，%；

C_w——质量浓度,%;

C_v——体积浓度,%;

W——作业产品含水量, t/h 或 t/d;

L——作业或产品补加回水量, t/h 或 t/d;

C——循环负荷,%;

R——液固比;

t ——浮选或搅拌时间, min。

4.7.2.1 原则流程图

A 原则流程图的内容

原则流程图是表示出破碎、磨矿、选别等主要作业阶段或循环,简明地表示选矿厂工艺加工过程的图纸。原则流程图应表示破碎、筛分、磨矿分级和选别等主要工艺过程的参数关系及原矿、精矿和尾矿的指标;原则流程图中一般不表示浓缩、过滤、干燥和加热等辅助作业,亦不表示水量指标。

B 原则流程图的绘制

原则流程图中各作业阶段或循环,用细实线方框表示,并在方框内注明阶段,或注明循环和名称;各作业连接指示线(或产品指标线)应采用带有指示方向箭头的粗实线表示;对改建、扩建或可能变动的作业阶段或循环,用同粗度虚线表示;原矿、最终产品的品位和回收率,应以细实线绘制表格表示。连接指示线尽量采用垂直或水平布置,流程图应注明相应图例。

C 原则流程图的用途和画法举例

原则流程图一般适用于可行性研究设计和初步设计,施工图设计一般不采用。

原则流程的画法,示于图 4-75。

4.7.2.2 工艺流程图

A 工艺流程图的内容

工艺流程图是表示选矿厂工艺过程各作业的相互联系及各作业产品数量、质量、水量平衡关系的图纸。工艺流程图中一般需表示出下列内容:

(1)生产全过程中各作业间的相互联系及其矿量、水量平衡关系;作业产品应注明产率、矿量、水量及浓度等参数;对破碎、筛分、磨矿及分级作业,应注明粒度变化数值;对原矿、精矿、尾矿及计算选别回路(或选别循环)金属平衡所需的产品,应标注产品的品位、回收率、产率、矿量、矿浆浓度、用水量等指标。

(2)流程图中各作业,应标注其作业名称,如粗碎、中碎、细碎、筛分、磨矿、分级、粗选、扫选、精选、浓缩、过滤、干燥…等。图中每一作业即代表每一种工艺设备的加工过程,但对某些辅助作业,如运输、储存、砂泵、取样…等,习惯上不表示。

(3)浮选作业的浮选时间,主要作业的 pH 值,应标注于作业线下部。

(4)浮选药剂种类及单耗,应于流程图中引出横虚线表示,各类药剂名称及单耗集中注写于图纸一侧。

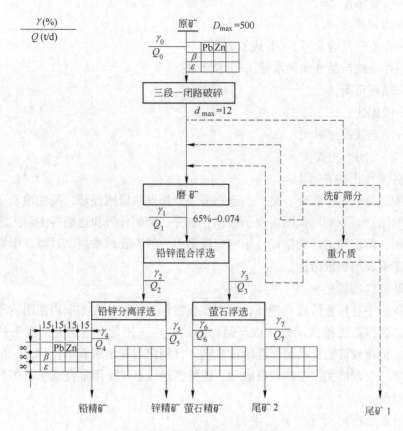

图 4-75 原则流程图画法举例

B 工艺流程图的绘制

绘制工艺流程图时，应遵守如下规定：

（1）破碎、磨矿作业用粗实线单圆圈表示；筛分、洗矿、分级、选别、脱水等作业用平行双线表示，上线用粗实线，下线用细实线。作业产品指示线用细实线，其末端用箭头表示，指示线尽量采用水平或垂直布置。作业及作业产品指示线的表示方法，见图 4-76 的示例，图中虚线部分表示可变动作业。

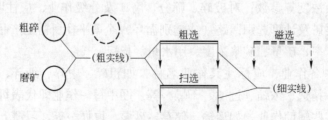

图 4-76 各类作业及作业产品指示线表示方法

（2）对产品各指标的表示方法，是从指示线旁引出一横细实线，将各项指标的数值写在此线的上面或下面，图的上方标出图例。参数标注方法，应符合图 4-77 的规定。粒度标注方法，应符合图 4-78 的规定。

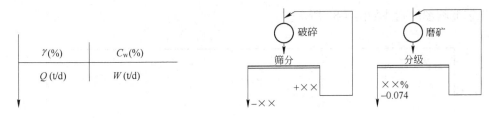

图 4-77　作业产品参数标注　　　　　　　　图 4-78　粒度标注

（3）作业及作业产品补加水用点划线表示，并在线的上面标明补加水数量。当需注明回水时，水量数字前加注符号"L"。总用水量用细实线单圆圈表示，新水和回水可以分别单独示出。作业产品用水标注方法，应符合图 4-79 的规定。

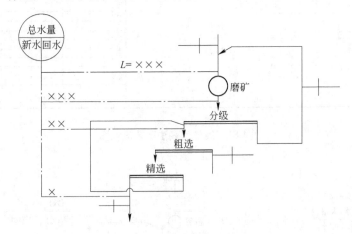

图 4-79　作业产品用水标注

（4）浮选药剂种类及单耗标注方法，应符合图 4-80 的规定。

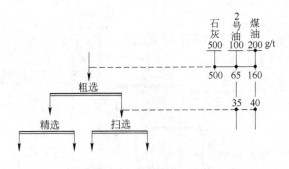

图 4-80　药剂用量标注

（5）预留、扩建及可能改变的作业，其作业线和指示线用同粗度的虚线表示。

（6）当采用电子计算机绘图或流程复杂时，可采用作业编号列表法绘制。其表示方法，应符合图 4-81 的规定。

C　工艺流程图的分类和画法举例

只表示各作业而不表示各产物的指标的工艺流程图，称为线流程图；具有各项选别指标而不注有矿浆浓度、水量的工艺流程图，称为数质量流程图；只有产物的矿量、浓度、水量的工艺流程图，称为矿浆流程图。工艺流程图原则上应将数质量和矿浆流程图合并。

工艺流程图的画法如图 4-82 所示。

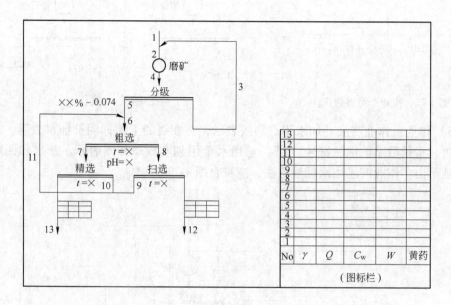

图 4-81　编号列表法工艺流程图

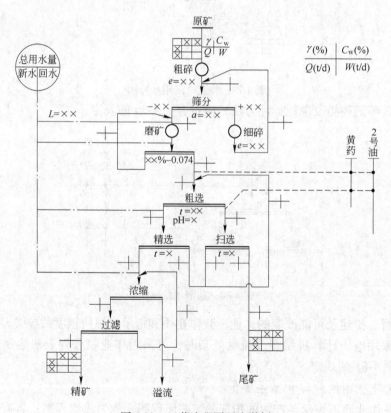

图 4-82　工艺流程图画法举例

4.7.2.3 设备联系图

设备联系图（形象系统图）是表示按工艺流程要求确定的选矿设备之间生产联系的图纸，图中设备图形应简明、形象，设备图形图例应按照《有色金属选矿厂工艺设计制图标准》（YS/T 5023—94）表3.3.1的规定绘制。

A 设备联系图的制图规定

设备联系图的绘制应符合下列规定：

（1）工艺设备的图面布置，应与配置图相对应。

（2）给料机、带式输送机、起重机、砂泵、计量器、取样机、分配器、矿仓、事故池和泵池等设备及有关建筑物、构筑物，应按工艺要求表示清楚。

（3）手拉葫芦、千斤顶、手动单轨小车等小型检修设备，药剂制备与添加等辅助设施，可不在本图中表示。

（4）工艺设备、主要辅助设备及设施，应以细实线表示；预留、扩建以及可能改变的设备或设施的轮廓线，用细虚线表示。

（5）设备间相互联系的指示线，应以粗实线表示，并于其一端冠以指示方向的箭头。指示线尽量采用水平和垂直布置，将来可能改变的指示线用粗虚线表示。

（6）改扩建工程中原有设备或有关设施图形，应于图形内局部或全部涂色以示与新设备及设施的区别，并在附注中加以说明。

（7）全厂的主要工艺及辅助设备，应按实际数量绘出。但系统较多且每个系统作业流程相同时，可在图中表示一个系统，并在附注中加以说明。在图形中以阿拉伯数字注明各类设备的台数。

（8）图中设备应标注以工程子项为单元的设备编号。

（9）设备形象系统图中的主要设备、辅助设备以及与工艺密切相关的建（构）筑物，都应编号，并有设备明细表。

B 设备联系图举例

图4-83是设备联系图的示例。图中设备图形是按照《有色金属选矿厂工艺设计制图标准》（YS/T 5023—94）表3.3.1的规定绘制的。

4.7.3 设备配置图

选矿厂车间设备配置图，就是按选矿工艺要求，表示车间（或厂房）内工艺设备、辅助设备、设施、构件以及有关建筑物（墙、梁、柱、门、窗、平台、梯子及基础等）等总体布置关系的图样。

选矿厂车间设备配置图是进行安装图、管线图、构（零）件制造安装图等施工图设计的依据，并为外专业（总图、土建、动力、暖通和给排水等）做设计提供基础依据资料。

4.7.3.1 选矿厂设备配置图的内容

选矿厂车间设备配置图主要由设备配置的平面图样与剖面图样组成，平面图和剖面图可以分别绘制在几张图纸上，也可绘制在一张图纸上。此外，在平面图的图纸上要列出设备明细表。设备配置图通常包括如下内容：

（1）配置图应分为平面图、剖面图绘制；投影图的布置与数量，应反映出本车间（或厂房）内每台工艺设备、辅助设备、设施和金属构件及相关的工业设施等总体布置状

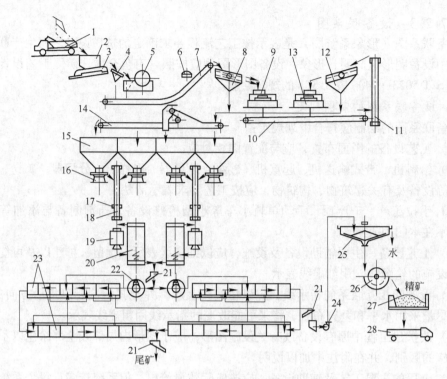

图 4-83　设备联系图

况及其定位尺寸和标高。

（2）必须表示工艺设备、构件等在建筑物内的布置关系、外形轮廓（或特征）及其定位尺寸。

（3）在车间设备配置的平面和剖面图中，要相应绘制出车间（或厂房）建筑物（如墙、柱、梁和基础等）的平、剖面的轮廓线及其定位轴线和相对标高。

（4）应对车间（或厂房）内的每台工艺设备、辅助设备进行统一编号，在平、剖面图中注出。

（5）根据需要可画出与选矿工艺有关的其他专业设备和构件，当这些设备配置在单独的房间内时，可不必表示，仅需注明该房间的名称即可，如配电室、通风机室等。

（6）机组安装图中未包括的构件，可于配置图中标明其构件的制造安装图号。

（7）厂房的 ±0.00 标高后应标注其相应的绝对标高值，标高精度应准确到小数点后两位数。

4.7.3.2　选矿车间设备配置图的画法

（1）绘图时，首先应根据所绘制的设备配置的内容及要求，确定绘制比例，然后选取适宜大小幅面的图纸。图面布置要匀称适当、美观整齐，不要过紧或过松。

（2）绘制各工艺设备、辅助设备、设施和构件的外形特征轮廓时，必须首先确定它们在建筑物内的确切位置，即确定它们的定位尺寸。设备的确切定位应该由平面上与其相邻近建筑物横、纵向定位轴线之间的距离和空间所处位置的标高来表示。常见的设备定位尺寸的标注方法，如表 4-19 所示。

表 4-19 选矿厂设备配置图中设备定位尺寸标注示例

序　号	设备的名称	图　例	说　明
1	圆锥碎矿机	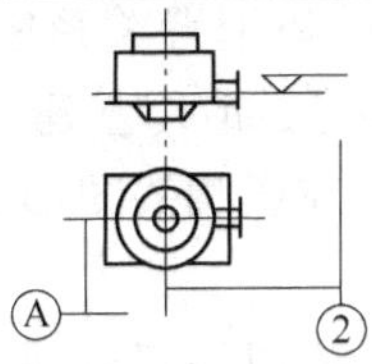	表示标高位置可用传动轴的轴心线也可用机座底面表示
2	颚式碎矿机	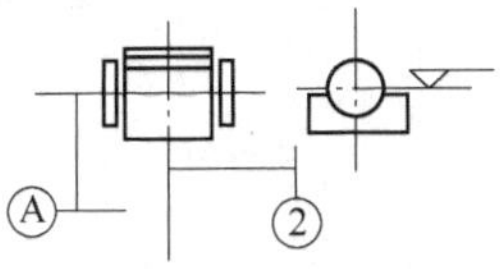	标高是以动颚传动轴的轴心线为准
3	振动筛	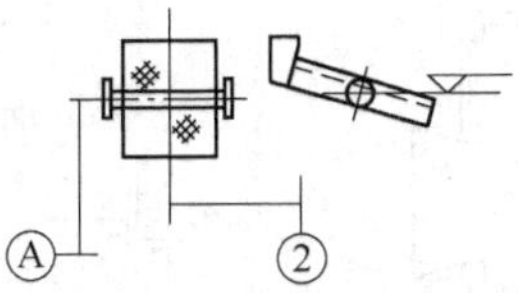	与 A 轴线距离是振动筛偏心轴的轴心线到 A 轴线。标高也是以偏心轴的轴心线为准
4	胶带运输机	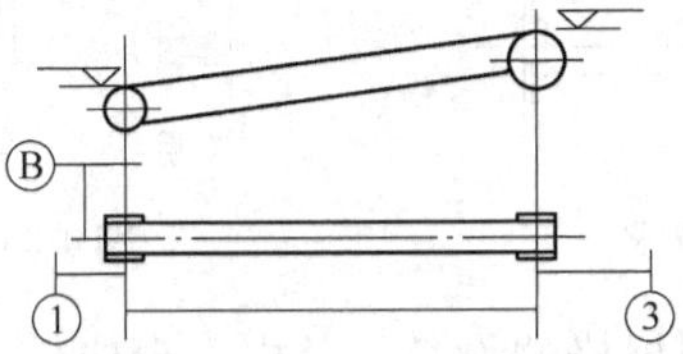	首、尾轮的标高，均是包括胶带厚度是指胶带上表面
5	磨矿机	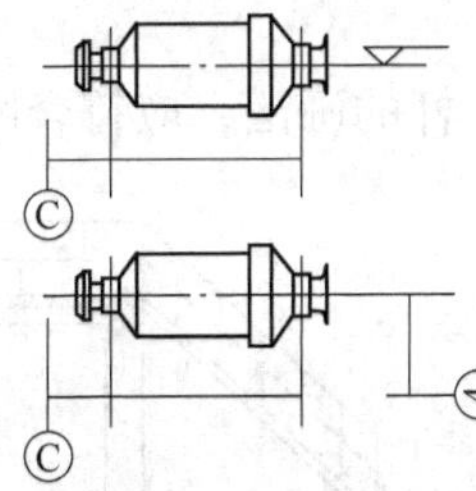	标高系以筒体的中心线为准
6	浮选机	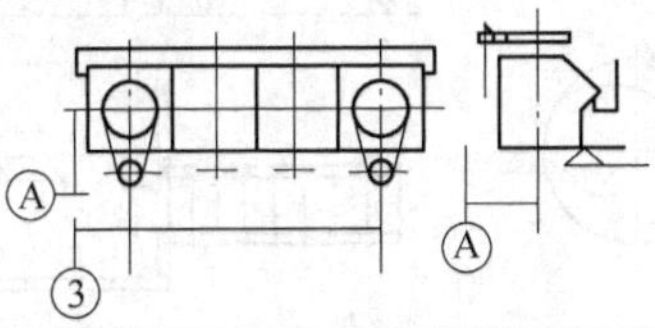	标高系以浮选机的底部为准
7	搅拌槽	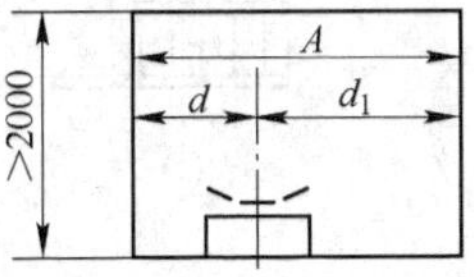	标高系以搅拌槽的底部为准

（3）应按比例（常用的比例有 1∶50、1∶100、1∶200 等）正确画出各工艺设备、辅助设备和构件的外形轮廓尺寸和特征，其可见轮廓线用粗实线。对建筑物（如墙、柱、梁和基础等）的轮廓线及剖面线等，要用细实线按比例画出。

（4）图中的设备编号，必须与工程设备明细表相一致。

（5）厂房中或厂房附近的大型收尘设备及大型管道，对生产操作有影响时，应以细实线绘出其轮廓。

（6）厂房的建（构）筑物中，凡与设备配置关系密切的梁、柱、楼板、平台、孔洞及楼梯等，均应按比例绘出。厂房柱网编号，应与土建专业一致。

（7）扩建工程中的原有设备及设施，应于相关图形上全部或局部涂色；涂色要求应符合图4-84的规定。

（8）新建工程中预留的设备及设施，应以细双点划线绘制，并符合图4-85的规定。

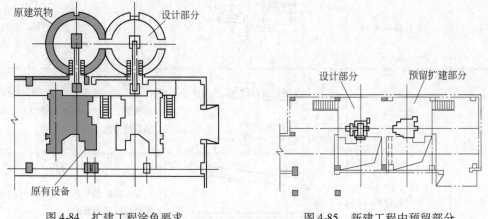

图4-84　扩建工程涂色要求　　　　　　图4-85　新建工程中预留部分

（9）同一配置图中多台相同规格的设备，其中一台应较详细绘制，其他同规格设备可简化绘出设备外轮廓。

（10）孔洞、坑槽、盖板、梯子及栏杆的画法，应符合图4-86的要求。

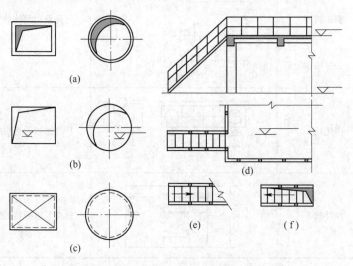

图4-86　孔洞、坑槽、盖板、梯子及栏杆绘制

对于贯穿楼面的孔洞用阴影表示，见图4-86（a）；对下部有底的坑槽不画阴影线，见图4-86（b）；盖板表示法，见图4-86（c）；梯子与栏杆的表示方法，见图4-86（d）~（f），梯子图形中的箭头方向表示梯子向上的方向。

（11）起重机的绘制，应表示出轨顶标高、吊钩极限位置、起重吨位、起重高度、操作室位置及进出口方向、阻车器位置以及单轨葫芦的转弯半径和电源滑触线位置等。起重机图形绘制要求，应符合图 4-87 和图 4-88 的规定。

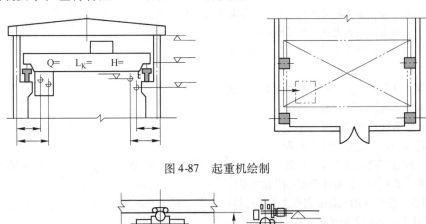

图 4-87　起重机绘制

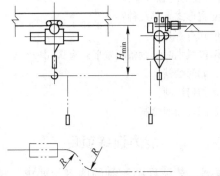

图 4-88　单轨葫芦起重设备绘制

（12）在选矿厂车间设备配置平面图中，便门与大门在配置图中的常用画法见图 4-89（a）、（b）。窗户的画法见图 4-89（c）、（d），也可略去不画。

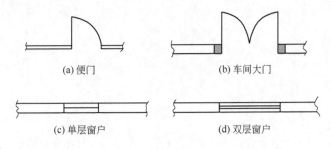

图 4-89　门、窗在平面图上的表示方法

选矿厂车间常见的门有行人通行的便门，一般宽度为 600～800mm；另一种门是车间与外部相通的大门，常用做运输设备、备品、备件等物品出入。当需要通过载重汽车时，门洞宽度为 3600～4000mm，高为 3900～4200mm；当需通过火车时，门洞宽度为 4200～4500mm，高度为 5100～5400mm。

选矿厂车间的窗户是根据车间的工业卫生及自然采光的要求，由土建专业人员设计或选自标准图。

复习思考题

4-1　总平面布置的任务及内容是什么，总平面布置的原则是什么？

4-2　选矿厂厂房和车间的布置有哪几种形式？

4-3　选矿厂车间设备配置应掌握哪些基本原则和要点？

4-4　什么是机组图，应如何绘制？

4-5　影响破碎车间设备配置形式的主要因素是什么？

4-6　破碎车间设备配置主要方案有哪些？

4-7　磨矿车间设备配置形式有哪几种？

4-8　进行浮选车间设备配置时要注意哪些问题？

4-9　某选矿厂浮选车间选用 XJK-5.8 型浮选机 40 槽（其中粗选 20 槽、精选 4 槽、扫选 16 槽），浮选流程为一粗一精一扫。试设计合理的配置方案？

4-10　湿式磁选厂主厂房的设备配置形式有哪几种？

4-11　重选厂主厂房的设备配置形式有哪几种？

4-12　使用浓缩机和过滤机进行两段脱水时，设备配置形式有哪几种？

4-13　什么是选矿厂工艺流程图，如何绘制？

4-14　什么是选矿厂设备联系图，如何绘制？

4-15　什么是选矿厂车间设备配置图，如何绘制？

能力训练项目

能力训练项目 1：试根据工艺流程图绘制的内容及要求，按照本书第 2 章能力训练项目 2-1 和能力训练项目 2-2、2-3 的结果绘制其工艺流程图。

能力训练项目 2：试绘制 $\phi 2.7 \times 3.6 m$ 溢流型球磨机与 $\phi 2400$ 高堰式双螺旋分级机的机组图。

5　选矿厂辅助设备与设施

本章学习要点：

(1) 了解选矿厂常用的起重设备的类型及特点。

(2) 了解选矿厂主要辅助设施的作用及选择原则。

(3) 了解选矿厂尾矿设施的组成及作用。

(4) 了解尾矿设施设计所需的选矿工艺参数。

(5) 掌握检修起重设备及检修场地面积选择原则及要求。

(6) 掌握检修起重设备服务区宽度及安装高度的计算方法。

(7) 掌握选矿厂通道及操作平台的设计规范要求。

(8) 掌握选矿厂职业卫生及安全技术的基本要求。

(9) 掌握尾矿堆存工艺的选择原则。

5.1　选矿厂生产车间辅助设备与设施

5.1.1　选矿厂起重设备与检修场地的确定

在设计中，要根据选矿厂的装备水平，相应考虑必要的检修设施，以减轻工人的劳动强度，加快检修速度，提高设备运转率，为安全生产、完成生产任务创造良好的条件。

检修设施包括起重设备和检修场地两部分。起重设备的选择与检修场地面积的确定，主要取决于车间的设备配置，同时要与整个车间设备的装备水平相适应。

5.1.1.1　选矿厂常用起重设备

我国选矿厂常用的检修起重设备有以下几种：

(1) 举重器。俗称千斤顶，其优点是体积小、重量轻、搬运方便、灵活性大及起重量大（最大起重量可达100t）；其缺点是需手动操作且起重距离短。

(2) 绞车。绞车分为人力和电动两种，其优点是灵活性大，缺点是启动速度较慢。最大起重量可达20t。

(3) 固定滑车。为定点起重设备，其传动方式有手动和电动两种。其优点是机动灵活，缺点是服务范围较小、起吊速度慢。使用时可将其固定在支架或房梁上，其最大起重量为20t。

(4) 电动滑车。又称电葫芦，该设备可吊起重物在单轨道上做上、下和沿轨道前、后移动。其优点是操作简便灵活，服务线可长可短，可直可弯，工作效率高；缺点是起重量较小、速度较慢，起重量一般为 2～5t。安装时，电动滑车的轨道必须对准被起重设备的中心线，以利于检修部件能顺利地垂直吊装。轨道弯曲部分必须注意满足最大曲率半径的要求。

（5）桥式起重机。又称桥式吊车，该设备吊运物件可做 3 种互相垂直运动，即重物的上、下运动，横向和纵向运动。这 3 种互相垂直的运动是通过吊钩的上下运动，起重小车的横向运动和桥架的纵向运动来实现的。

桥式起重机按其结构可分为单梁和双梁两种，按其传动方式可分为手动和电动两种。选矿厂常用的桥式起重机有如下几种：

1）手动单梁起重机：属轻型桥式起重机，适于起重吨位小于 10t，跨度小于 17m，且检修任务不频繁的地方。

2）电动单梁起重机：属轻型桥式起重机，具有起吊速度快的优点，适于起重吨位小于 10t，且检修任务较频繁的地方。

3）电动双梁起重机：属重型桥式起重机，具有起重量大（一般起重量大于 15t，重者可达 100t 以上）、服务区宽度大（可达 30m 以上）、起吊灵活及起吊速度快等优点，适于起重吨位大，且检修任务较频繁的地方。

此外，为生产服务的电动桥式抓斗起重机，起重量达 20t，跨度可达 31.5m，适于精矿装车之用；电动磁力桥式起重机，可用于球磨机装钢球、换衬板等吊运工作。

5.1.1.2 检修起重设备的选择

选矿厂检修起重设备的选择，主要是根据所需检修的设备类型、规格、数量、配置条件及对检修工作的要求等因素，首先确定起重机的起重量、跨度和起升高度，然后再确定起重机的形式和台数。

检修用起重机的起重量是根据设备最大件或难以拆卸的最大部件的重量来确定的。选矿厂中主要设备的检修起重机的选择原则如下：

（1）碎矿机检修起重设备的形式、吨位和台数的确定，可参照表 5-1 选取。

（2）振动筛检修起重设备的选择。对于在单独车间设置的振动筛，其检修多采用单轨或单梁手动起重机；只有当设备台数超过 5 台时，才考虑采用电动单梁起重机。吨位按筛体重量确定。

（3）磨矿机检修起重设备的型号、吨位和台数的选择，可参照表 5-2 选取。

（4）浮选、磁选及矿浆泵检修设备的选择，可参照表 5-3 选取。

表 5-1 碎矿机检修起重机吨位和台数的选择

设备名称及规格/mm		起 重 机		
		起重量/t	型 号	台 数
颚式碎矿机	400×600	3	手动	1
	600×900	10	手动或电动	1
	900×1200	15/3	电动桥式	1
	1200×1500	30/5	电动桥式	1
	1500×2100	50/10	电动桥式	1

续表 5-1

设备名称及规格/mm		起 重 机		
		起重量/t	型 号	台 数
旋回碎矿机	PX500/75	10	电动桥式	1
	PX700/130	20/5	电动桥式	1
	PX900/150	50/10	电动桥式	1
	PX1200/180	75/20	电动桥式	1
圆锥碎矿机	ϕ900	3	手动	1
	ϕ1200	5	手动	1
	ϕ1750	10	电动桥式	1
	ϕ2200	20/5	电动桥式	1
锤式碎矿机	1000×800	3	手动	1
	1300×1600	5	手动	1
	1430×1300	5	手动	1

表 5-2 磨矿机检修起重机起重量和台数的选择

设备名称	规格/mm	台数	起 重 机			备 注
			起重量/t	型 号	台数	
球磨机	ϕ1500×1500		3	手动	1	
	ϕ1500×3000		5	手动或电动	1	
	ϕ2100×2200		10	电动桥式	1	
	ϕ2100×3000		10	电动桥式	1	
	ϕ2700×2100		15/3	电动桥式	1	
	ϕ2700×3600	≤4	20/5	电动桥式	1	
		≥5	30/5		1	
		≥10	30/5，5		各1	5t 为电磁桥式起重机
	ϕ3200×4500	≤4	30/5	电动桥式	1	
		≥5	50/10		1	
		≥10	50/10，5		各1	5t 为电磁桥式起重机
	ϕ3600×4000	≤4	50/10	电动桥式	1	
		≥5	50/10，5		各1	5t 为电磁桥式起重机
		≥10	75/20，5		各1	5t 为电磁桥式起重机
	ϕ3600×5500		100/20，5	电动桥式	各1	5t 为电磁桥式起重机
干式自磨机	ϕ4000×1400		10	电动桥式	1	
	ϕ6000×2000		30/5	电动桥式	1	
湿式自磨机	ϕ5500×1800		30/5	电动桥式	1	

注：棒磨机检修起重机吨位和台数的选择可参照此表选用。

表 5-3　磁选、浮选及矿浆泵等设备的检修起重机吨位和台数选择

设备名称	规格/mm	起重机		
		起重量/t	型　号	台　数
永磁筒式湿式磁选机	CYT-600×900~900×1800	1	手动或电动	1
浮选机	XJK-0.62~2.80	1	手动或电动	1
	XJK-5.80	2	手动或电动	1
摇　床	1600×4400	1	手动或电动	1
灰渣泵	4PH	1	手动或电动	1
	6PH	2	手动或电动	1
	8PH	3	手动或电动	1
胶　泵	4in PNJ、5in PNJ	1	手动或电动	1
	6in PNJ、8in PNJ	2	手动或电动	1
	10in PNJ	3	手动或电动	1

注：台数少时选手动起重机，台数多时选电动起重机。

（5）过滤机检修起重设备的选择，通常按过滤机风头重量选取手动葫芦即可。只有当设备台数较多时，才可根据鼓筒的重量选取电动单梁或电动双梁起重机。

（6）胶带运输机头部一般不设置起重设备。只有当胶带宽度大于 800mm 并且传动功率大于 40kW 时，可考虑采用手动单轨起重机，起重量按胶带运输机头轮或减速机的最大件重量选定。

5.1.1.3　桥式起重机的服务区和安装高度的确定

对于桥式起重机，在确定其起重量之后，尚需正确确定其服务区和安装高度（即起重机行走的轨道面高度），这对充分发挥其使用效果、合理确定厂房的高度和跨度均具有重要意义。桥式起重机的轨道面和服务区宽度的尺寸表示如图 5-1 所示。图中所示符号意义如下：

k ——由地板面至车间所有设备中突出最高点（或操作台栏杆上部）的距离；

z ——被提升吊运的设备（或部件）下缘与车间设备的最高点之间的最小间距，一般取 0.5m；

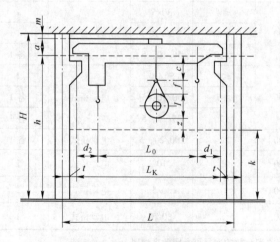

图 5-1　确定桥式起重机高度和服务区宽度略图

I ——被提升吊运的设备（或部件）的外形高度尺寸；

f ——由吊钩至被提升吊运设备上缘的高度，即绳索可靠抓住的必须高度，f 值最小为 $1 \sim 1.5\text{m}$；

c ——由轨道面至钩锁最高位置的高度；

a ——由轨道面至桥式吊车最上部的高度；

m ——起重机最高点与建筑物房架下缘突出构件底面之间的距离，当接电滑线在厂房侧旁时，$m \geqslant 100\text{mm}$；接电滑线在房架横梁下面时，$m \geqslant 400\text{mm}$；

t ——厂房柱子中心线与轨道中心线之间的距离，起重量在 15t 以内的起重机，$t = 0.5\text{m}$;20 $\sim$ 100t 的起重机，$t = 0.75\text{m}$；

d_1 ——当钩锁在右侧时，轨道中心线至钩锁极限位置的距离；

d_2 ——当钩锁在左侧时，轨道中心线至钩锁极限位置的距离。

a、c、d_1、d_2 的具体尺寸可由具体选用的起重机的样本和制造图纸上查得。

从图 5-1 中可以看出：

(1) 从地板面至起重机轨道面高度 h：

$$h = k + z + I + f + c \tag{5-1}$$

(2) 从地板面到房架下缘突出构件向下的底面之间总高度 H：

$$H = h + a + m \tag{5-2}$$

(3) 起重机跨度 L_K 等于车间厂房跨度 L 减去 $2t$，即：

$$L_K = L - 2t \tag{5-3}$$

(4) 桥式起重机的服务宽度 L_0：

$$L_0 = L - 2t - (d_1 + d_2) \tag{5-4}$$

5.1.1.4 检修场地的位置与面积的确定

选矿厂生产车间内的检修场地主要包括进行日常部件检修及装配工作所需场地，以及存放备品备件、材料、检修拆下的旧部件、衬板及废钢球等所需的场地，主厂房的检修场地还应包括存放磨矿介质钢球（棒）的钢球（棒）仓。

能在设备安装地点进行设备检修时，可不设专门检修场地。

布置检修场地的位置时，除应考虑检修工作的方便外，还应考虑今后厂房扩建的需求。检修场地可布置在厂房的一端或中部，与之相应的厂房的另一端或两端的末跨，均不作为检修场地计算。

各类设备检修部件所需场地面积如下：

(1) 破碎设备部件检修场地的确定参见表 5-4。

(2) 磨矿设备部件检修场地的确定参见表 5-5。

表 5-4　破碎设备部件检修场地的确定

设 备 名 称	台　数	检修跨数量	每跨柱距/m
400 × 600 颚式碎矿机		1	4 ~ 6
600 × 900 颚式碎矿机	1 ~ 2	1	6
900 × 1200 颚式碎矿机	1 ~ 2	1	6

设 备 名 称	台 数	检修跨数量	每跨柱距/m
1200×1500 颚式碎矿机	1	1	6
	2	2	6
1500×2100 颚式碎矿机	1~2	2	6
PX500/75 旋回碎矿机	1~2	1~2	6
PX700/130 旋回碎矿机	1~2	2	6
PX900/150 旋回碎矿机	1~2	3	6
PX1200/180 旋回碎矿机	1~2	3~4	6
φ900 圆锥碎矿机	1~2	1	4~6
φ1200 圆锥碎矿机	1~2	1	6
φ1750 圆锥碎矿机	1~2	1	6
	≥3	2	6
φ2200 圆锥碎矿机	1~4	2	6
	≥5	3	6

注：1. 对旋回、圆锥碎矿机在检修场地应设有熔锌炉位置；

     2. 圆锥和旋回碎矿机，根据安装设备的数量，在检修场地应设置 2 个或 2 个以上安放锥体的支架或孔洞。

表 5-5   自磨及球磨设备部件检修场地的确定

设备名称/mm	台 数	检修场地（集中配置）	
		检修跨数量	每跨柱距/m
φ4000×1400 干式自磨机	2~6	1~2	6
φ5000×2000 干式自磨机	2~8	2~3	6
φ5500×1800 湿式自磨机	2~8	2~3	6
	≥9	4	6
φ1500×1500 球磨机	2~6	1~2	6
φ1500×3000 球磨机	2~6	1~2	6
φ2100×2200 球磨机	2~6	2	6
φ2100×3000 球磨机	2~6	2	6
φ2700×2100 球磨机	2~6	2	6
φ2700×3600 球磨机	2~6	2~3	6
	≥7	3~4	6
φ3200×4500 球磨机	2~6	3~4	6
	≥7	4~5	6
φ3600×4000 球磨机	2~6	3~4	6
	≥7	4~5	6

注：棒磨、自磨和球磨检修场地面积相同。

过滤、干燥及搅拌浸出设备不设专门检修场地。

5.1.2 选矿厂辅助设施

5.1.2.1 选矿厂药剂设施

药剂设施是浮选厂、氰化厂辅助设施的重要组成部分，它主要由药剂的贮存、制备和给药 3 部分组成。

A 药剂贮存

药剂贮存方式因药剂性质、种类及包装形式的不同而异。对用量大的液体药剂，需设贮液槽；而对于袋装或桶装的药剂，则应设置仓库贮存。

在设计药剂仓库时，一般应注意如下事项：

（1）药剂仓库的位置。一般应靠近药剂制备室，同时要考虑外部运输的方便，应有公路相通。当用药量大且用铁路运输药剂时，则仓库应靠近铁路线。

（2）药剂贮存时间。根据药剂点的远近、交通运输条件、药剂性质及用量的多少等因素来考虑。用药量虽不多，但供应点远，交通不便，供药时间长时，库存量应大些；反之可小些。一般可按贮存 1~3 个月的生产用药量来考虑仓库面积。但对用药量大的大型选厂，供应条件又较好时，药剂贮量可小于 1 个月，但不宜低于 0.5 个月。

（3）药剂的防护。根据药剂性质不同，设计仓库时要考虑防火、防晒、防腐、防潮和通风等措施。例如煤油、松油类需防火；碳酸钠、漂白粉、硫酸铜等要防潮；黄药、黑药类需防晒；酸、碱类需防腐。不同种类药剂应分别堆放。对剧毒、强酸、强碱、易燃等药剂，应单独设库贮存，并设专人保管。仓库内应安装通风机，以确保通风良好。

（4）药剂库的面积和高度。设计药剂仓库的面积时，应根据药剂堆存量和包装形式而定。此外，还应考虑有足够的搬运通道及相应的设施。对大型药剂仓库，应设置单梁起重机；中、小型仓库，应设置电动葫芦作堆放、运输药剂用。仓库高度应视药剂堆放高度、单件安全运输所需高度及工业卫生等要求而定。

各种药剂包装方式及堆放定额可按表 5-6 选取。

表 5-6 各种药剂单位面积堆存定额

药剂名称	包装方式	单件重量/kg	仓库堆存定额/t·m^{-2}	
			起重机堆放	人工堆放
碳酸钠	麻袋装	180	3.0	1.7
硫酸铜	木箱或草袋	50	2.4	1.35
硫酸锌	麻袋装	100	1.6	0.9
丁基黄药	铁桶	150~180	1.9	1.05
黑药	铁桶	180	1.9	1.05
乙基黄药	铁桶	150	1.9	1.05
浮选油	铁桶	180	1.9	1.05
氰化钠	铁桶	50	1.8	1.0
油酸	铁桶		1.9	1.05
水玻璃	麻袋装	100	1.65	0.9
硫化钠	铁桶	150	3.50	2.0

注：1. 起重机堆放按约 3.5m 的高度计算；

2. 人工堆放按约 2.0m 的高度计算。

　　B　药剂制备

　　药剂制备是浮选厂、氰化厂生产中的重要环节，必须与主厂房设计一起考虑。药剂制备有集中制备与分散制备两种方式，应以集中制备为主。

　　药剂制备地点的确定，应以给药方便为原则。对药剂用量少、品种也少的选矿厂，可将药剂制备室集中设置在主厂房内的高处，使制备成的药剂溶液自流到给药机。对用量大、品种多的选矿厂，可把药剂室设置在靠近主厂房的地方，用泵将制备的药剂溶液扬送到给药室。

　　药剂制备室内的设备配置，应按不同药剂分别设置制备的容器和设备。对剧毒的氰化物要单独设置制备间，采用封闭式管理；对酸、碱制备容器、设备及地面，应有防腐措施。地面和楼面均应有 $1\% \sim 3\%$ 的坡度和排水沟或集水漏子，以利于冲洗与排污。室内应设置通风装置，以确保通风良好。

　　药剂制备前应严格检查药剂的质量。每天使用的药剂通常集中在一个班内进行制备，这样便于药剂质量和溶液浓度的稳定。

　　药剂制备的浓度，以方便给药、贮存及计量为原则。一般药剂通常制备成浓度为 $5\% \sim 20\%$ 的溶液，用量大的高些，反之则低些。而剧毒的氰化物则以配成 1% 的溶液为宜。几种常用药剂的制备方法如下：

　　（1）块状水玻璃经破碎后，放在容器中加水、加温搅拌溶解或用泵循环溶解。用量大时，也可用高压釜通蒸汽溶解。

　　（2）块状硫化钠用量不大时，可破碎后加冷水搅拌溶解；用量大时，可浸入水中加温溶解。

　　（3）桶装的氧化石蜡皂用蒸汽加温溶解。

　　（4）黄药、黑药、碳酸钠、硫酸锌、硫酸铜、氰化物等易溶的药剂，均可采用冷水浸泡搅拌溶解。

　　（5）油酸、脂肪酸等凝固点高的药剂，必须加温溶解，同时，在给药机、输送管道和搅拌槽处要设置加温或保温设施。

　　（6）当石灰用量较少时，可将干石灰粉（或块灰）直接添加到磨矿分级作业的循环中。用量大或块状石灰，应经消化后制成石灰乳，而后再添加。

　　C　给药

　　（1）给药方式。根据药剂品种的多少、药剂性质及选矿厂规模的大小等因素，可分为集中给药、分散给药或两者兼用。

　　对小型选矿厂，常采用集中给药方式。其优点是操作管理方便，能严格控制药剂制度；缺点是药剂管线较长，药剂调节反应慢。对多系统的大、中型浮选厂或当选矿厂用药种类较多时，常采用分散给药方式。其优点是给药管线短，药剂调节反应及时；缺点是不便于统一管理及严格控制统一的药剂制度。此外，可根据药剂溶液流动性的不同，采用集中与分散相结合的给药方式。对流动性好的药剂，可采用集中给药方式；而对某些流动性较差的 2 号油、重吡啶等药剂和凝固点较高的脂肪酸、油酸等药剂，应采用分散给药方式。这种混合给药方式具有灵活多变、适应性强的优点，因此常被选矿厂采用。

　　对某些需干式添加的药剂，只能分散给药；而对剧毒的氰化物溶液，必须采用集中给药方式，以便加强管理，确保安全生产。

（2）大多数选矿厂对液体药剂普遍采用虹吸式给药器。它具有构造简单、操作灵敏、便于调节等优点。对用量很大的液体药剂，可采用杯式给药机和数控给药机进行给药。对于干粉状药剂，多采用盘式或带式给药机。

（3）给药管道的选用与安装。根据药剂的性能，可采用耐磷、耐碱的塑料管或耐温的钢管。安装给药管道时，要特别注意避开厂房内起重机的服务区，而沿墙、柱和楼面敷设。当采用各类药剂管道成束敷设时，应注意将有腐蚀的管道置于下面。在管道临近给药点的架空高度不应低于2m，管道坡度一般不应小于3%。

几种常见药剂所需的最小管道坡度见表5-7。

表 5-7 几种常用药剂要求的最小管道坡度

药 剂 名 称	最小坡度/%
煤油	1 ~ 1.5
樟脑油	1 ~ 1.5
氰化钠溶液	4 ~ 5
碳酸钠溶液	3 ~ 7
硫酸亚铁溶液	3
水玻璃溶液	5 ~ 7
黄 药	2
黑 药	3
油 酸	3（20℃以上时）
硫酸铜溶液	3
硫酸锌溶液	3
石灰乳	7 ~ 8

5.1.2.2 选矿试验室

A 设立选矿试验室的目的

选矿厂设立选矿试验室的目的包括：

（1）结合矿床开采过程中矿石性质的变化，预先研究选矿厂将要处理的矿石的可选性，为生产提供合理的操作条件。

（2）研究解决生产中存在的技术问题，为改进工艺流程和操作条件提供实际的技术资料。

（3）为在生产中积极稳妥地采用与推广新技术、新设备、新药剂以及综合回收有用矿物等科研成果，进行试验研究工作。

B 试验室的规模与装备

试验室的规模与装备水平主要取决于选矿厂规模、选矿方法及矿石性质等因素。对矿石性质简单易选的单金属或多金属矿选矿厂，不论其规模大小，只需设置小型试验室。对多金属复杂类型矿石，需按选矿厂的不同规模及其产品的重要程度进行综合考虑。一般大型选矿厂可设置大型连续性试验室，中、小型选矿厂可设置能做小型闭路试验的小型试验室。

在小型试验室里，应装备试料加工设备（即破碎、筛分、磨矿设备及套筛与称量、缩分、取样工具等）、选别设备、过滤干燥设备、制样和取样设备及工具等。

在大、中型试验室里，除进行小型试验所必需的设备和工具外，还应有一整套小型连选设备，包括中间产物返回的砂泵等。对浮选试验室而言，连选设备应包括磨矿、分级、搅拌、浮选、浓缩和过滤设备等。对重选试验室而言，连选设备包括棒磨、球磨、筛分、水力分级、跳汰、摇床、脱泥斗等设备。磁选试验室，除试料加工设备外，一般需有比磁化系数测定仪、磁选管、磁力脱水槽及磁选机等。当矿石性质复杂而采用焙烧磁选工艺流程或联合流程时，需相应增加焙烧炉或强磁选及相应选别设备。

对处理金矿石的选矿厂试验室，除需设置常规试验设备外，还需根据所采用的工艺要求而设置浸出搅拌槽、炭吸附槽、解吸、电解、置换、马弗炉、高压釜及空气净化和污水处理等设备。混汞提金试验可用小球磨机加汞（内混汞）或利用小型混汞板（外混汞）进行。

小型浮选厂试验室所用配套设备可参照同类矿山选矿试验室或参照表 5-8 选取。

表 5-8　小型铜矿或铅锌矿浮选厂试验室主要设备

设 备 名 称	规　　格	单位	数量
颚式碎矿机	100×60	台	1
辊式碎矿机	$\phi 200 \times 75$	台	1
圆盘碎矿机	$\phi 150$	台	1
标准筛	$\phi 200$	套	2
标准振筛机	$\phi 200$	台	1
筒型球磨机	$\phi 200 \times 200$	台	1
挂槽浮选机	3.0L, 1.5L, 1.0L, 0.75L, 0.5L	台	各1
盘式真空过滤机	$\phi 240$	台	1
电子天平	1000g（感量0.1g），500g（感量0.1g），100g（感量0.01g）	台	各1
缩分器	5，10，15，25	套	1
电热恒温干燥箱	$500 \times 600 \times 750$	台	1
双筒显微镜	XST 型，100X	台	1
磁选管	$\phi 50$	台	1
计算机		台	1
电子秒表		块	1
台　秤	50kg，10kg	台	各1

注：磁选管只有在需选铁时采用。

C　试验室的组成与布置

一般小型试验室通常由试料加工室、选别室、天平室、过滤烘干室、贮存室及办公室等组成。对大型选矿试验室，还应增设岩矿鉴定室、仪器保管室及药剂贮存室等。

试验室应设置在尽可能靠近主厂房的地方。试验室各工作室的布置，应遵循使用方便和互不干扰的原则。室内要求光线充足，空气流通，地面应有一定坡度以便于排污。对易产生"三废"的试料加工室、蒸馏室、氰化浸出及混汞室等，要有良好的通风、除尘设备和废气、废液的净化设施。

5.1.2.3 化验室

（1）化验室的主要任务。化验室负责选矿厂的各种原料、生产矿样及产品的分析检验工作；承担生产勘探和采矿的样品分析及选矿试验研究样、生产流程考查样、水质、药剂、粉尘及有害气体等化验分析工作。

（2）化验室的规模与装备。一般根据需化验的元素的种类、性质、数量、采用的分析方法及总工作量来确定化验室的规模与装备。同时可参照处理类似矿石的矿山化验室的实际资料来选取。

（3）化验室的组成与设置。化验室一般由各种分析室、滴定液制备室、天平室、电炉室、蒸馏室、容器贮藏室、药品贮藏室、副样室及办公室等组成。此外，有些选矿厂的化验室还配备制样室。

化验室应单独设置，其位置应位于选矿厂和生活区的下风向，避免震动及粉尘的影响。整个化验室要求采光与通风良好。天平室、比色室、极谱室应设置在阴凉干燥的地方，避免潮湿、粉尘、曝晒、震动和酸气的影响。分析室不得与精密仪器配在一起，以防酸气腐蚀仪器。对分析室的地面应有耐酸要求，并应冲洗方便且应设有通风装置。

5.1.3 选矿厂的通道与操作平台设计

在选矿厂车间设备配置的设计中，合理地布置各车间的通道与操作平台及正确地选择其尺寸，是关系到方便生产操作、保证安全生产和降低基建投资的不可忽视的工作。

按服务性质，选矿厂的通道可分为如下三类：

（1）主要通道。主要通道是连通各相连或相邻生产车间，供选矿工作人员通行、联系或兼顾操作之用的通道。例如，纵向排列的磨矿分级机组前沿的通道，既是主要通道，也是操作通道。主要通道的宽度不但要保证通行方便，而且要考虑一般小件搬运的畅通。对大型选矿厂，其宽度一般为 2 ~ 3m；对中、小型选矿厂，其宽度为 1.5 ~ 2m。

（2）操作通道。操作人员看管多台设备时，需经常流动观察、检测调节的通道，称为操作通道，例如相向配置浮选机列之间的通道。一般操作通道的宽度不应小于 1.2 ~ 1.5m。

（3）维修通道。专供某设备和特定部件维护与修理所用的通道称为维修通道，例如胶带运输机走廊的窄边。专用维修通道一般宽度为 0.6 ~ 0.9m。

无论是主通道、操作通道还是维修通道，其净空高度均不应低于 2.0m。对斜坡通道，当其坡度为 6° ~ 12°时，应加防滑条；当其坡度大于 12°时，应设踏步。

各层操作平台的设置，主要以对设备操作、检修、维护及拆装提供方便安全的条件为原则。设计时应注意如下问题：

（1）平台面积的大小和形状取决于设备及其配置，应在满足操作、检修工作需要的面积的前提下，尽可能做到美观实用。

（2）当同一位置或同一机组需设几层操作平台时，层间净空高度一般不应小于 2.0m。同时，要注意上层平台不致妨碍下层设备的操作和吊装检修。

（3）当操作平台高出地面 0.5m 时，应设置保护栏杆，栏杆的高度一般为 0.8 ~

1.0m。如操作平台上留有吊装孔洞，也应设保护栏杆或加活动盖板。

（4）设计平台的强度时，主要应考虑操作检修人员和常卸最重部件或零件的荷重，一般按均匀荷重 $400\mathrm{kgf/m^2}$ 考虑。当有集中荷重或动载荷时，则应根据荷重种类、大小和位置，向土建设计人员提出特殊要求，采取特殊加固措施。

5.1.4　选矿厂职业卫生与安全技术设计

设计选矿厂时，应对选矿厂的职业卫生及安全技术方面的要求给予高度的重视，相应的职业卫生、安全技术工程及设施与生产设施要同步设计、同步施工、同时竣工验收使用，为选矿厂严格执行国家有关环境卫生及安全技术法规打下良好的基础，为文明生产、安全生产创造良好的条件。

5.1.4.1　车间卫生

A　厂内污水处理

在选矿厂内，因冲洗地板和擦洗设备以及由于生产过程中设备的渗漏、矿浆的外溢和事故排放等原因，将产生部分污水。对这部分污水的处理，可采取如下方法：

（1）设立排水沟系统，使厂内地面及楼板的污水能顺着排水沟系统自流到厂外污水池或排污沟中。

（2）设置专用集污沉淀池，用于贮存因设备事故、检修和突然断电等原因而排出的矿浆。沉淀池的位置应设在选矿厂底部跨间或厂外。

（3）设置排污砂泵和事故泵，前者用于把沉淀池中的矿砂返回到继续加工的作业点；后者是为防止突然停电时，位于选矿厂底层的设备不被淹没而设立的。事故泵应备有专用电源。

为了顺利排污，车间内地面（楼板）、地沟应有一定坡度。通常破碎车间冲洗地面和地沟的坡度不应小于3%；磨浮车间排污地面和地沟的坡度不应小于5%；重选厂的摇床地面或楼板的坡度不小于4%，其坡向以从精矿端指向摇床头部为好。

B　车间空气中有害气体和粉尘的防护

车间内凡散发有害气体和产生粉尘的设备和场所，都应严格密封并加以妥善处理，严格防止有害气体和粉尘在车间内扩散，以免危害作业人员的身体健康。同时，要安装检测、报警、通风及除尘装置，将车间空气中的有害气体和粉尘含量达到工业企业设计的卫生标准。

C　生产照明和作业区温度

对生产车间的照明和作业区温度的要求，应参照执行工业企业设计的卫生标准。对需经常检修的碎矿机、胶带输送机、球磨机、浮选机等设备，需设置有局部照明变压器供电的检修照明。检修照明网路电压等级，对于机械内部检修应采用12V，其余地点可采用36V。

另外，一些作业如手选作业、精矿的浮选泡沫槽和最终精矿摇床的精矿带处，需要设置特殊的照明。

5.1.4.2　选矿厂"三废"的排放

选矿厂的"三废"外排时，必须严格遵守国家环境保护的有关排放规定。如不满足规定的要求时，则必须经过净化处理，达到排放标准后方可排放。

A 废水的排放

凡由选矿厂所外排的污水（包括尾矿水），如不能满足废水排放的要求，则必须经污水处理，达到标准后方可排放。

B 废气和废渣的排放

凡具有一定毒害程度的选矿厂有关生产车间和部门，对其产生的有害气体（包括含尘空气）必须经过适当处理或采取某种措施达到排放要求后，方可外排。

当选矿厂向大气排放废气时，应满足《大气污染物综合排放标准》（GB 16297—1996）的相关要求，同时应按照要求在厂区周围建立防护带。

选矿厂的废渣（包括尾矿渣）实际上是一种自然资源，要设法综合回收与利用。暂时不能利用的，应注意设置尾矿库妥善堆存，以便将来回收和利用，并要严防扬散、流失而造成对大气、水源和土壤的污染。

对含汞、镉、砷、六价铬、铅、氰化物、黄磷及其他可溶性剧毒废渣，属于危险废物，必须专设具有防水、防渗等措施的存放场所，禁止埋入地下与排入地面水体。

5.1.4.3 选矿厂的安全技术

选矿厂设计时，应注意以下的主要安全技术问题：

（1）一切设备的传动装置、接合器、齿轮、飞轮、皮带轮、传动轴、凸轮机构、蜗轮机构等，都应安装安全罩和安全栏杆。在磨机筒体外围，应设立安全栏杆。另外，在设备的给矿和排矿地点，为防止矿石或矿浆飞溅，应设有足够高的保护围圈。

（2）凡是有坠落危险的地方，如水池、矿仓、平台上的孔洞和地面上的坑槽及地沟等处，应设立保护栏杆、盖板或箅条。凡高出或低于地板 0.5m 的操作平台、通道、坑槽和梯子等，都应设有高度为 1.0m 的保护栏杆。

（3）凡湿式作业车间的各层平台的检修孔、安装孔、设备基础孔的周围及平台边缘，均应设高度为 100~200mm 混凝土边堰，以防冲洗地板水或地面水顺孔（边）流下影响下层人员工作或损坏设备。

（4）联系各操作平台和地面梯子的规格，一般单人行走的梯子宽度为 0.7m，两人行走的梯子宽度为 0.9m，两人以上行走的梯子的宽度要大于 1.0m。梯子位于主要通道和主要操作通道时，其倾斜度不大于 45°；位于一般操作通道及检修用梯子的倾斜度可适当增加，但不宜超过 60°。

（5）生产厂房，通廊中由地面到棚顶向下凸出构件的高度（厂房净高）不得小于 2.5m，通廊净空高度不得低于 2.0m。胶带输送机的通廊尺寸见表 5-9~表 5-11。

表 5-9 单条胶带运输机的通廊尺寸

	带宽/mm	500	650	800	1000	1200	1400
	A	2500	2500	3000	3000	3500	3500
	d	1000	1050	1250	1300	1500	1550
	d_1	1500	1450	1750	1700	2000	1950

表 5-10   单条胶带运输机的地下通廊尺寸

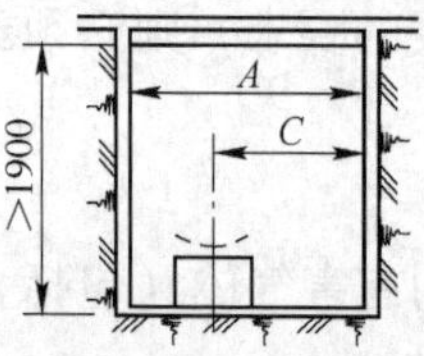

带宽/m	500	650	800
A	1800	2000	2300
C	1200	1300	1400

表 5-11   单条胶带运输机的空中通廊尺寸

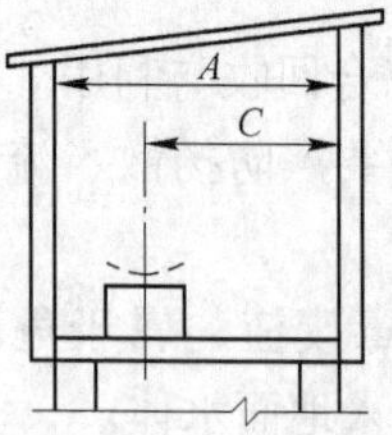

带宽/m	400	500	650	800
A	1800	1800	2000	2300
C	1200	1200	1300	1400

（6）生产厂房内的地面不要抹光，坡度应倾向排水沟方向。

（7）设备操作开关、操作箱应设在使操作人员能看到设备周围附近所有情况和便于操作的地方。

对于互相联系紧密的几个设备，其开关和操作箱应尽量集中设置。如由于集中设置操作人员不能看到被启动设备时，就必须设置有往返系统信号装置，以便根据工作地点返回的信号来启动设备。对联锁操作，在设计中也要考虑在机旁安装有误操解除装置和信号装置。

（8）应严格遵守生产设备、电气设备、起重设备的安装及操作规程。

52   选矿厂的尾矿设施

尾矿的处理是矿山生产中的重要环节。尾矿设施设计得是否合理，不但直接关系到选矿厂的持续正常生产和对周围环境卫生的影响程度，而且与下游的工农业、交通运输和居民的生命财产均有着密切关系。因此,对尾矿设施的设计工作必须给予高度的重视。

521   尾矿堆存工艺的确定与尾矿设施原则方案选择

尾矿堆存工艺。尾矿形态及输送堆存方法,可分为湿排湿堆、湿排膏体堆存、湿排干堆及干排干堆 4 种。湿排湿堆是尾矿以矿浆形态输送至尾矿库,尾矿浆放矿水力冲填沉积在尾矿库中;湿排膏体堆存是将尾矿浆（或输送至尾矿库附近后）脱水至膏体形态（含水率一般在 18% ~24%）,然后送至尾矿库堆存;湿排干堆是将尾矿浆（或输送至尾矿库附近后）脱水至固体散状物料（通常含水率小于 15%）,然后送至尾矿库分层堆放;干排干堆则是某些选矿厂产出部分块状干尾矿或经脱水的粗粒尾矿（如跳汰粗尾矿、溜槽粗尾矿、手选尾矿、重介质粗尾矿等）,用汽车等送至尾矿库堆存。

5.2.1.1   尾矿设施原则方案选择

尾矿设施的高风险性和巨大的投资和运营成本，选择合适的堆存方式至关重要。

尾矿设施原则方案选择时应考虑下列问题：

（1）尾矿水力冲填筑坝堆存作为一种传统的尾矿堆存工艺，工艺成熟，生产运营成本相对较低，后期堆存筑坝技术简单；建设周期较短，可使企业早投产、早见效；在建成初期坝及相关设施，形成满足 $0.5 \sim 1.5$ 年尾矿堆存量的库容后，即可开始使用；初期坝建设质量可控，地形条件适宜时，基建投资较少；对地形条件适应性较好，依地形条件可建成山谷型、傍山型、平地型等类型，山谷型尾矿库可在较小占地面积上获得较大的库容。但是，尾矿水力冲填筑坝堆存方式运营管理要求高，在整个运营期间，防洪安全压力大，一旦管理不善，洪水漫坝造成尾矿坝坍塌，将对下游人民生命财产造成巨大危害；筑坝尾砂粒度过细，后期坝堆筑质量不合格，坝体失稳坍塌，也将造成严重后果；对环保不利，尾矿长期存放在尾矿库内，可能造成有害物质渗透到地下，污染地下水资源；管理不善，发生尾矿跑冒，也将污染环境。

（2）尾矿干堆工艺在安全及环保方面有着突出的优越性。尾矿库的安全性大为提高，运行期间防洪压力降低；尾矿堆积体固结快，稳定性提高，尾矿库失事风险下降；环保效益尤为突出，几乎没有废水外排，渗水量少；利用浓缩机厂前回水，有利于降低选矿厂生产成本，节约大量的药剂消耗；回水量大，成本低，确保地处干旱地区矿山正常生产；尾矿输送堆存灵活，可采用电机车、汽车、带式输送机输送，膏体尾矿还可用管道泵送及重力溜槽运输；膏体尾矿堆放可采用短而灵活的软管阀门排放方式或升高塔排放方式；尾矿堆积体固结快，库区复垦与排放作业可同时进行，提高土地的利用效率。与尾矿水力冲填筑坝堆存方式相比，尾矿干堆早期设备投资较多，生产运营成本较高；膏体尾矿地面堆放对地形条件要求较高，为了有利于尾矿加快固结，堆放的场地面积要足够大，并且场地平均自然坡度不大于 5%；膏体尾矿制备对尾矿粒度组成有要求，尾矿中 $-0.074\mathrm{mm}$ 的粒级含量要在 25% 以上；膏体尾矿制备堆放技术目前还不够成熟，如膏体浓缩机工作的可靠性、粗粒尾矿的膏体制备技术等，有待进一步完善。

（3）尾矿水力冲填筑坝堆存宜用于建设大库容尾矿库，或下游情况简单、无重要敏感设施、失事波及影响范围内无居民的情形。

（4）尾矿干堆工艺适宜用在高地震烈度地区和干旱缺水地区，若尾矿粒度细，水力冲填筑坝困难，也宜采用干堆工艺。膏体尾矿用于矿山井下采空区充填，比传统的水砂充填更具优越性。

5.2.1.2　细粒含水尾矿的处理

细粒含水尾矿一般采用尾矿水力冲填筑坝堆存工艺（湿排湿堆）处理。近年来为满足安全、环保日益严格的要求，尾矿干堆工艺（湿排膏体堆存、湿排干堆）在一些选矿厂中逐步得到应用。

A　尾矿的堆积方式

细粒含水尾矿堆积方式按尾矿排矿口的位置分为以下两种：

（1）从岸向坝堆积。将尾矿浆输送到尾矿库内进行分散，使尾矿由池内逐步向尾矿坝的方向堆积。采用这种方法可使尾矿沉淀池的排水管短些，尾矿库安全性较好；但初期坝（主坝）要求高，投入大，须按水库坝的要求设计。而且因初期坝附近沉淀大量细粒尾矿，造成不良地基，不能用尾矿砂进行水力筑坝，主坝须一次建成。

（2）从坝向岸堆积。将尾矿浆输送到初期坝坝顶后进行分散，这样可以使较粗的矿砂在初期坝内坡附近先行沉淀，而较细尾矿砂则流到距初期坝内坡较远的地方沉淀。因而在尾矿坝内坡附近形成坚实的人工地层，有利于在它的上面修筑堆积坝。其优点是初期坝较低，工程量小、投资少；缺点是排水管较长，管理不善时安全性较差。但此种方法因可直接利用尾矿砂堆积筑坝而被广泛采用。

尾矿从坝向岸堆积时，按照坝轴线移动方式的不同，又可分为上游式、中线式及下游式三种：

1）上游式筑坝。特点是子坝中心线位置不断向初期坝上游方向移升，坝体由流动的矿浆水力充填沉积而成。此法坝体受排矿方式的影响，往往含细粒夹层较多，渗透性能较差，浸润线位置较高，故坝体稳定性较差。但它具有筑坝工艺简单，管理方便，运营费用较低等突出优点，所以国内外均普遍采用。

2）下游式尾矿筑坝。用水力旋流器将尾矿分级，溢流部分（细粒尾矿）排向初期坝上游方向沉积，底流部分（粗粒尾矿）排向初期坝下游方向沉积。其特点是子坝中心线位置不断向初期坝下游方向移升。由于坝体尾矿颗粒粗，抗剪强度高，渗透性能较好，浸润线位置较低，故坝体稳定性较好；但管理复杂，且只适用于颗粒较粗的原尾矿，又要有比较狭窄的坝址地形条件。国外使用较多，国内使用较少。

3）中线式尾矿筑坝工艺。用水力旋流器将尾矿分级，溢流部分（细粒尾矿）排向初期坝上游方向沉积，底流部分（粗粒尾矿）排向初期坝下游方向沉积。在堆积过程中，保持坝顶中心线位置始终不变。其优缺点介于上游式与下游式之间。

B　尾矿堆积坝的筑坝方法

尾矿堆积筑坝的主要方法有如下两种：

（1）分散管筑坝法。用尾矿输送管把尾矿浆送至坝顶后，由架在坝顶的排矿管使矿浆分散。粗粒尾矿靠近内坡沉积，而细粒尾矿则流入尾矿库内部。

（2）水力旋流器堆坝法。当尾矿的平均粒度较细时，不易自行沉淀堆筑坝体。这时可采用水力旋流器把尾矿进行分级，用水力旋流器的沉砂产品堆积筑坝，而溢流则送到库内进行沉淀。

水力旋流器堆筑法和分散管堆筑法相比，具有用料省、筑坝快、坝身稳固、操作简便和坝体不易受冰冻损坏等优点。

C　尾矿子坝堆积筑坝时应注意的问题

（1）尾矿的粒度组成。当尾矿粒度组成中大于 0.074mm 的粒级占 40% 以上时，可直接用以筑坝；当小于 0.074mm 的粒级占 60% 以上时，需对尾矿进行水力分级，用粗粒级筑坝。这样才能确保堆积坝体的稳固。

（2）子坝筑坝用的尾矿含水量。当尾矿含水量在 10% ~13% 时为适宜值。含水过多易造成堆积坝流散，修筑坝时困难，坝身不稳固。

（3）子坝的内外坡度通常为 1:2 为宜，子坝高度 1~2m，顶部宽度不得小于 1.5m；整个堆积坝外坡坡度应大于 1:3.5。

（4）尾矿库内的水位高时，水的渗透力大，坝身不稳固。为保证尾矿库的正常使用和确保堆积坝的安全，应使尾矿库内水位满足设计要求的安全超高和最小干滩长度。同时，应考虑排渗水与护坡，即在坝体内设置排渗设施，把坝体内水集中排到坝外；在堆积坝外坡栽植草皮护坡，并在坡面修建纵横排水沟，有序排出坡面雨水及坝体渗水。

5.2.1.3　粗粒干尾矿的处理

粗粒干尾矿的处理常采用类似矿山排土场排土的方式。处理方式主要有以下几种：

（1）利用箕斗或矿车沿斜坡轨道提升运输尾矿，然后弃之于锥形尾矿堆场。这是一种常见的方法，生产能力一般为 10~20t/h，堆积容积可达 2~3Mm³。当地形平缓或选矿厂附近有沟谷洼地时，可采用此种方法来堆积尾矿。

（2）利用铁路或公路自动翻斗车运输尾矿，废石堆可用推土机推移而不断扩展筑堆。这种方法的生产能力可达 400~500t/h，尾矿堆的容积可达 3~4Mm³。该法主要适于尾矿量大或尾矿场距选矿厂距离较远或尾矿场设在斜坡上等情况下采用。

（3）利用架空索道运输尾矿，将尾矿沿索道投入尾矿场。该法适于起伏交错的山区，特别是已设有架空索道运输原矿的情况下，可沿架空索道的回线输送废石到尾矿场。这种方法的生产能力可达 100~150t/h，但此法不适于寒冷地区使用，以防冬季尾矿冻结造成卸矿困难。

5.2.2　尾矿设施设计所需的选矿工艺参数

尾矿设施设计时，选矿专业需要向尾矿（水工）专业提供下列选矿工艺资料：

（1）尾矿排放输送资料。尾矿中的固体排出量及波动情况，尾矿矿浆流量及波动情况，尾矿矿浆的浓度、密度、排出温度（主要指寒冷地区），对尾矿水净化及回收利用的要求，尾矿排出点的位置及标高。

（2）尾矿性质资料。物理力学指标（包括干尾矿的密度、松散密度、干容重、安息角、孔隙率、渗透系数、内摩擦角、黏结力等），化学全分析结果（包括有益、有害、有毒、放射性、挥发性物质的含量），粒度特性及平均粒径、沉降速度等项目。

尾矿（水工）专业通常可直接在选矿试验或其他有关试验研究报告中得到上述资料，这是因为初步设计前向有关研究单位委托选矿试验时，已由选矿专业会同尾矿（水工）专业提出尾矿水工试验研究的要求。

（3）提交工艺矿浆流程图、工艺建（构）筑物联系图及主要厂房的设备配置图中的有关部分。

复习思考题

5-1　选矿厂设备检修常用哪些起重设备？

5-2　桥式起重机安装高度如何确定？

5-3　浮选厂药剂设施包括哪些主要内容？

5-4　选矿厂的通道分为哪几类，宽度如何确定？

5-5　选矿厂的卫生与安全设施包括哪些内容？

5-6　尾矿设施原则方案选择时要考虑哪些问题？

5-7　细粒含水尾矿的处理方法有哪些？

5-8　粗粒干尾矿的处理方式有哪些？

6 工程概算与技术经济

本章学习要点：
(1) 了解选矿技术经济工作的特点。
(2) 了解工程概算结构形式与组成。
(3) 了解选矿厂劳动定员的方法及劳动生产率的计算方法。
(4) 了解选矿厂设计技术经济分析与评价常用的方法及分析评价内容。
(5) 掌握选矿专业单位工程概算的编制方法。
(6) 掌握选矿厂成本计算方法及分析。

6.1 概　　述

6.1.1 选矿技术经济工作的特点

选矿技术经济工作有如下三大特点：

(1) 涉及部门广。选矿厂是对原矿石进行加工处理，为下道工序提供合格精矿的加工部门。选矿的产品属于中间产品，生产指标的好坏，取决于矿山的供矿条件，同时影响到下道工序的生产指标。所以选矿指标的评价，不能仅仅从选矿工艺考虑，还要从矿山开采、烧结、冶炼等环节综合考虑，根据整个部门的综合效果，决定选矿工艺的生产指标。选矿专业的技术经济人员，涉及的专业多，考虑的范围广，遇到的问题错综复杂，必须具备多种专业知识。

(2) 方案多。选矿厂的设计，受外部条件影响较大，既受矿山供矿条件限制，又受下道工序制约，同时选矿工艺本身方案也比较多。如选矿方法的确定、选矿工艺流程的确定、矿产资源保护及综合回收方式的确定、外部运输方式的确定等。所以选矿厂设计往往要进行多种方案比较，经过许多经济计算和综合论证，从中选择最佳方案。

(3) 政策性强。选矿厂的设计不仅要贯彻一般工厂设计必须遵循的各项政策规定，还和矿产资源保护、加强环境保护、少占用土地等政策紧密相关。在贯彻国家政策规定的前提下，为保证选矿厂设计指标先进合理、切实可行，技术经济专业常常起着重要作用。

6.1.2 选矿技术经济工作的主要任务

选矿技术经济工作的主要任务如下：

（1）参加编制建厂和厂址调查报告。

（2）参加编制矿山企业可行性研究。

（3）参与设计方案比较工作。

（4）编制选矿专业单位工程概算（预算）。

（5）编制设计企业的职工定员，计算劳动生产率指标。

（6）估算和分析设计企业的生产成本。

（7）对设计的矿山企业进行企业经济效果计算与分析。

（8）对设计的矿山企业进行技术经济论证与评价。

6.1.3 选矿技术经济评价的一般原则

选矿经济评价应贯彻如下原则：

（1）从全局利益出发的原则。强调从国家和民族的政治、经济利益或行业发展方向，全面分析考虑问题。

（2）综合性原则。强调项目各部分的逻辑关系和项目与环境的关系，寻求综合效益最优，并采用多种方法，多侧面、多角度地进行考察和分析。

（3）可行性原则。强调在多种可供选择的方案中，推荐当时当地主客观条件相对可行的方案。

（4）"有无对比"原则。"有无对比"是指"有项目"相对于"无项目"的对比分析。"无项目"状态指不对该项目进行投资时，在计算期内，与项目有关的资产、费用与收益的预计发展情况；"有项目"状态指对该项目进行投资后，在计算期内，与项目有关的资产、费用与收益的预计发展情况。"有无对比"求出项目的增量效益，排除了项目实施以前各种条件的影响，突出项目活动的效果。在"有项目"与"无项目"两种情况下，效益和费用的计算范围、计算期应保持一致，具有可比性。

（5）效益与费用计算口径对应一致的经济评价原则。将效益与费用限定在同一个范围内，才有可能进行比较，计算的净效益才是项目投入的真实回报。

（6）收益与风险权衡的原则。投资人关心的是效益指标，但对于可能给项目带来风险的因素考虑的不周。收益与风险权衡的原则提示项目的投资人，在进行投资决策时，不仅要看到效益，也要看到风险，权衡得失利弊后再进行投资决策。

（7）定量分析与定性分析相结合，以定量分析为主的经济评价原则。经济评价的本质就是要对拟建项目在整个计算期的经济活动，通过效益与费用的计算，对项目经济效益进行分析和比较。一般来说，项目经济评价要求尽量采用定量指标，但对一些不能量化的经济因素，不能直接进行数量分析，对此要求进行定性分析，并与定量分析结合起来进行评价。

（8）动态分析与静态分析相结合，以动态分析为主的经济评价原则。动态分析是指利用资金时间价值的原理对现金流量进行折现分析。静态分析指不对现金流量进行折现分析。项目经济评价的核心是折现，所以分析评价要以折现（动态）指标为主。非折现（静态）指标与一般的财务和经济指标内涵基本相同，比较直观，但是只能作为辅助指标。

6.2　选矿专业工艺概算编制

编制工程概算是控制建设项目基建投资、提供投资效果评价、编制固定资产投资计划、资金筹措、施工投标和实行投资大包干的主要依据，也作为控制施工图预算的主要基础，是初步设计的重要组成部分。通常是初步设计时编制概算，施工设计时编制预算，施工结束之后编制决算。

工程概算的编制要严格执行国家有关方针、政策，如实反映工程所在地的建设条件和施工条件，正确选用材料单价、概算指标、设备价格及各种费率。还应根据有关部门发布的物价指数进行必要的调整，使之与设计内容的要求相符合。

选矿厂建设项目进行工程概预算时，是按照建设项目的层次划分规则分层次编制的。建设项目的层次划分为单项工程、单位工程、分部工程、分项工程 4 个层次。

（1）单项工程。一般指具有独立设计文件的、建成后可以单独发挥生产能力或效益的一组配套齐全的工程项目。单项工程的施工条件往往具有相对的独立性，因此一般单独组织施工和竣工验收。例如，选矿厂建设项目中的各个生产车间、生产辅助办公楼、仓库等，都是单项工程。

（2）单位工程。是单项工程的组成部分。一般情况下指一个单体的建筑物或构筑物。建筑物单位工程由建筑工程和设备工程组成。工业厂区的室外工程，按照施工质量评定统一标准划分，一般分为室外建筑单位工程、室外电气单位工程，以及给水、排水、供热、煤气等的建筑采暖卫生与煤气单位工程。

（3）分部工程。是按照工程结构的专业性质或部位划分的，亦即单位工程的进一步分解。当单位工程较大或较复杂时，可按材料种类、施工特点、施工程序、专业系统及类别等分为若干子分部工程。例如，可以分为基础、墙身、柱梁、楼地面、装饰、金属结构等，其中每一部分成为分部工程。

（4）分项工程。是按主要工种、材料、施工工艺、设备类别等进行划分，也是形成建筑产品基本部构件的施工过程，例如钢筋工程、模板工程、混凝土工程、木门窗制作等。分项工程是建筑施工生产活动的基础，也是计量工程用工用料和机械台班消耗的基本单元。一般而言，它没有独立存在的意义，只是建筑安装工程的一种基本构成要素，是为了确定建筑安装工程造价而设定的一个层次。如砖石工程中的标准砖基础，混凝土及钢筋混凝土工程中的现浇钢筋混凝土矩形梁等。

6.2.1　工程概算结构形式与组成

工程概算编制通常将各种基建费用项目划分为 4 个层次，构成的结构形式如下：

第 1 层　一、工程费用

第 2 层　（一）主要生产工程——母项工程

第 3 层　1. 碎碎厂房（间、室、站）——子项（单项）工程

第 4 层　工艺设备——单位工程

第 4 层　土建

第 4 层　给排水

⋮

第3层　2．主厂房

⋮

第2层　（二）辅助生产工程

⋮

第1层　其他基建费用

⋮

根据其表达层次和功能的不同，工程概算由总概算、综合概算、单位工程概算3部分所组成，见图6-1。

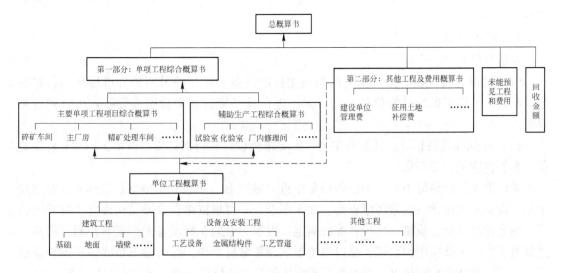

图6-1　工程概算结构形式图

6.2.1.1　总概算

总概算是按基建费用的性质和用途分项汇总起来的工程概算价值表。它概括了实施基建工程的全部费用，其中包括第1层层构工程费用（同时列出工程费用中第2层和第3层全部项目）、其他基建费用、不可预见费用、设计费用以及基建副产品价值冲销等五大项目的横向建筑工程、设备购置、安装工程及其他费用的预算价值。由于总概算项目简明扼要，费用用途清楚，便于投资决策者掌握基建工程投资去向。凡属独立设计的建设项目，如矿山企业或独立选矿厂，都必须由概算专业人员编制工程总概算。

6.2.1.2　综合概算

综合概算所编制的内容包含上述概算结构中4个层次全部项目的工程概算价值。它是缩编成总概算的基础，也是一张必不可少的工程概算价值一览表。由于它的项目编制齐全，费用开列细腻，便于投资决策者查阅和分析各项基建投资的组合情况。凡是独立设计的建设项目，都必须由概算专业人员编制工程综合概算表。

6.2.1.3　单位工程概算

单位工程概算是子项（单项）工程概算的组成部分，它是编制综合概算的原始资料。一般由独立子项工程设计者根据概算编制要求单独编制本专业的单位工程概算，送交概算专业人员汇总。选矿专业人员只编制本专业的单位工程概算。

6.2.2　选矿专业单位工程概算编制

选矿专业必须编制的单位工程概算，主要是子项工程中的"设备及安装工程概算表"。在初步设计阶段，子项工程划分为破碎、筛分、主厂房、精矿处理、厂内修理间以及试验室、化验室、技术监督站等项目。单位工程概算编制的内容包括选矿工艺设备、工艺管道和金属结构 3 部分。

6.2.2.1　基础资料

A　单位工程量

根据初步设计编制好的设备明细表、工艺金属构件和工艺管道计算书确定单位工程量。

B　设备价格

设备单价包括：

（1）标准设备价格。国内供应的系列化标准设备价格应按最新年度市场平均价格取用，同时，还应考虑当时的价格浮动因素；进口设备则按到岸价格或设备购买合同价格取用。

（2）非标准设备估价。凡没有定型、需要单独设计和特殊订货的设备，均属非标准设备。其价格应进行专门估价。

非标准设备价格可根据它的成台设备净重"吨"数，乘以相应的估价指标来计算估价价格。设备净重由设备制造图纸查得。如无图纸，亦可根据单台设备结构性能、材质和估重，综合计算其设备价格。估价指标的确定：根据大量的非标设备制作资料积累，将某一重量范围内的全部费用加起来，除以该范围的设备重量之和，即可得出每吨的理论价格或估价指标。各估价指标还可以根据系列曲线作最后理论性的修改，再加权平均取定。

（3）内部调拨设备价格。内部调拨设备价格是某建设单位调用其他企业内部其他单位的设备时使用的价格。新设备按规定的调拨价格执行；旧设备按货论价。调拨固定资产发生的包装费、运杂费由调入企业负担，并应列入概算中。

经特殊批准为无偿调拨的设备，其原价及包装费、运杂费均应计入概算价值中。

（4）利旧及库存设备价格。利用本企业旧有设备时，以设备的余值，加上其改装、修理和添加零件的费用作为原价。列入概算投资时，应扣除其余值。利用企业库存设备，应以到货价作为原价。

C　设备运杂费

（1）国内设备运杂费包括从设备制造厂或调拨设备调出单位的发货仓库、堆场算起，至施工现场、仓库或存货地点为止所发生的包装费、运输费、装卸费、整理费、供销手续费、保管保养费（即设备管理费）、运输费等全部费用，计算公式如下：

$$F_{ym} = C_m i_{ym} \tag{6-1}$$

式中　F_{ym}——设备运杂费，元；

　　　C_m——设备原价，元；

　　　i_{ym}——设备运杂费率，%。

国内设备运杂费率见表 6-1。

表 6-1 国内设备运杂费概算指标

地区类别	建设单位所在地	运杂费率/%	备 注
一类	北京、天津、河北、山西、山东、江苏、上海、浙江、安徽、辽宁	5	指标中包括建设单位仓库离车站或码头 50km 以内的短途运输费。当超过 50km 时，按每超过 50km 增加 0.5% 费率计算；不足 50km 者，可按 50km 计算
二类	湖南、湖北、福建、江西、广东、河南、陕西、四川、甘肃、吉林、黑龙江、海南	7	
三类	广西、贵州、青海、宁夏、内蒙古	8	
四类	云南、新疆、西藏	10	

（2）引进国外设备的运杂费分为两项：一是在运到国内港口之前的运杂费，包括在设备货价之内，按海运费计算方法进行计算；二是从港口到达安装地点的运杂费，按式（6-1）计算，其中设备原价按进口设备到岸价格计算。设备运杂费率见表 6-2 和表 6-3。

表 6-2 进口设备海运方式国内运杂费概算指标

地区类别	建设单位所在地	运杂费率/%	备 注
一类	北京、天津、河北、山东、上海、江苏、浙江、广东、辽宁、福建、安徽、广西、海南	1 ~ 1.5	进口设备国内运杂费指标是以离港口距离划分指标上、下限：20km 以内为靠近港口取下限；20km 以上，50km 以内为邻近港口取中间值；50km 以上为远离港口取上限
二类	山西、河南、陕西、湖南、湖北、江西、吉林、黑龙江	1.5 ~ 2.5	
三类	甘肃、内蒙古、宁夏、云南、贵州、四川、青海、新疆、西藏	2.5 ~ 3.5	

表 6-3 进口设备陆运方式国内运杂费概算指标

地区类别	建设单位所在地	运杂费率/%	备 注
一类	内蒙古、新疆、黑龙江	1 ~ 2	进口设备国内运杂费指标是以离陆站距离划分指标上、下限：100km 以内为靠近陆站取下限；100km 以上，300km 以内为邻近陆站取中间值；300km 以上为远离陆站取上限
二类	青海、甘肃、宁夏、陕西、四川、山西、河北、河南、湖北、吉林、辽宁、天津、北京、山东	2 ~ 3	
三类	上海、江苏、浙江、广东、安徽、湖南、福建、江西、广西、云南、贵州、西藏	3 ~ 4	

（3）设备成套费应按下列公式计算：

设备成套费 = 设备原价 × 设备成套费率设备成套费概算指标

设备成套费率可按下列数值选取：

1）机电设备　　　　1% ~ 1.5%
2）电气设备　　　　1.5% ~ 2%
3）仪表控制系统　　3.5% ~ 4.5%

D 安装间接费

设备安装间接费包括机体安装，附属设备（电动机、减速器等）安装以及单机试运转电耗、工资和辅助材料消耗的费用，不包括设备安装的建筑工程部分的费用（如设备基础及二次灌浆、设备内衬、保温、防腐、防蚀等），其计算公式为：

$$F_{ng} = C_m i_{ng} \tag{6-2}$$

式中　F_{ng}——设备安装间接费，元；

　　　　i_{ng}——设备安装间接费率，由表6-4中查取。

表6-4　设备安装间接费率

工程类别	设备名称	费率/%	应用范围
破碎筛分厂	破碎、筛分、卸矿、贮矿、起重运输等	2～2.5	独立破碎筛分厂、采矿场破碎筛分站
选矿厂	破碎、选矿及其他辅助设备	3	小型厂
		2.8	中型厂
		2.5	大型厂
独立试验室		4.4	

E　设备组装费

设备组装费是指由于设备超长、超重、超高等原因，在运输过程必须将设备解体，安装前再在现场进行组装、调试运转所发生的一切费用。该项费用可按设备原价的0.2%～1.2%计算，或按每台设备的组装工料定额进行编制。

F　设备拆除费

设备拆除费按设备安装单价的百分比例计算，见表6-5。

表6-5　设备拆除费

序号	项目名称		计算百分比
1	金属结构	能利用	安装单价的80%
		不能利用	安装单价的50%
2	机械设备		按安装单价内的人工、机械、电石和氧气价的50%
3	管道	能利用	工程直接费减主要材料费的80%
		不能利用	工程直接费减主要材料费的40%

G　金属结构件重量及价格

工艺金属结构件估重应根据初步设计图纸，或者参考类似企业实际指标和扩大指标确定。选矿厂工艺金属结构件估重扩大指标见表6-6。

表6-6　工艺金属结构件估重扩大指标

项　目	选矿厂规模	
	大、中型	小型
金属结构件重量占工艺设备总重量百分比/%	5～8	7～9

工艺金属结构件参考单价可参见有关报价。

H　工艺管道价格

选矿厂的矿浆管道价格可按所在单项工程的设备原价的2%～2.5%进行估价；管道零件安装及间接费率亦可按所在单项工程设备原价的百分比率估算。工艺管道零件费率见表6-7。

表 6-7　工艺管道零件费率　　　　　　　　　　　　　（％）

工段名称	不同生产工艺的管道零件费率		
	磁选	浮选	重选
主厂房	0.3	1.35	0.45
精矿过滤	0.55	0.34	0.55

6.2.2.2　编制方法

选矿专业概算书的编制，按选矿工艺划分的厂房单项工程为子项项目，各项的单位工程又可分为安装与非安装设备、国内与国外设备、自制与库存设备等，均应分别编制本专业单位工程概算。

A　单位工程设备概算的编制

（1）设备购置费：

$$F_{cg} = C_m + F_{ym} = C_m(1 + i_{ym}) \tag{6-3}$$

式中　F_{cg}——设备购置费，元。

（2）需安装设备的工程费用：

$$F_{cn} = F_{cg} + F_{ng} = F_{cg} + C_m i_{ng} \tag{6-4}$$

式中　F_{cn}——需安装设备的工程费用，元。

（3）需组装设备的工程费用：

$$F_{cz} = F_{cg} + F_{zn} \tag{6-5}$$

式中　F_{cz}——需组装设备的工程费用，元；

　　　F_{zn}——组装间接费，元。

非安装设备的工程费用等于其设备的购置费。

B　改、扩工程利旧设备编制概算时应注意的事项

当利用原有企业已转固定资产的旧有设备，不计算设备原价。若需进行修理、配套、改装的，应计算修、配、改费用。该费用原则上应在原有企业生产费用中列支。如果列入改、扩建基建费用开支，连同其设备年值计入概算中，必须在尚需新增投资中予以扣除。

利用旧有库存设备的安装费，按新设备计算方法计算。利用内部调拨设备时，按内部调拨价计算原价，按国内供应设备计算运杂费，并按新设备计算安装间接费。

C　金属结构件概算的编制

工艺金属结构件的制作价格，按金属结构件定额或估价办法中的估价指标套用，并用下列公式计算。

（1）作价计算公式：

$$G_{zg} = T_{zg} J_{zg} \tag{6-6}$$

式中　G_{zg}——金属结构件制作价格，元；

　　　T_{zg}——金属结构件重量，t；

　　　J_{zg}——金属结构件参考单价，元/t。

（2）安装间接费计算公式：

$$F_{zg} = G_{zg} i_{zg} \tag{6-7}$$

式中　F_{zg}——金属结构件安装间接费，元；

i_{zg}——安装间接费率，按 1.0%～1.5% 取值。

　　D　工艺管道概算的编制

　　工艺管道概算的编制，根据管道的材料规格及管道长度，参考概算指标进行概算，其计算公式为：

$$G_{gz} = L_z J_{gz} \tag{6-8}$$

式中　G_{gz}——工艺管道概算总值，元；

　　　　L_z——工艺管道总长度（或总重量，t），m；

　　　　J_{gz}——工艺管道参考概算单价，元/m（元/t）。

　　E　单位技术经济指标

　　完成单位工程概算表编制后，需要计算（单位）技术经济指标，计算公式为：

$$J_{db} = \frac{G_{gs}}{T_{gz}} \tag{6-9}$$

式中　J_{db}——（单位）技术经济指标，元/t；

　　　　G_{gs}——概算价值，亦即该子项单位工程的概算总值，元；

　　　　T_{gz}——子项工程的设备总重量，t。

6.2.2.3　某破碎室单位工程概算编制格式举例

　　举例见表 6-8。

表 6-8　设备及安装工程概算表

建设单位	×××铅锌矿	第×××号概算表		概算价值（元）				171396.20			
工程项目	选矿厂	根据 1985 年价格和定额编制		工程数量				48.36t			
单位工程	破碎室	根据××××号图纸		技术经济指标				3544.17 元/t			
顺序号	名称及项目编号	设备及安装工程名称	单位	数量	重量（t）		概算价值（元）					
					单位重量	总重量	单位价值			总价值		
							设备	安装工程		设备	安装工程	
								总计	其中工资		总计	其中工资
1	2	3	4	5	6	7	8	9	10	11	12	13
		一、安装设备										
1		400×600 颚式碎矿机	台	1	6.50	6.50	19500.00			19500.00		
		附电动机，功率 30kW										
2		PYZ-1200 圆锥碎矿机	台	1	25.00	25.00	75000.00			75000.00		
		附电动机 JS-126-8，功率 110kW										

	润滑油泵电动机，功率1.1kW								
	液压站电动机，功率2.2kW								
3	1000×1600槽式给料机	台	1	1.80	1.80	4500.00		4500.00	
	附电动机，功率4.5kW								
	小　计							99000.00	
	设备运杂费 99000×6%							5940.00	
	安装间接费 99000×3%								2970.00
	合　计				33.30			104940.00	2970.00
4	电动单梁悬挂式起重机 $Q=5t$，$L=6.5m$，$H=12m$	台	1	1.66	1.66	11700.00		11700.00	
	附提升电动机，功率7.5kW								
	行走电动机，功率2×0.4kW								
	设备运杂费 11700×6%							702.00	
	安装间接费 1.66×70元/t								116.20
	合　计				1.66			12402.00	116.20
5	1号带式输送机 8050 $L=66m$，$H=14m$	台	1	5.10	5.10	25500.00		25500.00	
	附电动机，功率13kW								
6	2号带式输送机 5050 $L=45m$，$H=11m$	台	1	2.30	2.30	11500.00		11500.00	
	附电动机，功率7.5kW								
	小　计				7.40			37000.00	

	设备运杂费 37000×6%				2200.00	
	安装间接费 7.4×150元/t					1100.00
	合　计				39200.00	1100.00
	二、金属结构件					
7	漏斗、支架	6.00	1600.00		9600.00	
	运杂费 9600×0.5%				48.00	
	安装间接费 6×170元/t					1020.00
	合　计	6.0			9648.00	1020.00
	总　计	48.36			166190.00	5260.20
	概算价值				171396.20	

科长（或组长）：　×××　　　审核人：　×××　　　编制人：　×××

6.3　成本计算及设计的技术经济指标

6.3.1　选矿厂劳动定员

选矿厂设计劳动定员，应根据国家有关部门制定的劳动人事政策和规定，结合企业具体生产特点和条件进行编制。

6.3.1.1　选矿厂员工分类

选矿厂设计中，将选矿厂员工划分为生产工人、工程技术人员、管理人员和服务人员4类：

（1）生产工人。是指在选矿厂内直接从事工业性生产，以及从事厂外供水、供热、运输与厂房维修的工作人员。生产工段中的勤杂人员也应算作生产工人，但不包括服务人员中的工人。

（2）工程技术人员。是指在选矿厂职能机构和生产工段中担负技术工作的人员，包括已取得技术职称的、主管生产的厂长、车间主任，以及在计划、生产、工程管理、机动能源、安全技术、质量检查、运输、调度、科研、环境保护等单位工作的技术人员。

（3）管理人员。是指在选矿厂职能机构和生产工段中从事行政福利、经营财务、劳动工资及人事教育等管理工作以及从事党群政治工作的人员。

（4）服务人员。是指从事选矿厂职工生活福利工作和间接服务于生产的人员，包括文教卫生、生活福利、消防、住宅管理与维修，以及打字、通讯、清洁、生活烧水、门卫和行政电话和维修等部门的工作人员。

见习人员、学徒和其他人员不编入设计定员之内。

6.3.1.2 劳动定员的方法

劳动定员的方法一般有按劳动效率定员、按设备定员、按岗位定员、按比例定员和按组织机构职责范围定员之分。

A 按劳动效率定员

按劳动效率定员是根据生产任务、工人的劳动效率（定额）和出勤率来确定人数的方法。凡能实行劳动定额的职业（工种），都应按此法确定人数。它的基础是劳动定额。

按产量定额定员的计算公式如下：

$$定员人数 = \frac{年生产任务（工作量）}{制度工作日数 \times 生产定额 \times 出勤率} \tag{6-10}$$

如某选矿厂年处理矿量30万吨，年工作天数300天，人均产量为$20t/（人·d）$，出勤率为90%，则该选矿厂定员人数为：

$$定员人数 = \frac{年生产任务（工作量）}{制度工作日数 \times 生产定额 \times 出勤率} = \frac{300000}{30 \times 20 \times 0.9} = 56 人$$

B 按设备定员

这是根据机器设备性能、效率、数量、开动班次等因素来计算定员人数的一种方法。按设备定员，作业人员的劳动定额表现为看管定额，计算公式为：

$$定员人数 = \frac{机器设备台数 \times 每台设备开动班次}{作业人员看管定额 \times 出勤率} \tag{6-11}$$

如某选矿厂有摇床30台，三班作业，作业人员看管定额为12台/人，出勤率为90%，则该选矿厂看管摇床的定员人数为：

$$定员人数 = \frac{机器设备台数 \times 每台设备开动班次}{作业人员看管定额 \times 出勤率} = \frac{30 \times 3}{12 \times 0.9} = 9 人$$

C 按岗位定员

这是根据工作岗位的多少、各工作岗位的工作量，工人的劳动效率、作业班次和出勤率确定定员人数的一种方法。服务性工作岗位适用这种定员方法，如门卫、浴室看管等。检修工人也适用于岗位定员，按年检修工作量（工日或工时）来计算定员，计算公式为：

$$检修工人定员 = \frac{年检修工作量（工日或工时）}{一个工人年工作时间 \times 出勤率（工时或工日）} \tag{6-12}$$

D 按比例定员

按照职工总数或某一类人员占总数的比例确定定员的方法，适用于非直接生产人员或辅助生产工人等，如企业的管理人员与职工总数之间、辅助生产工人与直接生产工人之间、炊事人员与就餐人数之间、保育员与入托儿童之间，都有适当的比例。

E 按组织机构、职责范围和业务分工定员

主要适用于企业行政管理人员、工程技术人员和机关工作人员等。

这种方法的基础是合理的管理体制、精干的组织机构和科学的管理制度，定员既要做到用人精干，又要适应工作需要，人人有事做，事事有人管，分工明确，工作协调，忙而不乱，秩序井然。

6.3.1.3 选矿厂劳动生产率的计算与分析

劳动生产率是一项综合性的技术指标，是指人们在劳动中的生产效率，或者说是劳动者的生产效果或能力。劳动生产率可用单位时间内生产某种产品的数量来表示，也可用生产产品的劳动时间来表示。选矿厂通常用单位时间内人均处理的原矿量来表示劳动生产率。

决定劳动生产率水平的主要因素有：劳动者劳动的熟练程度，科学和技术的发展水平和它在选矿工艺上的应用程度，生产组织和劳动组织的形式，生产规模和设备效能，以及自然条件等。

选矿厂计算劳动生产率的方法，一般有以下 3 种：

（1）用实物单位计算劳动生产率。通常用单位时间内人均处理的原矿量表示，其中又分为工人实物劳动生产率和全员实物劳动生产率两种，计算公式为：

$$N_1 = \frac{Q}{mT} \tag{6-13}$$

式中　N_1——工人实物劳动生产率（或全员实物劳动生产率），t/(人·a)；

　　　Q——处理原矿总量，t/a；

　　　m——直接参加生产的工人人数，若为全员实物劳动生产率，则 m 为选矿厂全体职工人数；

　　　T——处理原矿总量 Q 所需时间，a。

（2）货币劳动生产率。通常用国家规定的不变价格，把选矿产品产量（指精矿中的金属量）换算成工业总产值，然后计算工人或全员劳动生产率。如生产工人或全员平均每年生产价值若干元，则计算公式为：

$$N_2 = \frac{W}{mT} \tag{6-14}$$

式中　N_2——工人或全员价值劳动生产率，元/(人·a)；

　　　W——选矿厂年工业总产值（应减去原矿购买费），元；

　　　T——完成总产值所需的时间，a。

（3）用定额工时计算的劳动生产率。即所完成的产品产量用它的定额工时来表示，一般用于选矿厂的机修车间（工段），如钳工、电工、车工、锻工、刨工等工种，计算公式为：

$$N_3 = \frac{T'}{mT} \tag{6-15}$$

式中　N_3——工人劳动生产率，定额工时/(人·h)；

　　　T'——总产量的定额工时，h；

　　　T——完成量实际耗用的时间，h。

生产工人的实物劳动生产率，可直接反映选矿厂的技术水平和工人技术熟练程度；全员实物劳动生产率可以反映整个选矿厂的经营管理水平。新建选矿厂应与类似选矿厂劳动生产率进行对比分析，说明其高低原因，指出提高劳动生产率的具体措施和有效途径。

6.3.2　选矿厂成本计算

选矿成本通常以处理 1t 原矿所需的费用来表示，单位为元/t。选矿成本是选矿厂生产经营各方面工作质量的一个综合性指标，成本的高低，全面体现出增产节约的经济效果，直接影响到选矿厂的利润水平。

矿山企业产品的工厂成本由采矿成本、原矿运输成本、选矿成本、尾矿输送成本及企业管理费所组成。工厂成本加上矿产品的包装、装卸、运输等销售费用，构成企业的销售成本。黑色金属矿山的铁精矿产品一般是在精矿仓库交货，运输费用由用户负担，不计算销售成本。成本构成见图6-2。

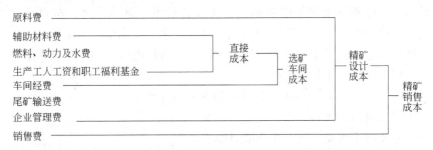

图6-2 成本构成图

矿山企业的选矿厂，只编制选矿车间成本。若选矿厂为独立的企业时，则应编制含矿石原料费和企业管理费的精矿产品成本，并列出其中的原料加工费用。对于技术条件很复杂，特别是采用新工艺、新设备或先进技术的大、中型选矿厂，则必须编制生产作业成本，以利于与传统的方法对比和全面分析。此外，应将折旧费和大、中、小型修理费以及尾矿输送成本单独列出，以便考核。

计算多种产品的成本时，凡能直接计入某种产品成本的费用，均应先行计入。在多产品成本计算中，凡不能直接分开计入的共同性生产费用和车间经费、企业管理费等间接费用，一般可按产品产值比例进行分摊。

6.3.2.1 选矿车间成本的项目构成及计算方法

（1）生产工人工资。生产工人工资指直接从事选矿生产的生产工人和辅助生产工人的基本工资和辅助工资。它包括标准工资，各种工资性津贴，以及允许计入成本的奖金，如原料节约、技术改进和合理化建议等，但不包括其他各种奖金、超过标准工资的计件工资、浮动工资，以及专业机修、维修人员的工资。工资水平可参照类似企业选矿车间成本中的"生产工人工资"来确定。

（2）员工福利基金。主要用于员工集体福利事业，如福利补助，医药卫生补助，医务人员工资与医疗经费，以及浴室、理发室、托儿所和幼儿园等工作人员的工资等各项支出的专项基金。该项基金可按职工工资总额，扣除各种政策性补贴、各种奖金、超过标准工资的计件工资、浮动工资和提成工资，以及特殊原因补发的工资和生活困难补助费总数额的11%提取。

设计选厂的职工福利基金，可按前述生产工人工资的11%近似计算。

（3）辅助材料。指生产过程中耗用的碎矿机衬板、筛网、胶带、磨矿机衬板、钢球、钢棒、浮选机叶轮和盖板、各种药剂、滤布以及润滑油脂等项材料。

材料价格采用了含运杂费和计入了运输消耗的到厂价。设计中可按出厂价加价10%左右考虑。

此外，尚有其他零星材料费，可按约占上述辅助材料费总额的5%～10%估算，列入辅助材料费用项目。

（4）动力和燃料。包括生产过程中耗用的电力、压风、蒸汽、煤和燃料油等。外购水、电、蒸汽和燃料的计价数量，均应包括运输损耗。电力耗用量包括生产用电量和生产照明用电量。如果供水，供风和供（蒸）汽的单价采用单位成本作价计算时，它们的用电量不应计入生产用电量中，以免重复。

设计成本中，电费单价根据电源确定。企业自建发电站供电时，按供电成本计算电费；由区域电力网供电时，或者属电力网供电系统大宗工业用电时，采用电力部门规定的二部电价法计价，电价由基本电价和电度电价构成。具体电价由国家物价部门核定。

选矿厂年用电费按下述公式求得：

$$F_d = (G_d + T_d)(1 + I_d) + E_d \qquad (6\text{-}16)$$

式中　F_d——年用电费，元；

　　　G_d——年基本电价费，元，用下式计算：

$$G_d = 12P_d R_d \qquad (6\text{-}16a)$$

　　　P_d——用电设备装机容量，kW（或变压器容量，kVA）；

　　　R_d——基本电价，元/（kW·月）或元/（kVA·月）；

　　　T_d——年电度电价费，元，用下式计算：

$$T_d = Q_d S_d \qquad (6\text{-}16b)$$

　　　Q_d——选矿厂年耗电量，kW·h，用下式计算：

$$Q_d = P_d K_d H_d \qquad (6\text{-}16c)$$

　　　K_d——用电需要系数，选矿厂多为 0.6 ~ 0.7；

　　　H_d——年工作小时数，连续工作制为 6000 ~ 6500h，间断工作制为 5000 ~ 5500h；

　　　S_d——电度电价，元/（kW·h）；

　　　I_d——电力附加费率，即上交给地方财政用于地方能源建设的费用，取 8%；

　　　E_d——用电管理费，元，用下式计算；

$$E_d = Q_d Y_d \qquad (6\text{-}16d)$$

　　　Y_d——单位用电管理费，元/（kW·h），规定为 0.002 ~ 0.003。

（5）生产用水。分新水与回水（或称循环水）两种。新水用水量乘上供水单价即得用水费用；采用回水时，水费要单独计算。

（6）车间经费。包括选矿厂（或选矿车间）为管理和组织生产所发生的管理和服务人员的工资、职工福利基金、办公费、水电费、取暖费、折旧费、大修理费、中小修理费、保险费、劳动保护费、物料消耗费、低值易耗品费、差旅费以及其他费用等。设计计算大体归纳为以下几项：

1）管理人员与职工福利基金。包括厂部（或车间）管理人员、工程技术人员、服务人员（但不包括医务人员、浴室、托儿所的工作人员）、辅助生产工人、维修和搬运工人的工资。这部分人的平均工资可参照类似选矿厂同类工资水平确定。职工福利基金按上述人员工资额的 11% 计。

2）折旧费。选矿厂固定资产折旧费采用直接折旧法计算。固定资产原值乘上基本折旧率即得年折旧费。基本折旧率由主管财务部门统一规定。设计中亦可按国家规定的固定资产分类折旧年限进行逐项计算。

国家规定中有关固定资产的折旧年限可参见有关文件资料。

改、扩建选矿厂原有可利用的固定资产，应按原折旧率计提折旧费。新增的固定资产是否仍按原定折旧率折旧，需视实际情况而定。根据原有和新增固定资产折旧费之和来确定改、扩建后选矿厂的基本折旧率。

3）大修理费和中、小修理费。选矿厂大修理费和中、小修理费是根据主管部门下达的大修理提成和实际发生的维修费用确定的。大修理费用设有专项基金，包括大修理所发生的全部费用；中、小修理费用不包括维修人员的工资，因为已计入车间经费内工资项目中。目前，有色金属选矿厂实际大修理费率为 2% ~ 3%，中、小修理费率为 2.5% ~ 3.5%，设计时可酌情选定，再乘以固定资产原值，即可求得该两项费用。

4）劳动保护费。选矿厂职工所发生的劳动保护费，可按当前类似选矿厂的平均水平计算。

5）其他车间经费。除去前 4 项费用外，其他各项车间经费（如办公费、差旅费、物料消耗费等）所占比重较小，可参照类似选矿厂资料，结合设计的具体情况，采用扩大指标来确定。

6.3.2.2　成本分析

选矿厂成本分析常用的方法是与类似生产（或设计）选矿厂成本对比分析，具体内容是：

（1）从资源状况、工艺技术条件、经济因素诸方面对生产能力、原矿品位、产品质量、回收率、综合利用等进行综合分析，判断产品成本差别的主要原因。

（2）找出产品成本结构中有显著差别的项目，说明这些差别与哪些作业有关，采用新工艺、新设备或产出新产品时，还应阐明其成本结构特征，并与传统方法的产品成本进行比较，论证设计成本的合理性。

（3）从成本项目构成的辅助材料、燃料、动力和工资等所采用的消耗定额、指标及单价中，甄别出引起项目费用差别的主要因素。

（4）从车间经费、企业管理费和销售费用消耗水平的差别中，说明生产经营管理工作对产品成本的影响程度。

（5）指出选矿厂投产后降低成本的可能途径和有效措施。

6.3.3　选矿厂设计技术经济分析与评价

经济分析与评价广泛应用于方案的比较与建设项目经济的评价。在选矿厂设计中，对设计方案的比较和评价，往往采用经济分析的方法。具体的分析与评价的方法，分为静态法和动态法两大类。

6.3.3.1　静态法

静态法是未考虑时间因素的方法。这类方法经常是在方案的比较，或者是在项目可行性研究和初步设计中，作为动态经济分析与评价的辅助方法来使用。常用的静态法有以下两种。

A　投资回收期与投资效果系数法

（1）投资回收期。系指用企业投资后逐年累计的纯收益来偿还其全部基建投资所需要的时间。即：

$$T = \frac{P}{\sum\limits_{j=1}^{n} R_j} \tag{6-17}$$

式中　T——投资回收期，a；

　　　P——基建投资额（不包括贷款利息），元；

　　　R_j——企业投产后第 j 年（$j=1$，2，3，…，n；n 为还清投资时的截止年份）的纯收益（包括产品税金、销售利润流动资金利息和折旧费等），元/a。

（2）投资效果系数。系指投资回收期的倒数，是单位投资额所获得的纯收益，用下式表示：

$$E = \frac{1}{T} \tag{6-18}$$

式中　E——投资效果系数；

　　　T——投资回收期，a。

当 T 越小，则 E 越大，说明经济效果越好。

B　差额投资回收期法

在设计方案比较中，常常遇到这样的情况，即基建投资大，但是经营费用低。经营所节省的费用可以补偿基建投资费。为此，常常利用"差额投资回收期"来表示投资较高、经营费用较低方案的相对经济效果。当 $K_{\text{I}} > K_{\text{II}}$，$C_{\text{II}} > C_{\text{I}}$ 时，差额投资回收期 T_x 的表达式为：

$$T_x = \frac{K_{\text{I}} - K_{\text{II}}}{C_{\text{II}} - C_{\text{I}}} \tag{6-19}$$

式中　T_x——差额投资回收期，a；

K_{I}，K_{II}——方案 I 、方案 II 的基建投资额，元；

C_{I}，C_{II}——方案 I 、方案 II 的经营费，元。

T_x 越小，说明所节省的经营费会很快补偿超过的基建投资费，方案 I 的相对经济效果越好。

6.3.3.2　动态法

动态法是以方案或建设项目在整个经济年限内的生产经营活动情况为基础，进行全面经济计算，用来观察它的投资效果的一种"动态的"分析方法。它的主要特点是：

（1）考虑了资金的时间价值，资金投入后，随着时间的推移，其价值不断发生变化，产生增值，如利息、利润和税金等；

（2）考虑了建设期和生产过程中的现金流量，从而能够清晰地反映出方案或建设项目的逐年现金流量积累和平衡状态；

（3）可以求出方案或建设项目的净现值和内部收益率指标，用以权衡其经济效果，给投资决策者提供重要决策依据。

动态的经济分析和评价的方法很多，这里介绍 3 种常用的方法。

A　现值与净现值法

所谓现值，就是指货币现在瞬时价值，就是按照某一个折现率，把将来支付或待收入的货币值折现到现在需要的货币量。简单地说：就是把将来的货币折算为现在的货币。

净现值，则是指在项目寿命期内，各年份的净现金流量，按选定的折现率折现到项目开始投资的时间点上而得到的现值总和。项目的净现金流量等于现金流入（＋）和现金流出（－）的代数和。项目寿命期是指项目自筹建、建设、试车投产、正式生产和关闭的整个周期。

（1）现值法。把不同时间的现金流量（现金流入与现金流出）都按照一个能够达到的基准收益率（折现率）折算成基准年现值，用以比较不同方案的优劣，或考察某个建设项目的经济效果。若只考虑支出，即投资和年经营费，应采用下述公式求其现值：

$$PV = \sum_{t=0}^{m} \frac{C_i}{(1+i)^m} \tag{6-20}$$

式中　PV——基准年限值，元；

　　C_i——各年费用支出额，元；

　　i——基准收益率，%；

　　t——年数，$t = 0, 1, 2, 3, \cdots, m$；$m$ 为计算经济年限内最后一年。

用此法判断方案或建设项目优劣的标准是：现值 PV 的绝对值越小，经济效果越好。

如有收益时，则应采用下述净现值公式进行计算：

$$NPV = \sum_{t=0}^{m} R_t at \tag{6-21}$$

式中　NPV——基准年净现值，元；

　　R_t——t 年后现金流入与现金流出的代数和，按下式计算：

$$R_t = (C_1 - C_0)t \tag{6-21a}$$

　　C_1——现金流入，元；

　　C_0——现金流出，元；

　　a——与基准收益率对应的折现系数（亦称贴现系数）。

at 与 i 的关系式为：

$$at = \frac{1}{(1+i)^t} \tag{6-21b}$$

代入式（6-21），得：

$$NPV = \sum_{t=0}^{m} R_t at = \sum_{t=0}^{m} (C_1 - C_0)t \frac{1}{(1+i)^t} = \sum_{t=0}^{m} \frac{(C_1 - C_0)t}{(1+i)^t} \tag{6-22}$$

（2）净现值法（NPV）。把各对比方案在工程项目有效使用期内所发生的全部收入和支出的差额，用一个折现系数（贴现利息率）逐年分别折算为工程开始时的现值，称为净现值。

如净现值累计为正，说明收大于支，此方案的投资报酬率大于预定贴现利息率，经济效益好；反之经济效益不好。两个方案比较，以净现值累计结果大的方案为优。

B　年成本法

年成本法是将方案比较中的基建投资，按基准收益率转化为年成本，与年经营费用相加构成折算成本，使比较内容一元化的一种方法。

（1）期末固定资产不计残值时，计算公式为：

$$Ac = P \frac{i(1+i)^t}{(1+i)^t - 1} + C \tag{6-23}$$

式中   Ac——折算年成本，元；

　　　P——基建投资额，元；

　　　C——年经营费用，元；

　　　其余符号意义同前。

（2）期末固定资产计算残值时，用下式计算：

$$Ac = (P - L) \times \frac{i(1+i)^t}{(1+i)^t - 1} + Li + C \tag{6-24}$$

式中 L——期末固定资产残值，元；

　　　其余符号意义同前。

C　内部收益率法

内部收益率法即现金流量贴现法（D. C. F），它是工程经济研究中最常用的方法。在一个投资系统中，令现金流入与现金流出两项的值相等，或者说，当设计项目经济年限内（计算期内）各年净现金流量现值累计等于零时，它的折现率即为内部收益率，常用符号 IRR 表示，其表达式为：

$$IRR = \sum_{t=0}^{n} \frac{CF_t}{(1+i)^t} \tag{6-25}$$

式中   IRR——内部收益率；

　　　CF_t——年份 t 的现金流量；

　　　i——所要求的内部收益率。

内部收益率的计算方法通常采用试算法，首先选择两个适当的折现率，分别求出接近于零的正、负两个净现值，然后用"插入法"找到一个净现值等于 0 的某个折现率。它就是所要求的内部收益率。

内部收益率指标，是衡量某一个设计方案或建设项目经济效果的重要动态指标。方案比较中，IRR 值高的方案，表明其经济效果比另一个方案要好；反之，则此方案的经济效果较差。

6.3.3.3　综合分析与评价的必要性

在方案比较与建设项目的经济分析与评价中，除必须用上述动态与静态的一种或几种方法进行分析与评价外，还往往需要辅以一些单位指标，如单位矿石投资、单位矿石（或精矿）成本、劳动生产率、万元产值资金占有额、万元投资产品产量等，便于与本行业（本地区）的平均先进水平，或者与类似企业的实际生产指标进行对比分析，以便充分论证某方案或本项目所采用的各项经济指标的先进性与合理性，找出问题存在的原因与解决的途径。

其次，在对某个项目进行经济评价时，由于设计者认识上的局限性，不可能对所有情况预计得十分准确，难免会因某些原因而使基建投资、矿石处理量、产品销售价格和生产成本等各项设计参数变化，导致项目经济效果变化，从而直接影响到企业建设可行程度。因此，除上述经济评价外，还需做必要的产品市场分析与预测，企业盈亏平衡点计算和敏感性分析，为投资决策者提供充分的信息和数据，以便引起足够的重视，洞悉企业建设各种风险状况。

其三，经济分析与评价是项目投资决策的重要依据，但不是唯一的决策因素。某些项目，例如有的因资源稀少而国家既急需又无产品来源者，有的是为了在技术上开拓新产品的生产路子，突破外来封锁；有的是为了创造外汇收入，平衡外汇收支逆差；还有的仅仅是为了解决劳动就业问题，不得不用劣等资源代替等等，虽然从经济的角度看预计的效果不甚理想，但从社会效益和环境效益的角度来考虑，却是势在必行而又无其他方法可以取代，就不得不从各方面进行全面分析比较，来决定项目建设的取舍了。

复习思考题

6-1 选矿厂技术经济工作的特点及主要任务有哪些?

6-2 选矿厂技术经济分析评价的一般原则有哪些?

6-3 简述工程概算结构形式与组成。

6-4 选矿专业单位工程概算如何编制?

6-5 选矿厂职工人员分为哪几类?

6-6 选矿厂劳动定员的方法有哪几种，如何计算定员人数?

6-7 选矿厂劳动生产率的计算方法有哪几种，提高劳动生产率应采用哪些措施?

6-8 选矿成本由哪些部分所组成，如何进行计算?

6-9 选矿厂设计静态经济分析方法有哪几种?

6-10 选矿厂设计动态经济分析方法有哪几种?

6-11 什么是现值，什么是净现值?

7　计算机辅助设计

本章学习要点：
（1）了解计算机辅助设计系统的组成及特点。
（2）了解程序设计的基础知识。
（3）了解选矿工艺计算的基础知识。

7.1　概　　述

7.1.1　计算机辅助设计（CAD）简介

所谓 CAD（即 Computer Aided Design 的缩写），是指以计算机作为主要技术手段，运用各种数字信息与图形信息进行产品或工程设计。通俗地说，就是利用计算机进行方案设计、数据计算和工程绘图。

CAD 的应用有利于缩短设计周期、提高设计工作效率和设计产品质量。由于计算机具有高速、准确运算及自动绘图功能，一方面，能在较短的时间内完成产品设计和更新，使得设计工作效率显著提高，同时也提高了产品的市场竞争能力，加快了工程建设进度，从而可显著地增加经济效益；另一方面，计算机能方便快速地完成设计过程中间结果的计算、分析、比较和优化等繁琐工作，使设计者能将精力放在设计的创造性工作中，无疑有利于提高设计质量。

7.1.2　计算机辅助设计（CAD）系统硬件及软件组成

7.1.2.1　硬件组成

普通型 CAD 系统由图7-1 所示几部分组成。

（1）主机。它是 CAD 系统的核心，控制和指挥整个系统。大、中、小型或微型计算机均可采用，主要根据 CAD 系统要完成的任务确定。目前，微型计算机由于体积小、功耗低、价格便宜，因此，微型计算机 CAD 系统应用较广。

（2）输入设备。它是向计算机输入数据、程序及图形信息的设备，主要包括键盘、鼠标器（Mouse）、

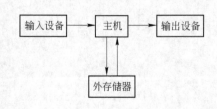

图 7-1　普通 CAD 系统硬件组成

数字化图形输入板、光笔及扫描仪等。

（3）输出设备。它是将计算结果、工程图形形成"硬拷贝"输出的设备，主要包括绘图仪和打印机。

（4）外存储器。它是存放大量数据、程序和图形的装置，主要是硬盘等。

7.1.2.2 软件组成

一般 CAD 系统的软件组成主要包括以下 3 大类：

（1）通用商业化 CAD 系统软件。这类软件具备了完善的图形处理、图形输入和输出、用户接口等功能，具有很强的通用性，可用做众多工程领域图形处理的开发环境，如 AutoCAD 软件包、3DS Studio 等。

（2）程序设计语言。利用程序设计语言，用户可完成各种工程计算和图形处理的应用程序开发，同时，实现与商业化 CAD 软件包的接口。它主要包括各种高级语言，如 BASIC、FORTRAN、PASCAL、C 语言及数据库语言等。

（3）应用程序。它指用户根据设计要求，利用高级语言开发的软件，或基于商业CAD 软件包的实用程序，用户可利用它们直接进行工程设计。

7.2 程序设计基础

7.2.1 程序设计的基本过程及要求

程序设计是指按一定规范编写计算机能够直接或间接识别与执行的程序的过程。程序设计大致包括以下 3 个阶段：

（1）针对实际工程问题建立数学模型。

（2）根据解析数学模型的逻辑过程设计程序框图。

（3）借助高级语言，用适当的算法编写程序代码。

程序设计的基本要求是：计算结果的精度和误差要满足要求；在完成相同计算和绘图功能时，程序的运算量小，速度快；对计算机内存的占有量要小；程序的结构必须清晰、简明，便于阅读和理解。

7.2.2 选矿实际工程问题常用数学工具

7.2.2.1 方程组求解

选矿厂 CAD 中，方程组求解主要指线性方程组和矛盾方程组的求解。

A 线性方程组求解

线性方程组常用的求解方法很多，高斯主元素消元法是其中之一。

高斯主元素消元法的基本思想是，对方程组 $AX = B$ 进行一系列的初等变换，减少方程中的变量数，直到将原方程 $AX = B$ 转化为等价的倒三角形方程组 $A''X = B''$，然后通过回代求解。具体变换及求解过程可参考线性代数的有关文献。高斯主元素消元法求解线性方程组的计算机源程序可参考有关的计算机编程文献。

B　矛盾方程组求解

求解线性方程组时，通常要求未知数的个数与方程式的个数相等。如果方程式的个数多于未知数的个数，就往往无解。这样的方程组就是矛盾方程组。

在选矿流程计算中，对单金属的浮选流程计算，由物料平衡所得到的线性方程的个数等于未知数的个数，利用物料平衡公式进行计算，即可得到满足平衡要求的解。但对多金属浮选流程计算，由物料平衡所得到的线性方程的个数多于未知数的个数；另外，在生产现场进行流程考查时，获得原始数据常常多于流程计算所需的必要而充分的指标数。此时得到的联立方程组为一矛盾方程组，因而得不到满足平衡要求的解。但利用最小二乘法原理，对矛盾方程组进行变换，即能求出使各线性方程式近似成立的最优解。对矛盾方程组：

$$\sum_{j=1}^{m} a_{ij}x_j = b_i \quad (i = 1, 2, \cdots, n; \ \text{其中} \ n > m) \tag{7-1}$$

按最小二乘法原理，利用各方程式误差的平方和

$$Q = \sum_{i=1}^{n} R_i^2 = \sum_{i=1}^{n} \left[\sum_{j=1}^{m} (a_{ij}x_j - b_i) \right]^2 \tag{7-2}$$

作为衡量一个近似解的近似程度（或优劣程度）的标志。则可定义：

如果 x_j $(j = 1, 2, \cdots, m)$ 的一组取值，使得误差的平方和 Q 达到最小值，则这组值为矛盾方程组式（7-1）的最优近似解。

误差平方和 Q 可以看成 m 个自变量 x_j 的二次函数，因此，求解矛盾方程组式（7-1）的问题归结为求二次函数 Q 的最小值问题。由于二次函数 Q 是连续函数，且 $Q = \sum_{i=1}^{n} R_i^2 \geq 0$，则一定存在一组 $x_1, x_2, \cdots, x_m$ 使得 Q 达到最小值。

$$\begin{aligned}
\frac{\partial Q}{\partial x_k} &= \sum_{i=1}^{n} 2 \left[\sum_{j=1}^{m} (a_{ij}x_j - b_i) \right] a_{ik} \\
&= 2 \sum_{i=1}^{n} \left[\sum_{j=1}^{m} (a_{ij}a_{ik}x_j - a_{ik}b_i) \right] \\
&= 2 \left[\sum_{j=1}^{m} \left(\sum_{i=1}^{n} a_{ij}a_{jk} \right) x_j - \sum_{i=1}^{n} a_{ik}b_i \right]
\end{aligned}$$

令 $\dfrac{\partial Q}{\partial x_k} = 0$，则有：

$$\sum_{j=1}^{m} \left(\sum_{i=1}^{n} a_{ij}a_{jk} \right) x_j = \sum_{i=1}^{n} a_{ik}b_i \quad (k = 1, 2, \cdots, m) \tag{7-3}$$

式（7-3）是具有 m 个未知数、m 个线性方程式的线性方程组，存在 m 个解。式（7-3）所示方程组为矛盾方程组（7-1）的正规方程组，其解为矛盾方程组的最优近似解。

对正规方程组（7-3）的求解，可采用高斯主元素消元等方法。

矛盾方程组最小二乘法变换求解的计算机源程序，可参考有关的计算机编程文献。

7.2.2.2　实验数据处理

设计中，有些参数之间的关系很难用一个理论公式来表达，只能根据试验测得的一组离散数据来表达它们之间的关系。在 CAD 中，对于这些数据的处理有两种方法：一是根据这些离散数据建立经验公式，作为计算的数学模型；二是直接将数据编入程序，供设计计算时检索与调用。

A 数据公式化

数据公式化，就是利用曲线来拟合某些离散点，从而获得与一组离散点近似的函数表达式。通常用一个 m 次多项式来拟合一组离散数据 (x_i, y_i)，$i = 1, 2, 3\cdots, n$。即用 $P_m(x) = a_0 + a_1 x + a_2 x^2 + \cdots + a_m x^m$ 近似地表达这组离散数据之间的函数关系 $Y = f(x)$。

用 m 次多项式拟合离散点就是确定待定常数 a_0，a_1，$\cdots$，a_m，确定待定常数的方法有平均法和最小二乘法。

（1）平均法。用平均法确定待定常数时，假定一组数据相对于拟合曲线正负偏差出现的机会相等，则要求离散点与拟合曲线偏差的代数和最小。平均法确定待定常数的步骤是：

1）选定拟合方程。通常选一次或二次多项式，次数越高，解线性方程组的计算量越大。

2）将 n 组数据代入多项式，得 n 个线性方程式。

3）根据拟合方程的形式（即次数 m）确定待定常数 $(a_0, a_1, \cdots, a_k)$ 的个数 k（$k = m$，且 k 必定小于 n），然后将 n 个线性方程式分成 k 组。

4）将每组的方程式相加，可把 n 个线性方程式合并为 k 个线性方程式。

5）联立 k 个方程式求解，得 k 个待定常数 $(a_0, a_1, \cdots, a_k)$，从而获得具体的拟合方程。

（2）最小二乘法。用平均法确定待定常数时，有时因正负偏差相互抵消，因而不能保证很好地拟合离散点。最小二乘法能较好地解决这一问题。最小二乘法确定待定常数是假定离散点与拟合曲线偏差的平方和为最小。最小二乘法确定待定常数的步骤是：

1）选定拟合方程的形式。

2）设 $y_i' = a_0 + a_1 x_i + a_2 x_i^2 + \cdots + a_m x_i^m$ 是根据已定常数 a_0，a_1，$\cdots$，a_m 计算的函数值，则各离散点与曲线之间偏差的平方和为：

$$Q = \sum_{i=1}^{n} R_i^2 = \sum_{i=1}^{n} (y_i' - y_i)^2$$

3）根据偏差平方和最小原则，计算待定常数 a_0，a_1，$\cdots$，a_m，即可获得拟合曲线的方程。

最小二乘法多项式拟合的计算机源程序可参考有关的计算机编程文献。

B 数据程序化

将数据编入程序中有两种方法：一种是把数据以数组形式，结合数据检索直接编在程序中；二是将数据编成数据文件，供计算程序随时检索和调用。

在数据检索中，如果参数值介于已知数据之间时，就不可能直接得到要求的数据，此时，应采用函数插值法解决。函数插值的基本思想也是构造一个函数 $y = P(x)$ 作为离散点 (x_i, y_i) 的近似表达式，然后按 x 值计算 $P(x)$ 的值作为 (x_i, y_i) 的近似值。

常用的插值方法有线性插值、拉格朗日插值和分段插值 3 种，下面主要介绍前两种。

（1）线性插值。线性插值（即为两点插值）是通过两点间的一直线来近似表示两结点参数间函数关系。所以，两结点间任一点函数值为：

$$y = y_{i-1} + (y_i - y_{i-1}) \frac{x - x_{i-1}}{x_i - x_{i-1}}$$

线性插值仅用到两个点的信息，因此，计算精度较低。

（2）拉格朗日插值。拉格朗日插值是 $n-1$ 次多项式插值。它是通过 n 个结点，用 $n-1$ 次多项式来近似表达参数间的函数关系。其公式为：

$$y = \sum \frac{(x-x_1)(x-x_2) \cdots (x-x_{i-1})(x-x_i)(x-x_{i=1}) \cdots (x-x_n)}{(x_i-x_1)(x_i-x_2) \cdots (x_i-x_{i-1})(x_i-x_{i=1}) \cdots (x_i-x_n)} y_i$$

$$= \sum_{i=1}^{n} \left(\prod_{\substack{i=1 \\ j \neq i}}^{n} \frac{x-x_j}{x_i-x_j} \right) y_i$$

当结点数 $n=2$ 时，为线性插值：

$$P_2(x) = y_1 \frac{x-x_2}{x_1-x_2} + y_2 \frac{x-x_1}{x_2-x_1} = y_1 + (y_2-y_1) \frac{x-x_1}{x_2-x_1}$$

拉格朗日插值计算的计算机源程序可参考有关的计算机编程文献。

7.2.2.3　曲线处理

曲线是函数的另一种表达方式，它的特点是直观，能够清晰地看出函数的变化趋势。但曲线本身无法直接参与计算机运算。计算时，参与运算的是根据曲线图查得的有关数据，因此，需要将曲线转换成相应的数据形式或数学表达式，供程序使用。

实现曲线的程序化分为两步：第 1 步是将曲线变成相应的数表，即将曲线数表化；第 2 步是将数表按前面介绍的方法公式化或程序化。

7.3　选矿工艺计算基础

选矿工艺计算主要包括工艺流程计算和主要工艺设备计算。工艺流程计算包括破碎磨矿流程、选别流程和脱水流程。工艺设备计算包括破碎、筛分、磨矿、分级、选别及脱水等设备。

7.3.1　破碎及磨矿流程计算

破碎磨矿流程由 5 种单元流程组合而成，见图 7-2。

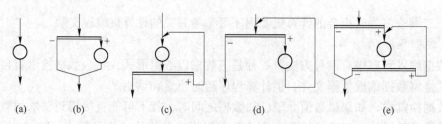

图 7-2　破碎磨矿单元流程

以上 5 种单元流程都有相应的计算方法及公式，因此，只需对每一种单元流程编制计算子程序，并通过子程序的组合调用来完成特定破碎、磨矿流程的计算。

破碎、磨矿流程计算的关键问题是：

（1）计算过程中需要查找各种表格和曲线数据。编制程序时，对表格数据的处理宜采用建立数据库方法；对各种曲线的处理宜采用曲线拟合方法。

（2）破碎流程计算中，涉及设备选型问题，宜采用建立相应的破碎及筛分设备数据库方法。

（3）流程计算和设备计算须同时进行，以获得各段碎矿机负荷率基本平衡。

7.3.2 浮选流程计算

浮选流程计算的关键是：浮选流程的表达、计算采用的数学模型和计算方法。

7.3.2.1 浮选流程的表达

浮选流程的表达方法种类较多，其中常见的主要有模块表达和结构矩阵表达两种。

A 模块表达

根据浮选流程的结构特点，将结构相近的作业归为一类，用同一个模块来表达。按模块划分原则，浮选流程可划分为 5 个模块，如图 7-3 所示。

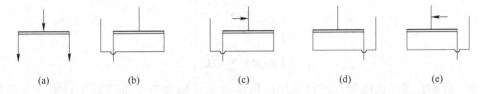

图 7-3 浮选流程模块类型

（a）原、精、尾计算模块；（b）最后一次精选作业计算模块；（c）中间精选作业计算模块；

（d）最后一次扫选作业计算模块；（e）中间扫选作业计算模块

在此基础上，可将模块进一步简化为图 7-4 所示简化模块，其中产物 2 和产物 3 应设置判断是否为返回产物的标志，对模块中给矿 f_1，f_2，$\cdots$，f_n 的个数，按流程具体情况确定。

模块表达法具有直观易懂，类似手工计算，对中矿顺序返回的浮选流程容易实现通用的特点。

B 结构矩阵表达

对浮选流程的每一个选别作业，设进入该作业的选别产物代码为 1，该作业排出的选别产物代码为 -1，与该作业无关的其他选别产物代码为 0。此外，对浮选流程中的中矿汇集点，看成是只有一个出料、多个进料的作业，其编码原则同上。这样，可得到 P（作业数）$\times n$（产物数）的关联矩阵，称之为流程的结构矩阵。若用拓扑矩阵表示结构矩阵，所占内存将大为减少（请参阅相关文献资料）。

根据上述原则，图 7-5 所示的浮选工艺流程可用式（7-4）的结构矩阵表达。

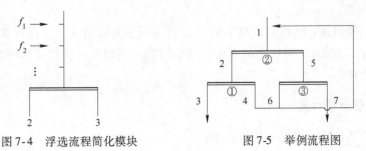

图 7-4 浮选流程简化模块   图 7-5 举例流程图

选别产物编号

$$
\boldsymbol{L} = \begin{array}{c} \text{选别作业编号} \end{array} \begin{array}{c} ① \\ ② \\ ③ \end{array} \begin{bmatrix} 0 & 1 & -1 & -1 & 0 & 0 & 0 \\ 1 & -1 & 0 & 1 & -1 & 1 & 0 \\ 0 & 0 & 0 & 0 & 1 & -1 & -1 \end{bmatrix} \qquad (7\text{-}4)
$$

结构矩阵表达具有流程表达准确，无二义性；通过对结构矩阵维数的扩充，则可完成复杂流程计算；计算通用性强的特点。

7.3.2.2　浮选流程计算的基本方法和数学模型

A　基本方法

（1）对单金属浮选流程，各浮选作业均直接根据物料平衡进行计算，即

$$
\begin{cases}
\gamma = \sum_{i=1}^{n} \gamma_i \\
\gamma \alpha_j = \sum_{j=1}^{m} \gamma_i \beta_{ij}
\end{cases}
$$

（2）对多金属浮选流程，既可采用选取主金属（即视为单金属）法计算，也可使多金属参与计算。如是后者，各浮选作业的物料平衡方程组为一个矛盾方程组，应采用最小二乘法进行计算。

（3）计算步骤：根据第 4 章中浮选流程计算步骤进行，并对计算结果进行物料平衡检查。

B　数学模型

（1）物料平衡方程

$$
\begin{cases}
\gamma_0 = \gamma_1 + \gamma_2 + \cdots + \gamma_j \\
\gamma_0 \alpha_1 = \gamma_1 \beta_{11} + \gamma_2 \beta_{21} + \cdots + \gamma_j \beta_{j1} \\
\quad\quad\quad \vdots \\
\gamma_0 \alpha_i = \gamma_1 \beta_{1i} + \gamma_2 \beta_{2i} + \cdots + \gamma_j \beta_{ji}
\end{cases} \qquad (7\text{-}5)
$$

式中　　γ_0——给矿产率；

　　　　α_i——给矿品位；

　　　　γ_j——选别产物产率；

　　　　β_{ji}——选别产物品位。

（2）数学模型。

数学模型主要包括：线性方程组求解（包括高斯主元素消元法、迭代法等）；矛盾方程组求解（最小二乘法）；对计算结果进行优化的数学模型（有关优化数学模型的内容请参阅相关文献资料）。

7.3.3　工艺设备选择计算

选矿工艺设备选择计算的一般步骤是：

（1）根据工艺要求及特点选择合适的设备类型及规格范围。

（2）根据设备能力计算公式，计算每台设备处理能力。

（3）计算所需设备台数及负荷率等。

（4）计算不同方案设备的总重量、总价格和总功率。

（5）根据设备台数、设备负荷率、总重量、总价格及总功率，选择最佳方案。

设备选择计算程序的编制应按上述步骤进行。其中，第1步的内容可由设计者完成或编制专家系统程序由计算机完成。第2步和第3步的内容根据相应的计算公式编制程序，其中，经验数据、表格数据及曲线的处理应采用7.2.2节介绍的方法进行。第4步及第5步的设备方案比较是根据设备投资（总价格）、能耗（总功率）和设备负荷率等进行的。因此，对每一方案，在设备负荷率合适时，计算其总费用（包括设备投资和电费），并对总费用进行比较，即可得到最佳方案。

设备选择计算程序一般应包括图7-6所示的功能模块。

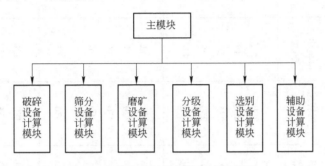

图 7-6　设备选择计算软件功能模块

图7-6中，选别设备及辅助设备计算模块还应包括多个下级功能模块。其中，各功能模块均具有相似的结构，如图7-7所示。

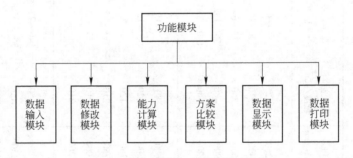

图 7-7　设备计算各功能模块的结构

复习思考题

7-1　计算机辅助设计（CAD）系统硬件及软件如何组成？

7-2　程序设计的基本过程及要求有哪些？

7-3　选矿实际工程问题常用数学工具有哪些？

7-4　计算机辅助流程计算的关键点有哪些？

7-5　计算机辅助设备选择计算程序模块包含哪些功能模块？

附录 主要设备技术性能表

附表1 颚式碎矿机

类型	型号	给料口（宽×长）/mm	最大给料粒度/mm	处理能力/t·h⁻¹	排料口调节范围/mm	主轴转速/r·min⁻¹	电机功率/kW	最重件质量/t	外形尺寸（长×宽×高）/mm	质量/t
复摆型	PE150×250	150×250	125	1~3	10~40	300	5.5	0.306	922×745×932	1.063
	PE250×400	250×400	210	5~20	20~80	280	15	0.84	1108×1090×1392	2.396
	PE400×600	400×600	350	25~64	40~100	275	30	2.22	1560×1732×1580	7.014①
	PE600×900	600×900	480	56~192	75~200	250	75	5.76	2465×3420×2373	16.692①
	PE900×1200A	900×1200	760	180~350	100~250	200	110		3200×2754×3150	37
复摆型	PEX100×600	100×600	80	3~15	7~20	320	11	0.44	1170×1352×1082	1.7
	PEX150×500	150×500	120	3~15	10~50	320	11	0.45	1170×1276×1082	1.9
	PEX150×750	150×750	120	8~25	10~50	320	15	0.59	1170×1586×1082	2.637
细碎型	PEX250×750	250×750	210	13~35	15~50	300	30	1.38	1400×1697×1412	4.972
	PEX250×1000	250×1000	210	15~50	15~50	330	37	1.9	1530×1992×1380	7.3
	PEX250×1200	250×1200	210	18~60	15~50	330	45	2.15	1530×2192×1380	8
简摆型	PJ900×1200	900×1200	650	140~200	150~180	180	110	27	7391×7178×2695	55.363
	PJ1200×1500	1200×1500	1000	250~350	200~250	135	185	32	8000×6410×3500	110.38
	PJ1500×2100	1500×2100	1300	550m³/h	180~220	120	250	45	8090×8500×4270	187.86

注:P—破碎机;E—颚式;X—细碎;J—简摆;F—复摆。

①不包括电动机。

附表 2　旋回碎矿机

类型	型号	进料口宽度/mm	最大给矿粒度/mm	处理量/$t \cdot h^{-1}$	动锥转速/$r \cdot min^{-1}$	排矿口调节范围/mm	动锥直径/mm	传动电动机 型号	功率/kW	电压/V	动锥最大提升高度/mm	最重件质量/t	外形尺寸(长×宽×高)/mm	质量①/t
普通型	PX-500/75	500	400	170	160	75			130	380	140	6.85	3020×2030×3500	43.5
	PX-900/150	900	750	500	140	150			180	380	140	24.3	6500×3306×5500	143.6
液压重型	PXZ-500/60	500	420	140~170	160	60~75	1200		130	380	160	8.7	3400×3400×4315	44.1
	PXZ-700/100	700	580	310~400	140	100~130	1400		155 / 145	380 / 3000	180	21		91.9
	PXZ-900/90	900	750	380~510	125	90			210	380	200	34	4060×4060×5130	141
	PXZ-900/130	900	750	625~770	125	130~160	1650		210	380	200	34	4060×4060×5130	141
	PXZ-900/170	900	750	815~910	110	170~190	1650		210	6000	220	34	4060×4060×5130	141
	PXZ-1200/160	1200	1000	1250~1480	110	160~190	2000		310	6000	220	70	4670×4670×6255	228.2
	PXZ-1200/210	1200	1000	1640~1800	105	210~230	2000		310	3000 / 6000	240	70	4670×4670×6255	228.2
	PXZ-1400/170	1400	1200	1750~2060	105	170~200	2200		430 / 400	3000 / 6000	240	93	5360×5360×8710	314.5
	PXZ-1400/220	1400	1200	2160~2370	100	220~240	2200		430 / 400	3000 / 6000	260	93	5360×5360×8710	305
	PXZ-1600/180	1600	1350	2400~2800	100	180~210	2500		620 / 700	3000 / 6000	260	170	6200×6200×10000	481
	PXZ-1600/230	1600	1350	2800~2950	100	230~250	2500		620 / 700	3000 / 6000	260	170	6200×6200×10000	481
液压轻型	PXQ-700/100	700	580	200~240	160	100~120	1200		130	380	160	9.5	2740×2740×3685	45
	PXQ-900/130	900	750	350~400	140	130~150	1400		145 / 155	3000 / 380	180	20	4935×3510×4935	87
	PXQ-1200/150	1200	1000	600~680	125	150~170	1650		210	380	200	38	4530×4530×6000	145

注：P—破碎机；X—旋回；Z—重型；Q—轻型。

① 包括电动机。

256

附表 3　圆锥碎矿机

附表 3-1　PYT 型弹簧圆锥碎矿机[1]

型号	给料口尺寸 /mm	最大给料尺寸 /mm	排料口调整范围 /mm	生产能力[2] /t·h⁻¹	破碎圆锥底部直径 /mm	偏心套转速 /r·min⁻¹	主电机 型号	主电机 功率 /kW	主电机 转速 /r·min⁻¹	主电机 电压 /V	弹簧组数	弹簧总压力/单组压力/t	润滑站规格 /L·min⁻¹	冷却水耗量 /m³·h⁻¹	质量[3] /t
PYT-B0607	75	65	12～25	40	600	355	Y250M-8	30	730	380	8	40/5	16	1.2	5.2
PYT-D0604	40	36	3～13	12～23											
PYT-B0913	135	115	15～50	50～90	900	333	Y315S-8 /4135T-1 柴油机	55/60	720/1500	380	10	70/7	16	1.2	10.2
PYT-Z0907	70	60	5～20	20～65											
PYT-D0905	50	40	3～13	15～50											
PYT-B1217	170	145	20～50	110～168	1200	300	JS126-8	110	735	220/380	10	150/15	63	3	23.6
PYT-ZI211	115	115	8～25	42～135											23.4
PYT-D1206	60	50	3～15	18～105											24.3
PYT-B1725	250	215	25～60	280～430	1750	245	JS128-8	155	735	220/380	12	300/25	125	6	50
PYT-ZI721	215	185	10～30	115～320											50
PYT-D1710	100	100	5～15	75～230											49
PYT-B2235	350	300	30～60	590～1000	2200	220	JSQ1510-12 /JSQ158-12	280/260	490/485	6000/ 3000	16	400/25	125	6	78.9
PYT-Z2227	275	230	10～30	200～580											80.6
PYT-D2213	130	100	5～15	120～340											80.5

①沈重提供；
②生产能力以矿石松散密度 1.6t/m³ 计；
③机器质量不含电动机。

附表 3-2　PYY-T 型单缸液压圆锥碎矿机[1]

类型	型号	破碎锥直径/mm	给料口尺寸/mm	最大给料尺寸/mm	排料口调整范围/mm	偏心套转速/r·min⁻¹	最小排料口时过铁尺寸/mm	主电机 型号	功率/kW	转速/r·min⁻¹	电压/V	润滑站容量/L·min⁻¹	生产能力[2]/t·h⁻¹	质量[3]/t
标准型	PYY-BT0913	900	135	115	15~40	335	55	Y315S-8	75	740	380	63	40~100	8.4
	PYY-BT1219	1200	190	160	20~45	300	70	Y315L$_2$-8	110	740	380	100	90~200	8.3
	PYY-BT1628	1650	285	240	25~50	250	100	JS137-10	155	590	380	200	210~425	8.3
	PYY-BT2235	2200	350	300	30~60	220	130	JSQ1510-12	280	490	6000	250	450~900	17.9
中型	PYY-ZT0907	900	75	65	6~20	335	50	Y315S-8	75	740	380	63	17~55	17.6
	PYY-ZT1215	1200	150	130	9~25	300	65	Y315L$_2$-8	110	740	380	100	45~120	17.5
	PYY-ZT1623	1650	230	195	13~30	250	90	JS137-10	155	590	380	200	120~280	35.8
	PYY-ZT2229	2200	290	230	15~35	220	110	JSQ1510-12	280	490	6000	250	250~580	35.7
短头型	PYY-DT0906	900	60	50	4~12	335	45	Y315S-8	75	740	380	63	15~50	35.6
	PYY-DT1208	1200	80	70	5~13	300	60	Y315L$_2$-8	110	740	380	100	40~100	74.5
	PYY-DT1610	1650	100	85	7~14	250	80	JS137-10	155	590	380	200	100~200	73.7
	PYY-DT2213	2200	130	110	8~15	220	100	JSQ1510-12	280	490	6000	250	200~380	73.4

①沈重提供；
②生产能力以矿石松散密度为 1.6t/m³ 计；
③机器质量不包括电动机。

附表4　双光辊和四辊碎矿机（沈重）

型　　号	2PGG-Y1210	2PGG-T1210	4PGG-Y0907	4PGG-T0907	4PGG-Y1210
辊子直径/mm	1200	1200	900	900	1200
辊子长度/mm	1000	1000	700	700	1000
辊子间隙/mm	2~12	2~12	10~40 2~10	10~40 2~10	4~10 3~8
给料粒度/mm	40	40	40~100	40~100	20~30
生产能力/t·h^{-1}	15~90	15~90	16~18	16~18	35~55
主电动机型号	Y280M-8	Y280M-8	YD250M-12/6 Y225M-6	Y225M-6 JDO3-12/6	YD280S-8/4 Y315S-6
功率/kW	2×45	2×45	15/24 30	30 14/22	40/55 75
转数/r·min^{-1}	740	740	490/985 980	980 480/980	740/1480 980
电压/V	380	380	380	380	380
外形尺寸（长×宽×高）/m	7.5×5.1×2.0	7.5×4.8×2.0	9.0×4.2×3.2	4.2×3.2×3.2	9.61×5.6×4.24
质量（不含电动机）/t	46.4	45.4	27.7	26	67

注：P—破碎机；G—辊式；C—光面。

附表5　反击式破碎机

附表5-1　PF型反击式破碎机（上重）

型　　号	PF0504	PF1007	PF1210
转子直径/mm	500	1000	1250
转子长度/mm	400	700	1000
最大给料粒度/mm	100	250	250
排料粒度/mm	<20	<25	<50
生产能力/t·h^{-1}	4~8	15~35	40~80
转子速度/r·min^{-1}	960	680	505
电动机功率/kW	7.5	37	95
外形尺寸（长×宽×高）/mm	1152×1555×1200	2540×2150×1800	3810×5165×2670
质量（不含电动机）/kg	1349	6320	15222

附表5-2　2PF型反击式破碎机（上重）

型　　号	2PF1010	2PF1212
转子直径/mm	1000	1250
转子长度/mm	1000	1250
最大给料粒度/mm	450	850
排料粒度/mm	<20	<25
生产能力/t·h^{-1}	50~70	100~140
转子速度：第一转子/r·min^{-1}	574	530
第二转子/r·min^{-1}	880	680
电动机功率：第一转子/kW	55	130
第二转子/kW	75	155
外形尺寸（长×宽×高）/mm	4364×3432×3200	4945×5582×4030
质量/kg	22325	53000

注：P—破碎机；F—反击式。

附表6　锤式碎矿机

附表6-1　锤式碎矿机（义矿）

型　号	转子直径/mm	转子工作长度/mm	转速/r·min^{-1}	给料最大块度/mm	排料粒度/mm	生产能力/t·h^{-1}	电机功率/kW	外形尺寸/mm（长×宽×高）	质量/kg
PC44 $\phi400 \times 400$	400	400	1450	≤100（煤）40（石灰石）	≤10（占80%以上）	5~10（煤）2.5~5（石灰石）	7.5	1672×902×900	800
PC88 $\phi800 \times 800$	800	800	970	≤120（石灰石）	≤15（占80%以上）	35~45（石灰石）	5.5	2780×1440×1101	3100
PC1010 $\phi1000 \times 1000$	1000	1000	980	<200（石灰石）	<15（占80%以上）	60~80（石灰石）	130	3445×1695×1331	6100
PCK66 $\phi600 \times 600$	600	600		≤1200（煤）80（石灰石）	≤3	15~30（煤）8~20（石灰石）	45	1560×1230×972	2335
PCK88 $\phi800 \times 800$	800	800		≤80（煤）40（石灰石）	≤3	50~70（煤）25~85（石灰石）	90	1940×1520×1335	3500
PCK1010 $\phi1000 \times 1000$	1000	1000		≤80（煤）	≤3	50（煤）	215	3655×1710×1650	620
PCB0806 $\phi800 \times 600$	800	600		≤200（石灰石）	≤10	18~24（石灰石）	55	1490×1698×1020	2530
PCB1008 $\phi1000 \times 800$	1000	800		≤200（石灰石）	<13	13~32（石灰石）	115	2762×2230×1517	6000

附表6-2　PCK型锤式破碎机[①]

型　号	给料粒度/mm	排料粒度/mm	生产能力[②]/t·h^{-1}	转子直径[③]/mm	转子长度/mm	转子转速/r·min^{-1}	主电机		
							型　号	功率/kW	转速/r·min^{-1}	电压/V
PCK-1413	≤80	≤3	400	1430	1300	985	JS1410-6 JS158-6	520 550	985	3000 6000
PCK-1416	≤80	≤3	400	1410	1608	985	Y500-6	560	985	6000
PCK-1413	≤80	≤3	200	1430	1300	735 740	JS1410-8 JS158-8	370 380	735 740	3000 6000
PCK-M1010	≤80	≤3	100~150	1000	1000	980 1000	JS138-6 Y400-3-6	280	980 1000	3000 6000
PCK-M1212	≤80	≤3	150~200	1250	1250	740	JS148-8 JSQ158-8	310 20	735 740	3000 6000

注：P—破碎机；C—锤式；K—可逆式；M—煤用。

①沈重提供；

②生产能力指碎煤时，当被破碎物料抗压强度限为12MPa、表面水分小于9%，密度为0.8~1t/m³ 时的产量；

③转子直径指转子在工作状态时锤头顶端的运动轨迹。

附表 7　振动筛

附表 7-1　圆振动筛

类型	型号	工作面积/m²	筛网层数/层	最大给料粒度/mm	处理量/t·h⁻¹	筛孔尺寸/mm	双振幅/mm	振次/次·min⁻¹	筛面倾角/(°)	电动机型号	功率/kW	外形尺寸(长×宽×高)/mm	质量/t
圆振动筛	YA1236	4	1	200	80~240	6~50	9.5	845		Y160M-4	11	3757×2386×2419	4.890
	2YA1236	4	2	200	80~240	6~50	9.5	845		Y160M-4	11	3757×2386×2419	5.184
	YA1530	4	1	200	80~240	6~50	9.5	845		Y160M-4	11	3184×2691×2419	4.480
	YA1536	5	1	200	100~350	6~50	9.5	845		Y160M-4	11	3757×2691×2419	5.092
	2YA1536	5.6	2	400	100~350	6~50	9.5	845	20	Y160L-4	15	3757×2670×2419	5.588
	YAH1536	5	1	400	160~650	30~150	9.5	755		Y160M-4	15	3757×2714×2437	5.461
	2YAH1536	5.6	2	400	160~650	30~200(上) 6~50(下)	11	755		Y160L-4	15	3757×2670×2437	5.919
	YA1542	5.5	1	200	110~385	6~50	9.5	845		Y160M-4	11	4331×2655×2655	5.308
	2YA1542	5.5	2	200	110~385	30~150	9.5	845		Y160L-4	15	4331×2691×2655	6.086
	YA1548	6	1	200	120~420	6~50	9.5	845		Y160L-4	15	4904×2713×2854	5.918
	2YA1548	6	2	200	120~420	6~50	9.5	845		Y160L-4	15	4904×2713×2854	6.321
	YAH1548	6	1	400	200~780	30~150	11	755		Y160L-4	15	4904×2736×2922	6.650
	2YAH1548	6	2	400	200~780	30~150	11	755		Y160L-4	15	4904×2736×2922	7.317
	YA1836	7	1	200	140~220	3~50	9.5	845		Y160M-4	11	3757×2995×2419	5.205
	2YA1836	7	2	200	140~220	3~50	9.5	845		Y160L-4	15	3757×3018×2419	5.713
	YAH1836	7	1	400	220~910	30~150	11	755		Y160M-4	11	3757×3019×2437	5.700

续附表 7-1

类型	型号	工作面积 /m²	筛网层数 /层	最大给料粒度/mm	处理量 /t·h⁻¹	筛孔尺寸 /mm	双振幅 /mm	振次 /次·min⁻¹	筛面倾角 /(°)	电动机 型号	电动机 功率/kW	外形尺寸 (长×宽×高)/mm	质量/t
圆振动筛	2YAH1836	7	2	400	220~900	30~200(上) 5~50(下)	11	755	20	Y160L-4	15	3757×3020×2437	6.198
	YA1842	7	1	200	140~490	6~150	9.5	845		Y160L-4	15	4331×2996×2655	5.829
	2YA1842	7	2	200	140~490	6~150	9.5	845		Y160L-4	15	4331×3018×2655	6.170
	YAH1842	7	1	400	450~800	30~150	11	755		Y160L-4	15	4331×3041×2685	6.215
	2YAH1842	7	2	400	450~800	30~150	11	755		Y160L-4	15	4331×3041×2685	7.037
	YA1848	7.5	1	200	150~525	6~50	9.5	845		Y160L-4	15	4904×3018×2828	6.227
	2YA1848	7.5	2	200	150~525	6~50	9.5	845		Y160L-4	15	4904×3018×2828	6.945
	YAH1848	7.5	1	0~150	250~1000	30~150	11	755		Y160L-4	13	4702×2550×2880	6.014
	2YAH1848	7.5	2	400	250~1000	30~150	11	755		Y160L-4	15	4904×3051×2922	7.636
	YA2148	9	1	210	180~630	6~50	9.5	748		Y180M-4	18.5	4945×3444×3522	9.287
	2YA2148	9	2	210	180~630	6~50	9.5	748		Y180L-4	22	4945×3441×3522	10.532
	YAH2148	10.4	1	400	270~1200	13~200	11	708		Y180M-4	18.5	5025×3427×3501	10.430
	2YAH2148	9	2	400	270~1200	30~150	11	708		Y180L-4	22	4945×3485×3492	11.160
	YA2160	13	1	200	230~800	3~30	9.5	748		Y180M-4	18.5	6088×3427×3733	9.926
	2YA2160	11.5	2	200	230~800	6~50	9.5	748		Y180L-4	22	6166×3444×3670	11.218
	YAH2160	11.5	1	400	350~1500	30~150	11	708		Y200L-4	30	6166×3641×3839	12.230
	2YAH2160	11.5	2	400	350~1500	30~150	11	708		Y200L-4	30	6116×3641×3839	13.425
	YA2448	10	1	200	200~700	6~50	9.5	748		Y180M-4	18.5	4945×3811×3433	9.834
	YAH2448	10	1	400	310~1300	30~150	9.5	708		Y200L-4	30	4969×3946×3632	11.762
	2YAH2448	10	2	400	310~1300	30~150	9.5	708		Y200L-4	30	4969×3946×3632	12.833
	YA2460	14	1	200	260~780	6~50	9.5	748		Y200L-4	30	6091×3916×3839	12.240
	2YA2460	14	2	200	260~780	6~50	9.5	748		Y200L-4	30	6091×3916×3839	13.583
	YAH2460	14	1	400	400~1700	30~150	9.5	708		Y200L-4	30	6091×3916×3839	13.096
	2YAH2460	14	2	400	400~1700	30~150	9.5	708		Y200L-4	30	6091×3916×3839	14.420

附表 7-2　自定中心振动筛

| 型号 | 筛面 | | | | | 给料粒度/mm | 处理量/t·h⁻¹ | 振次/次·min⁻¹ | 双振幅/mm | 电动机 | | 外形尺寸(长×宽×高)/mm | 总重/kg | 每支点工作动负荷 | | 最大动负荷 | |
	层数	面积/m²	倾角/(°)	筛孔尺寸/mm	结构					型号	功率/kW			给料端/N	排料端/N	给料端/N	排料端/N
SZZ400×800	1	0.29	15	1~25	编织	≤50	12	1500	6	Y90S-4	1.1	1363×797×1250	120	±94.8	±94.8	±474	±474
SZZ₂400×800	2	0.29	15	1~16	编织	≤50	12	1500	6	Y90S-4	1.1	1363×797×1250	149	±53.7	±53.7	±268.5	±268.5
SZZ800×1600	1	1.3	15	3~40	编织	≤100	20~25	1430	6	Y100L₁-4	2.2	2167×1653×1110	498	±102	±102	±510	±510
SZZ₂800×1600	2	1.3	15	3~40	编织	≤100	20~25	1430	6	Y100L₂-4	3	1935×1678×1345	822	±296	±296	±1480	±1480
SZZ1250×2500	1	3.1	15	6~40	编织	≤100	150	850	2~7	Y132S-4	5.5	2569×2110×1006	1021	±377	±377	±1885	±1885
SZZ₂1250×2500	2	3.1	15	6~50	编织	≤150	100	1200	2~6	Y132M₂-6	5.5	2635×2376×1873	1260	±1000	±1000	±5000	±5000
SZZ₂1250×4000	2	5	15	3~60	编织	≤150	120	900	2~6	Y132M-4	7.5	4184×2468×3146	2500	±1528	±1528	±7640	±7640
SZZ1500×3000	1	4.5	20	6~16	编织	≤100	245	800	8	Y132M-4	7.5	2866×2342×1650	2234	±808	±808	±4040	±4040
SZZ1500×4000	1	6	20	1~13	编织	≤75	250	810	8	Y132M-4	7.5	3951×2386×2179	2582	±784	±784	±3920	±3920
SZZ₂1500×3000	2	4.5	15	6~40	编织	≤100	245	840	5~10	Y132M-4	7.5	3050×2524×1855	2511	±2548	±2548	±12740	±12740
SZZ₂1500×4000	2	6	20	6~50	编织或冲孔	≤100	250	800	7	Y132M-4	7.5	4155×2754×2656	4022	±764	±764	±3820	±3820
SZZ1800×3600	1	6.48	25	6~50	编织或冲孔	≤150	300	750	8	Y180M4	18.5	3750×3060×2541	4626	±587	±587	±2935	±2935

注：S—振动筛；Z—中心；Z—自定。处理量为参考值，以精煤的散密度为计算依据。

附表 7-3　重型振动筛（鞍矿和洛矿）

型号	筛面 层数	面积/m²	倾角/(°)	结构	筛孔尺寸/mm	处理量/t·h⁻¹	给料粒度/mm	振次/次·min⁻¹	双振幅/mm	电动机 型号	功率/kW	外形尺寸(长×宽×高)/mm	总重/kg	每支点工作动负荷 给料端/N	排料端/N	最大动负荷 给料端/N	排料端/N	处理量计算参考
H735	1	6	25	棒条	上:75~100 下:25~50	300~600	≤300	750	8~10	Y160L-4	15	3567×3092×2377	3490	±2602	±2602	±13010	±13010	精煤散密度
2H735	2	6	25	棒条	上:25~100 下:20~50	400~700	≤350	750	7~8	Y160L-4	15	3650×3097×3019	4957	±679	±679	±3395	±3395	精煤散密度
YH1836A	1	6.5	20	橡胶	150	900	≤400	970	6~8	Y180L-6	15	3800×3536×2750	6259	±1568	±1568	±7840	±7840	精煤散密度
2YKH2245	2	10	20	上:棒条 下:条缝	上:20 下:1	200	≤350	860	9	Y200L-4	30	5037×3904×2707	8979	±2290	±2290	±11450	±11450	煤矸散密度
YH1836	1	6.5	20	棒条	150	900	≤400	970	6~8	JQO₂-61-6	10	3810×3510×2780	4940					

注：H—重型筛；Y—圆运动。

附表 7-4　ZSG 型高效重型振动筛（新乡）

型号	有效筛分面积/m²	给料粒度/mm	筛分能力/t·h⁻¹	振动电机 型号	电压/V	功率/kW	振次/次·min⁻¹	双振幅/mm	激振力/N	总重/kg 单层	双层	动负荷/N	电控箱 XK₂-
ZSG1020	2	≤250	10~200	YZO-20-6	380	2.0×2	960	8~12	40000	2300	2500	1300	2.0
ZSG1080	3	≤350	15~250	YZO-30-6	380	2.5×2	960	8~12	60000	3300	3600	1850	2.5
ZSG1530	4.5	≤350	20~350	YZO-50-6	380	3.7×2	960	8~12	100000	5100	5500	2810	3.7
ZSG1540	6	≤350	25~400	YZO-50-6	380	3.7×2	960	6~10	100000	6800	7300	3720	3.7
ZSG1550	7.5	≤350	30~500	YZO-75-6	380	5.5×2	960	6~10	150000	8450	9100	4650	5.5
ZSG2050	10	≤350	50~500	YZO-75-6	380	5.5×2	960	6~10	150000	11100	12000	6130	5.5
ZSG2060	12	≤350	60~600	YZO-100-8	380	7.5×2	720	10~15	200000	13800	14900	7600	7.5
ZSG2070	14	≤350	65~600	YZO-100-8	380	7.5×2	720	8~12	200000	17500	19800	10110	7.5
ZSG2080	16	≤350	65~600	YZO-100-8	380	7.5×2	720	8~12	200000	21820	23400	11040	7.5

附表 7-5　ZK 型直线振动筛（洛矿）

型　号	ZK 2148	2ZK 2148	ZK 2161	2ZK 2161	ZK 2448	2ZK 2448	ZK 2461	2ZK 2461	ZK 2761	2ZK 2761	ZK 3061	2ZK 3061	ZK 3073	2ZK 3073	ZK 3667	2ZK 3667	ZK 3675	2ZK 3675
	单层	双层	单层	双层	单层	双层	单层	双层	单层	双层	单层	双层	单层	双层	单层	双层	单层	双层
筛面宽度/mm	2140	2140	2140	2140	2440	2440	2440	2440	2750	2750	3050	3050	3050	3050	3600	3600	3600	3600
筛面长度/mm	4880	4880	6100	6100	4880	4880	6100	6100	6100	6100	6100	6100	7320	7320	6700	6700	7500	7500
筛面面积/m²	10.5	10.5	13	13	12	12	15	15	16.5	16.5	18.5	18.5	22.5	22.5	24	24	27	27
双振幅/mm	11	11	11	11	11	11	11	11	11	11	11	11	11	11	12	12	12	12
振次/次·min⁻¹	950	950	950	950	950	950	950	950	950	950	950	950	950	950	900	900	900	900
电机功率/kW	15	18.5	18.5	22	18.5	22	22	30	30	37	30	37	30	45	45	55	45	55
总重/t（不包括电动机、电气）							7.1	11.6			9.3	14					17.5	27.2
允许最大给料粒度/mm	200																	
允许最大给料落差/mm	760																	
最大筛孔尺寸/mm	80																	
处理量/t·h⁻¹　洗净	30~50		40~60		40~60		45~65		50~70		55~75		65~85		70~90		80~100	
脱水	50~150		60~200		60~200		65~250		70~300		75~350		85~400		90~450		100~500	
分级	150~900		200~1200		200~1200		250~1400		300~1500		350~1700		400~2000		450~2200		500~2500	

注：Z—直线；K—块偏心振动器。

附表 8　磨矿机

类型	型号	有效容积/m³	筒体转数/r·min⁻¹	最大装球(棒)量/t	传动电动机 型号	传动电动机 功率/kW	传动电动机 电压/V	最重部件重量/t	重量/t	外形尺寸(长×宽×高)/mm
湿式格子型球磨机	MQG900×900	0.45	39.2	0.96		17	380	1	4.62	4080×2210×2020
	MQG900×1800	0.9	39.2	1.92		22	380	2.04	5.7	5080×2280×2020
	MQG1200×1200	1.1	31.33	2.40		30	380	2.277	11.9	5190×2800×2500
	MQG1200×2400	2.2	31.33	4.8		50	380	4.328	14.1	6500×2860×2500
	MQG1500×1500	2.2	29.2	5		60	380	3.626	15.00	6020×3200×2700
	MQG1500×3000	4.4	18.5	10		95	380	6.918	18.00	7800×3200×2700
	MQG1500×3000(低速)	4.4	18.5	10		95	380	6.918	18.00	7800×3300×2700
	MQG2100×2200	6.5	23.8	15		155	380	10.23	43.15	8000×4700×4400
	MQG2100×3000	9	23.8	20		210	380	13.77	45.47	8800×4700×4400
	MQG2700×2100	10.1	20.6	23		260	3000	14.9	61.0	9480×5687×4675
	MQG2700×2700	14	20.6	29		310	3000	18.70	64.0	
	MQG2700×3600	18.5	20.6	39	TDMK400-32	400	6000	24.7	69.0	9765×5826.61×4674.5
	MQG3200×3000	21.8	18.5	46	TDMK500-36	500	6000	27.0	108.0	
	MQG3200×3600	26.2	18.5	54	TDMK630-36	630	6000	32.0	139.5	11600×7200×5700
	MQG3200×4500	31	18.5	65	TDMK800-36	800	6000	52.44	136	13000×7300×5700
	MQG3600×3900	36	17.5	75	TDMK1000-36/240	1000	6000	42.7	145.0	15200×7700×6300
	MQG3600×4500	41	17.3	87	TDMK1250-40/3200	1250	6000	49.3	152.0	15200×7700×6300
	MQG3600×6000	57	17.8	120	TDMK1600-40	1600	6000	63.5	189.0	1700×8800×6800

续附表 8

类型	型号	有效容积/m³	筒体转数/(r·min⁻¹)	最大装球（棒）量/t	传动电动机 型号	功率/kW	电压/V	最重部件重量/t	重量/t	外形尺寸(长×宽×高)/mm
湿式溢流型球磨机	MQY900×1800	0.9	39.2	1.66		22	380	2.04	5.8	5080×2380×2020
	MQY1200×2400	2.2	31.23	4.8		55	380	4.238	12.24	6570×2867×2540
	MQY1500×2000	3.4		8		95	380		16.28	7440×3340×2760
	MQY1500×3000	5	26	8		95	380	6.6	16.25	7445×3341×2766
	MQY2100×2000	6	23.8	18		210	380		43.0	8800×4700×4400
	MQY2100×3000	9	23.8	18		210	380	13.77	43.78	8800×4740×4420
	MQY2100×4500	13.5	23.8	18		210	380	20.96	55.53	10300×4830×3790
	MQY2700×2100	10.4	21.8	24		280	6000	18.59	63.85	9400×5600×4700
	MQY2700×3600	18.5	20.6	35	TDMK400-32	400	6000	24.7	69.0	9765×5827×4675
	MQY2700×4000	20.6	20.6		TDMK400-32	400	6000	28.9	71.1	
	MQY3200×4500	32.8	18.5	61	TDMK630-36	630	6000	39.5	115	12700×7267×5652
	MQY3200×5400	39.3	18.5	77	TDMK800-36	800	6000	47.3	119.0	
	φ3600×4500	41	17.5	76	TM1000-36/2600	1000	6000	49.3	153	1510×7230×6326
	φ3600×6000	55	17.5	102	TM1250-40/3250	1250	6000	67.5	154	17440×7755×6326
	φ450×980		46.0			3.0	380			1695×751×1720
	φ900×1800	0.9	35.4	2.5		22	380	2.04	5.37	5060×3380×2020

续附表 8

类　型	型　号	有效容积/m³	筒体转数/r·min⁻¹	最大装球(棒)量/t	传动电动机 型　号	传动电动机 功率/kW	传动电动机 电压/V	最重部件重量/t	重量/t	外形尺寸(长×宽×高)/mm
湿式棒磨机	φ900×2400	1.2	35.4	3.55		30	380	2.55	5.88	5670×3380×2020
	φ1500×3000	5	26	8		95	380	6.92	18	7635×3341×2766
	φ1500×3000 中间排矿	4.4	26	13		95	380	7.36	17.29	7497×3341×2766
	φ2100×3000	9	20.9	25		210	380	13.77	42.18	8600×4700×4400
	φ2100×3000 中间排矿	9	20.9	25		210	380	17.5	57.0	9100×4700×4420
	φ2700×3600	18.5	18	46	TDMK400-32	400	6000	24.7	68.00	9735×5757×4675
	φ2700×4000	20.6	18	46	TDMK400-32	400	6000	28.9	73.3	
	φ3200×4500	32.8	16	82	TDMK630-36	630	6000	39.5	108	12700×7232×5652
	φ3600×4500	43	14.7	110	TDMK1250-40	1250	6000	46.84	159.9	15200×8800×6800
	φ3600×5400	50	15.1	124	TM1000-36/2600	1000	6000	60.7	150	15910×8040×6726
湿式自磨机	φ4000×1400	16	17			245	380	43.43	63.94	9862×5222×4200
	φ5500×1800	41	15		TDMK800-36	800	6000	110.88	159.4	11600×7200×4630
	φ7500×2500	102	12		TM2500-16/2150	2500	6000	258	456.82	18130×13400×11090
	φ7500×2800	115	12		TM2500-16/2150	2500	6000	265	463.82	18432×13404×11090
砾磨机	φ3600×5500	51	16.4	30(砾石)	JS1510-6	650	6000		240	14330×7177×6241
	φ4600×6000	83	14.6	55(砾石)	TDMK1600-40	1600	6000		345	16500×9200×8150

注：M—磨矿机；Q—球磨机；G—格子型；Y—溢流型。

附表 9　螺旋分级机

类型	型号	螺旋转速/(r·min⁻¹)	处理量/(t·d⁻¹)　按返砂	按溢流	水槽坡度/(°)	电动机 型号	电动机 功率/kW	提升电机 型号	提升电机 功率/kW	溢流粒度/mm	外形尺寸(长×宽×高)/mm	螺旋质量/t	质量/t
高堰式单螺旋	FG-3φ300	8~30	44~73	13		Y90L-6	1.1			0.15	3840×490×1140	0.556	1.600
	FG-5φ500	8.0~12.5	135~210	32	14~18.5		1.1	手摇提升		0.15	5430×680×1480	1.135	2.829
	FG-7φ750	6~10	340~570	65	14~18.5		3	手摇提升		0.15	6720×1267×1584	1.830	3.990
	FG-10φ1000	5~8	675~1080	110	14~18	Y132M$_2$-6	5.5			0.15	7590×1240×2380	3.544	8.537
	FG-12φ1200	5~7	1170~1870	155	12		5.5		2.2	0.15	8180×1570×3130(右) 8230×1592×3100(左)	4.613	8.565
	FG-15φ1500	2.5~6	1830~2740	235	14~18.5	Y160M-6	7.5	Y100L-4	2.2	0.15	10410×1920×4070		11.167
	FG-20φ2000	3.6~5.5	3290~5940	400	14~18.5	Y160L-6 Y160L-4	11 15	Y100L$_2$-4	3	0.15	10788×2524×4486	8.975	20.464
	FG-24φ2400	3.64	6800	580	14~18.5		13		3	0.15	11562×2910×4966	11.473	25.647
高堰式双螺旋	2FG-12φ1200	6.0	2340~3740	310	14~18.5		5.5×2		1.5×2	0.15	8290×2780×3080	4.613	15.841
	2FG-15φ1500	2.5~6	2280~5480	470	14~18.5		7.5×2		2.2×2	0.15	10410×3392×4070	8.975	22.110
	2FG-20φ2000	3.6~5.5	7780~11880	800	14~18.5		22 30		3×2	0.074	10995×4595×4490	11.473	35.341
	2FG-24φ2400	3.67	13600	1160	14~18.5		30		3	0.074	12710×5430×5690	19.971	45.874
	2FG-30φ3000	3.2	23300	1785	18~18.5		40		4	0.15	16020×6640×6350		73.027
沉没式单螺旋	FC-10φ1000	5~8	675~1080	85	15					0.074	9590×1290×2670		6.000
	FC-12φ1200	5~7	1170~1870	120	14~18.5		7.5		2.2	0.074	10371×1534×3912	4.600	11.022
	FC-15φ1500	2.5~6	1830~2740	185	14~18.5		7.5		2.2	0.15	12670×1810×4888	4.670	15.340
	FC-20φ2000	3.6~5.5	3210~5940	320	14~18.5		13;10		3	0.074	15398×2524×5343	13.060	29.056
	FC-24φ2400	3.64	6800	490	14~18.5		17		4	0.074	16700×2926×7190	17.940	38.410
沉没式双螺旋	2FC-12φ1200	6.0	2340~3740	240	14~18.5		5.5×2		1.5×2	0.074	10190×3154×3745		17.600
	2FC-15φ1500	2.5~6	2280~5480	370	14~18.5	Y200L-4	7.5	Y100L$_2$-4	2.2	0.074	12670×3368×4888		27.450
	2FC-20φ2000	3.6~5.5	7780~11880	640	14~18.5		22;30		3	0.074	15760×4595×5635		50.000
	2FC-24φ2400	3.67	13700	910	14~18.5		30		4	0.074	14701×5430×6885		67.860
	2FC-30φ3000	3.2	23300	1410	18~18.5		40			0.074	17091×6640×8680		84.870

附表 10　水力旋流器

旋流器直径/mm	给矿口/mm	溢流口/mm	沉砂口/mm	锥角/(°)	锥体高度/mm	圆筒高度/mm	溢流管深度/mm	溢流粒度/mm	沉砂浓度/%	矿浆处理量/m³·h⁻¹	入口计示压力/kPa	质量/kg
φ100	30×5 30×7 30×10	φ14,18,26	φ11	20	275	60		0.025~0.25	50~60	1.5~9	50~300	
φ125	25×10	φ50	φ15~30		255	110				2.4~15		55
φ150	40×8 40×10 40×12	φ20,30,40	φ15		326	100				4.8~54		92
φ150	40×10 40×20	φ40	φ12(φ17)		221	200	130			4.8~54		92
φ250	50×20	φ125	φ35		595	170				6.5~61.2		162
φ300	φ75	φ125	φ50		800	200	200			24~60		134
φ350	80×35	φ40,50,60	φ25		865	180	155			24~90		282
φ500	140×20	φ110	φ67~68		1090	380	300			24~108		670

附表 11　细筛、旋流筛、弧形筛

附表 11-1　KZS1632 型直线振动细筛

筛面规格/mm	处理量/t·h⁻¹	筛板规格(宽×长)/mm	筛孔尺寸/mm	筛条(宽×高)/mm	筛面仰角/(°)	激振角/(°)	振动频率/r·min⁻¹	振幅(最大)/mm	激振力/N	电动机			总重/kg
										型号	功率/kW	转速/t·min⁻¹	
1600×3200	65	1600×450	0.45±0.1	2.5×4	7	30	960	4.5	64800×2	JQ$_2$-41-6	3×2	96	1800

附表 11-2　DGS 型高频振动细筛

型号	筛面尺寸/mm	筛孔尺寸/mm	分离粒度/mm	处理能力/t·h⁻¹	筛面倾角/(°)	双振幅/mm	振动频率/1·min⁻¹	有用功率/kW	振动器型号	配置控制箱型号
DGS-4	$400 \times \dfrac{1200}{(1500)} \times 4$	0.5 0.3 0.2 0.15	0.3~0.074	20~30	45~60	0.2~1	3000	0.45	GZ4	XKZ-20 G_2X
DGS-6	$400 \times \dfrac{1200}{(1500)} \times 6$	0.5 0.3 0.2 0.15	0.3~0.074	30~50	45~60	0.2~1	3000	0.65	GZ5	XKZ-20 G_2X
DGS-8	$400 \times \dfrac{1200}{(1500)} \times 8$	0.5 0.3 0.2 0.15	0.3~0.074	40~60	45~60	0.2~1	3000	1.5	GZ6	XKZ-20 G_3X

附表 11-3　$\phi150$、$\phi300$ 旋流细筛用于氢氧化铝分级

规格	筛网直径/mm	筛网高度/mm	筛网面积/m²	筛孔尺寸/mm	给料压力/kPa	处理能力		外形尺寸/mm	质量/kg	粒度回收率/%	
						料浆/m³·h⁻¹	干料/t·h⁻¹			+100 目	+320 目
$\phi150$	150	300	0.136	0.3	30~90	15~25	4.5~7.5	420×495×1075		77	90
$\phi300$	300	450	0.408	0.3	40~90	60~100	18~30	620×620×1750	230	86	90

附表 11-4　HX 型弧形筛

型号	筛面层数	筛面面积/m²	筛孔尺寸/mm	筛网结构	给料粒度/mm	处理能力/t·h⁻¹	外形尺寸（长×宽×高）/mm	总重/kg
HX3	1	2.89	1	条缝	≤25	270~340	1830×1400×3763	909
HX3.5	1	3.52	1	条缝	≤25	330~410	1830×1700×3763	1052

附表 11-5　FX-Ⅰ型弧形筛

筛面面积/m²	筛孔尺寸/mm	弧半径/mm	弧包角/(°)	分级粒度/mm	给矿浓度/%	给矿体积/m³·h⁻¹	处理能力/t·h⁻¹	外形尺寸/mm	机重/kg
0.95	0.3~1.5	200	88	0.1~0.8	25~40	15~25	3~8	1930×440×1100	250

附表 12　圆锥分级机（分泥斗）

直径/mm	沉降面积/m²	容积/m³	深度/mm	给矿粒度/mm	受矿管/mm	排矿管/mm	重量/kg	制造厂
φ1000	0.78	0.27	1000			φ25	270	
φ1500	2.0	0.83	1385	2.0	φ150	φ38		云锡
φ2000	3.0	2.27	2100			φ50	850	
φ2500	4.9	4				φ50~68		
φ3000	7.0	6.65	2900			φ68	1000	

附表 13　YF 型圆锥水力分级机

规格/mm	分级面积/m²	阻砂条数量	槽子		排矿管径/mm	叶轮		处理量/t·h⁻¹	传动电机		外形尺寸（长×宽×高）/mm	设计单位
			直径/mm	容积/m³		直径/mm	转速/r·min⁻¹		功率/kW	电压/V		
φ500	0.2	11	500	0.11	25	250	224,260,313,364,442	2~3	0.6	380	630×780×1600	北矿院
φ750	0.44	11	750	0.32	25	300	191,224,255,288,310	5~7.5	1.1	380	903×900×1800	
φ1000	0.78	11	1000	0.67	25	330	60~614	10~15	4	380	1298×1208×1830	
φ2500	4.9	11	2500	8.5	25	900	111~159	100~150	17	380	2720×2970×3484	
φ3000	7.0	11	3000	7.1	25	900	78~111	150~200	17	380	3220×3220×3114	

附表 14　水力分级箱

型号规格	排矿管径/mm	上升水压/kPa	给矿粒度/mm	给矿浓度/%	耗水量/m³·t⁻¹	设备质量/t	外形尺寸（长×宽×高）/mm	设计单位
YX-200	25	98~196	2~3	20~25	2~3	0.107	1000×244×1327	长沙院
YX-300	25	98~196	2~3	20~25	2~3	0.124	1000×344×1327	
YX-400	25	98~196	2~3	20~25	2~3	0.143	1000×444×1327	
YX-600	25	98~196	2~3	20~25	2~3	0.178	1000×644×1327	
YX-800	25	98~196	2~3	20~25	2~3	0.214	1000×844×1327	

注：表中的规格指分级箱密度（mm）。

附表 15　干涉沉降式分级机

名称及规格	沉降面积/m²	给矿浓度/%	给矿粒度/mm	处理量/t·h⁻¹	上升水计示压力/kPa	电动机功率/kW	重量/kg	设计单位
四室水力分级机 300×200	3.58	20~25	-3	5~8	150~200	1.7	350	长沙院
KP$_4$C 水力分级机		15~25	-2	15~25	150~200		1955	

附表 16　浮选机

型号	单槽有效容积/m³	叶轮 直径/mm	叶轮 转速/rpm	泡沫刮板转速/rpm	充(吸)气 量/$m^{-2}\cdot min^{-1}$	充(吸)气 计示压力/kPa	处理矿浆量/$m^3\cdot min^{-1}$	传动 型号	传动 功率/kW	泡沫刮板 型号	泡沫刮板 功率/kW	电动闸门 型号	电动闸门 功率/kW	外形尺寸 长	外形尺寸 宽	外形尺寸 高	质量/kg
JJF-1 吸	1				1		0.3~1		5.5								1270
JJF-1 直	1				1		0.3~1		5.5								1370
JJF-2 吸	2				1		0.5~2		7.5								1420
JJF-2 直	2				1		0.5~2		7.5								1500
JJF-3 吸	3				1		1~3		11								1600
JJF-3 直	3				1		1~3		11								1720
JJF-4 吸	4				1		2~4		15								2160
JJF-4 直	4	410	305	16	0.1~1		2~6	Y180L-6	11	Y100L-6	1.5			3228	2443	2626	4000（双槽）
JJF-8	8	540	233	16	0.1~1		4~8	Y200L$_2$-6	22	Y100L-6	1.5			4440	3266	2920	4500
JJF-8P	8				1		4~8		18.5								4500
JJF-10	10				1		5~10		22								5000
JJF-16	16	700	180	16	0.1~1		5~16		37	Y100L-6	1.5			5748	4283	3336	8000
JJF-20	20	700	180	16	0.1~1		5~20		37	Y100L-6	1.5						8500
JJF-24	24				1		7~24	Y280M-8	45								8500
JJF-28	28				1		7~28	Y280M-8	45								8500
SF-0.15	0.15				0.9~1.0		0.06~0.18		2.2								270
SF-0.25	0.25				0.9~1.0		0.12~0.28		1.5								370
SF-0.37	0.37				0.9~1.0		0.2~0.4		1.5								470
SF-0.65	0.65				0.9~1.0		0.3~0.7		3.0								932
SF-1.2	1.2				0.9~1.0		0.6~1.2		5.5								1370
SF-2.0	2.0				0.9~1.0		1.0~2.0		7.5								1750

续附表 16

型号	单槽有效容积/m³	叶轮直径/mm	叶轮转速/rpm	泡沫刮板转速/rpm	充(吸)气量/m²·min⁻¹	计示压力/kPa	处理矿浆量/m³·min⁻¹	传动型号	传动功率/kW	泡沫刮板型号	泡沫刮板功率/kW	电动闸门型号	电动闸门功率/kW	外形尺寸 长/mm	外形尺寸 宽/mm	外形尺寸 高/mm	质量/kg
SF-2.8	2.8				0.9~1.0		1.5~3.5		11								2130
SF-4.0	4.0				0.9~1.0		2~4		15								2585
SF-6.0	6.0				0.9~1.0		3~6		18.5								3300
SF-8.0	8.0				0.9~1.0		4~8		30								4130
SF-10	10				0.9~1.0		5~10		30								4500
SF-16	16				0.9~1.0		8~16		45								8320
SF-20	20				0.9~1.0		10~20		45								8670
XCF/KYF-1	1	400/340			0.05~1.4	>11	0.2~0.5/0.2~1		4/3					1000	1000	1100	920/1050
XCF/KYF-2	2	470/410			0.05~1.4	>12	0.5~1/0.5~2		5.5/4					1300	1300	1250	1158/1346
XCF/KYF-3	3	540/480			0.05~1.4	>14	0.7~1.5/0.7~3		7.5/5.5					1600	1600	1400	2172/2074
XCF/KYF-4	4	620/550			0.05~1.4	>15	1~2/1~4		11/7.5					1800	1800	1500	2375/2100
XCF/KYF-6	6	620/550			0.05~1.4	>17	1~3/1~6		18.5/11					2050	2050	1750	3545/3278
XCF/KYF-8	8	720/630			0.05~1.4	>19	2~4/2~8		22/15					2200	2200	1950	4142/3857
XCF/KYF-10	10	760/660			0.05~1.4	>20	3~5/3~10		30/22					2400	2400	2100	4894/4334
XCF/KYF-16	16	860/740			0.05~1.4	>23	4~8/4~16		37/22					2800	2800	2400	6928/7545
XCF/KYF-20	20	910/780			0.05~1.4	>25	5~10/5~20		45/37					3000	3000	2700	9200/8240
XCF/KYF-24	24	930/800			0.05~1.4	>27	6~12/6~24		55/37					3100	3100	2900	10819/9820
XCF/KYF-30	30	880/900			0.05~1.4	>31	7~15/7~30		55/45					3500	3500	3025	14810/13820
XCF/KYF-40	40	1050			0.05~1.4	>32	8~19.8/8~38		75/55					3800	3800	3400	18790/17097
XCF/KYF-50	50	1200/1030			0.05~1.4	>33	10~25/10~40		90/75					4400	4400	3500	22000
XCF/KYF-70	70	1120			0.05~1.4	>35	13~50		90					5100	5100	3800	26200

续附表 16

型号	单槽有效容积/m³	叶轮直径/mm	叶轮转速/rpm	泡沫刮板转速/rpm	充(吸)气量/m²·min⁻¹	计示压力/kPa	处理矿浆量/m³·min⁻¹	电动机 传动型号	电动机 传动功率/kW	电动机 泡沫刮板型号	电动机 泡沫刮板功率/kW	电动机 电动闸门型号	电动机 电动闸门功率/kW	外形尺寸 长/mm	外形尺寸 宽/mm	外形尺寸 高/mm	质量/kg
XCF/KYF-100	100	1260			0.05~1.4	>40	20~60		132					5900	5900	4200	33500
XCF/KYF-130	130	1300			0.05~1.4	>45	20~60		160					6420	6620	4720	36200
XCF/KYF-160	160	1350			0.05~1.4	>48	20~60		160					6850	7020	5020	42500
XJK-1	0.13	200	593				0.05~0.16		2.2		0.6			见附表16-1	1120	1140	见附表16-1
XJK-2	0.23	250	504				0.12~0.28		3.0		0.6				1260	1238	
XJK-3	0.36	300	483				0.18~0.4		2.2		0.6				1350	1327	
XJK-6	0.62	350	400				0.3~0.9		3.0		1.1				1740	1831	
XJK-11	1.10	500	330				0.6~1.6	$Y132M_2$-6	5.5	从18槽起用2台	1.1				1970	2040	
XJK-28	2.8	600	280		0.6~0.8		1.5~3.5	Y160L-6	11	从12槽起用2台	1.1				2450	2295	
XJK-58	5.8	750	240				3~7		22；30	从10槽起用2台	1.5		0.6		3250	2485	

附表 16-1　XJK 型浮选机的长度及重量

型号	2槽 长度/mm	2槽 质量/kg	4槽 长度/mm	4槽 质量/kg	6槽 长度/mm	6槽 质量/kg	8槽 长度/mm	8槽 质量/kg	10槽 长度/mm	10槽 质量/kg	12槽 长度/mm	12槽 质量/kg	14槽 长度/mm	14槽 质量/kg	16槽 长度/mm	16槽 质量/kg	18槽 长度/mm	18槽 质量/kg	20槽 长度/mm	20槽 质量/kg
XJK-1			2200	1272	3208	1882	4220	2437	5223	3039	6236	3747	7243	4203	8256	4011	9264	5418		
XJK-2			2680	1455	3888	2096	5096	2820	6304	3450	7512	4088	8720	4810	9928	5445	11136	6125		
XJK-3			3012	1720	4420	2565	5828	3360	7236	4200	8644	5035	10052	5830	11460	6675	12868	7500		
XJK-6	2282	1701	3934	3020	5586	4326	7244	5676	8896	6989	10548	8304	12206	9653	13858	10956	15510	12275	17168	13590
XJK-11	2791	2893	4991	5661	7191	8218	9391	10893	11591	13518	13791	16319	15991	19046	18191	21569	20568	24184	22768	26820
XJK-28			4795	8452	10995	12526	14495	16600	17995	20713	21800	24964	25300	29078	28800	33062	32300	37306	35800	41974
XJK-58	4672	7066	9072	13597	13472	20122	17872	26651	22442	33474	26842	39498	31242	46533	35642	55189				

附表 17 搅拌槽

类型	型号	槽子			叶轮		传动电动机			总质量/t	
		直径/mm	深度/mm	容积/m³	直径/mm	转数/r·min⁻¹	型号	功率/kW	电压/V	平底	锥底
浮选用	XB-500	500	750	0.124		1000	Y90L-4	1.5	380	0.531	
	XB-1000	1000	1000	0.58	240	530	Y90L-6	1.0	380	0.436	0.443
	XB-1500	1500	1500	2.2	400	320	Y132S-6	3.0	380	1.083	1.108
	XB-2000	2000	2000	5.46	550	230	Y132M$_2$-6	5.5	380	1.671	1.842
	XB-2500	2500	2500	11.2	650	280		17	380	3.454	
	XB-3000	3000	3000	19.1	700	210	Y225S-8	18.5	380	4.613	
	XBM-3500	3500	3500	30	850	230		22	380		7.282
	BCFφ500×500	500	500	0.38				1.5	380	0.531	
	BCFφ1000×1000	1000	1000	0.65	250	530		1.5	380	0.600	
	BCFφ1500×1500	1500	1500	2.3	380	320		2.2	380	0.850	
	BCFφ2000×2000	2000	2000	5.5	570	216;235;258		4.5;5.5;7.5	380	2.500	
	BCFφ2500×2500	2500	2500	11.2	650	195;218;270		7.5;10;13	380	4.000	
	BCFφ3000×3000	3000	3000	19.1	750	210;230;250		13;17;21	380	5.000	
	BCFφ3500×3500	3500	3500	27.5	870	179;195;216		17;22;30	380	7.000	
提升或加温	φ1000	1000	1500	1.0		502		4.0	380	0.947	
	φ1500	1500	1800	3.0		402		7.5	380	1.595	
	φ2000	2000	2300	7.5		353		17	380	3.400	
	φ2000	2000	2400	6.0		175		10	380	5.8	

附表 18　隔膜跳汰机

类型	型号	跳汰室截面形状	长×宽/mm	单室面积/m²	列数	总室数/个	总面积/m²	冲程系数	隔膜 冲程/mm	隔膜 冲次/次·min⁻¹	最大给矿粒度/mm	处理量/t·h⁻¹	耗水量/t·h⁻¹	电动机 型号	电动机 功率/kW	总质量/kg
旁动式	LPT-34/2	矩形	450×300	0.135	单	2	0.27	0.58	0~25	320~420	12	2~6	4~10		1.1	750
	LTA-55/2	矩形	500×500	0.25	单	2	0.5	0.5	0~25	250~350	5	1~5	4~20		1.1	600
	LTA-1010/2	矩形	1000×1000	1.0	单	2	2.0	0.5	0~25	250~350	5	5~15	10~20		2.2	1520
下动式	复振	矩形	1000×1000	1.0	单	2	2.0	0.5	0~5 / 0~22	400~750 / 150~220	10~22	4~5 / 2~4	40~45 / 12~15		1.7	1620
	DYTA-7750	圆形	φ7750	1.0		6;9;12	19.8;29.7;39.6	0.37	20;25;30	0~90	25	100~150			7.5	10000
	PYTA-7750	圆形	φ7750	1.0		6;9;12	19.8;29.7;39.6	0.37	20;25;30	60~90	25	100~150			6.6	10000
	LTC-69/2	矩形	900×600	0.54	单	2	1.08	0.56	0~50	220~350	12	6~9	40~60		1.5	1420
	2LTC-79/4	矩形	900×700	0.63	双	4	2.52	0.48	0~50	160~250	12	5~15	20~90		2	2450
	2LTC-912/4	矩形	1200×900	1.08	双	4	4.32	0.49	0~50	160~250	12	7~25	60~120		3	3500
侧动式	2LTC-366/8T	梯形	600×(300~600)	0.2~0.34	双	8	2.16	0.68~0.41	0~50	120~300	5	3~6	20~40		1.1×2	1600
	2LTC-6109/8T	梯形	900×(600~1000)	0.58~0.86	双	8	5.76	0.52~0.35	0~50	120~300	5	10~20	80~120		2.2×2	4650
	工革	梯形	1100×(250~1050)	0.78~1.0	单	8	2.69	0.57~0.72	16~25	145~200	3	12	25~45		1.1×2	3110
	AM-30型(大粒)	矩形	2647×2380	0.6435	双	4	2.574	0.47	0~50	130;160	30	10~50	100~150		3	2200

附表 19　摇床

型号		床面面积/m²	最大给矿粒度/mm	给矿体积/m³·d⁻¹	给矿量/t·(台)⁻¹	给矿浓度/%	冲程/mm	冲次/次·min⁻¹	清洗水量/t·d⁻¹	横向坡度/(°)	床条断面形状	传动电动机型号	功率/kW	床面尺寸(长×宽)/mm	外形尺寸(长×宽×高)/mm	质量/kg
云锡摇床	粗砂	7.4	2	100~150	30~60	25~30	16~22	270~290	80~150	2.5~4.5	矩形	Y100L-6	1.5	4395×1825	5446×1825×1242	1045
	细砂	7.4	0.5	40~80	10~20	20~25	11~16	290~320	30~60	1.5~3.5	锯齿形	Y100L-6	1.5	4395×1825	5446×1825×1227	1030
	矿泥(刻槽)	7.4	0.074	20~40	3~7	15~20	8~11	320~360	15~30	1~2	刻槽	Y100L-6	1.5	4395×1825	5446×1825×1203	1065
6-S摇床	矿砂	7.6	3		粗选15~30 精选15~22	20~30	18~24	250~300	17~24	2~3.66	矩形			4520×1832		1326
	矿泥	7.6	0.074		粗选7~15 精选5~10	15~25	8~16	300~340	10~17	1~2	三角形			4520×1832		1326
弹簧摇床	4500×1800 (四层)	每层7					12~36	315					0.6			
悬挂摇床	9YC三层	17.8	0.5		0.6~3.5t/h		8~22	270~340		0~10			1.5	3500× (1600~1800)	5725×2020×2950	2700
	8YC四层	23.8	0.5		0.9~4.5t/h		8~22	270~340		0~10			1.5	3500× (1800~2000)	5685×2020×3150	3200
云锡六层矿泥摇床		24.3			9~15①	20~25	10~13	300~320	50~90	0~5			1.7	3000×1350		10000

①当矿石粒度为0.037~0.019mm时,给矿量为9t/(d·台);当矿石粒度为0.074~0.037mm时,给矿量为15t/(d·台)。

附表 20　湿式弱磁场永磁筒式磁选机

型号	筒径/mm	筒长/mm	磁感应强度/mT	干矿量/t·h⁻¹	矿浆量/m³·min⁻¹	给料粒度/mm	功率/kW	重量/t
CTB-618 CTS-618 CTN-618	600	1800	120~600	15~30	48	1~0 6~0 0.6~0	2.2	1.35
CTB-712 CTS-712 CTN-712	750	1200	120~600	15~30	48	1~0 6~0 0.6~0	3	1.5
CTB-718 CTS-718 CTN-718		1800		20~45	72	1~0 6~0 0.6~0		2.1
CTB-918 CTS-918 CTN-918	900	1800	120~600	25~55	90	1~0 6~0 0.6~0	4	2.8
CTB-924 CTS-924 CTN-924		2400		35~70	110	1~0 6~0 0.6~0		3.5
CTB-1018 CTS-1018 CTN-1018	1050	1800	120~600	40~75	120	1~0 6~0 0.6~0	5.5	4.2
CTB-1021 CTS-1021 CTN-1021		2100		45~88	140	1~0 6~0 0.6~0		4.5
CTB-1024 CTS-1024 CTN-1024		2400		52~100	160	1~0 6~0 0.6~0		5.3
CTB-1030 CTS-1030 CTN-1030		3000		65~125	200	1~0 6~0 0.6~0	7.5	6
CTB-1218 CTS-1218 CTN-1218	1200	1800	120~600	47~90	140	1~0 6~0 0.6~0	5.5	5.8
CTB-1224 CTS-1224 CTN-1224		2400		82~120	192	1~0 6~0 0.6~0	7.5	6.2
CTB-1230 CTS-1230 CTN-1230		3000		80~150	240	1~0 6~0 0.6~0		7.8

注：CTB—半逆流型；CTS—顺流型；CTN—逆流型。

附表 21　浓缩机

类型	型号	主要用途	浓缩池 内径/m	浓缩池 深度/m	沉淀面积/m² 池底	沉淀面积/m² 倾斜板水平投影	提耙部分 方式	提耙部分 高度/m	提耙部分 每转时间/min·t⁻¹	提耙部分 电动机 型号	提耙部分 电动机 功率/kW	传动电动机 型号	传动电动机 功率/kW	处理量/t·h⁻¹	轨道圆直径/m	齿条圆直径/m	质量/t
中心传动	NZS-1	精尾脱水	1.8	1.8	2.54		手动	0.16	2			Y90L-6	1.1	0.05~0.23			1.235
	NZS-3	精矿脱水	3.6	1.8	10.2		手动	0.35	2.5			Y90L-6	1.1	0.2~0.9			3.013
	NZS-6	精尾脱水	6	3	28.3		手动	0.2	3.7			Y90S-4	1.1	2.58			8.575
	NZS-6	精尾脱水	6	3	28.3		手动	0.2	3.7			Y90S-4	1.1	2.58			3.616
	NZS-9	矿泥、化工	9	3	63.6		手动	0.25	4.34			Y132S-6	3	5.8			5.100
	NZ-9	矿泥、化工	9	3	63.6		自动	0.25	4.34	XWD0.8-3-43	0.8	Y132S-6	3	5.8			5.134
	NZS-12	矿、化脱水	12	3.5	113		手动	0.25	5.2			Y132S-6	3	2.3~10.4			8.5
	NZS-12Q	矿、化脱水	12	3.5	113	244	手动	0.25	5.2			Y132S-6	3	15~20			12.75
中心传动	NZ-15Q	酸、腐料浆	15	4.4	176	800	自动	0.2	10.4	Y112M-6	2.2	JTC752A-44	5.2	33			32.375
	NZ-20	精尾脱水	20	4.4	314	1400	自动	0.4	10.4	Y112M-6	2.2	JTC752A-44	5.2	20.8			24.504
	NZ-20Q	精尾脱水	20	4.4	314	1400	自动	0.4	10.4	Y112M-6	2.2	JTC752-A-44	5.2	60			43.20
	NZF-20	精尾脱水	20	4.4	314		自动	0.2	10.4	Y112M-6	2.2						25.287
周边辊轮传动	NG-15	精尾脱水	15	3.5	177				8.4			Y132M₂-6	5.5	3.6~16.25	15.36		9.12
	NG-18	精尾脱水	18	3.5	255				10			Y132M₂-6	5.5	5.6~23.3	18.36		9.918
	NG-24	精尾脱水	24	3.7	452				12.7			Y160M-6	7.5	9.4~41.6	24.36		23.986
	NG-30	精尾脱水	30	3.5	707				16			Y160M-6	7.5	65.4	30.36		26.415

续附表 21

类型	型号	浓缩池 内径/m	浓缩池 深度/m	沉淀面积/m² 倾斜板水平投影	沉淀面积/m² 池底	提耙部分 方式	提耙部分 高度/m	提耙部分 每转时间/min·t⁻¹	提耙部分 电动机 型号	提耙部分 电动机 功率/kW	传动电动机 型号	传动电动机 功率/kW	处理量/t·h⁻¹	轨道圆直径/m	齿条圆直径/m	质量/t
周边齿条传动	NT-15	15	3.5		177			8.4			Y132M₂-6	5.5	16.25	15.36	15.568	10.935
	NT-18	18	3.5		255			10			Y132M₂-6	5.5	23.3	18.36	18.576	12.117
	NT-24	24	3.7		452			12.7			Y160M-6	7.5	9.4~41.6	24.36	24.882	28.273
	NT-30	30	3.6		707			16			Y160M-6	7.5	65.4	30.36	30.868	31.215
	NT-38	38	5.06		1134			24.3			Y160L-8	7.5	66.6	38.383	30.629	59.82
	NT-45	45	5.06		1590			19.3			Y160L-6	11	100	45.383	45.629	58
	NTJ-45	45	5.06		1590			19.3			Y180L-6	15	179	45.383	45.629	71.7
	NT-50	50	4.524		1964			21.7				10		51.779	50.025	60.183
	NTJ-50	50	4.503		1964			20				13×2		50.2	50.439	109
	NT-53	53	5.07		2202			23.2			Y160L-6	11	141.6	55.16	55.406	69
	NTJ-53	53	5.07		2202			23.2			Y180L-6	15	260	55.16	55.406	80

注：N—浓缩机；Z—中心传动；S—手动提起；T—周边齿条传动；G—周边辊轮传动；Q—倾斜板；J—精矿用。

附表 22　简型内滤式真空过滤机

型号	过滤面积/m²	筒体 尺寸/mm	筒体 转速/r·min⁻¹ 高速	筒体 转速/r·min⁻¹ 中速	筒体 转速/r·min⁻¹ 低速	真空计示压力/kPa	抽气量/m³·min⁻¹·m⁻²	鼓风计示压力/kPa	鼓风量/m³·min⁻¹·m⁻²	处理量/t·h⁻¹ 磁精	处理量/t·h⁻¹ 浮精	传动电动机 型号	传动电动机 功率/kW	电动滚筒皮带卸料 型号	电动滚筒皮带卸料 功率/kW	外形尺寸(长×宽×高)/mm 溜槽卸料	外形尺寸(长×宽×高)/mm 皮带卸料	质量/t 溜槽卸料	质量/t 皮带卸料
GN-8	8	φ2956×1020	0.72,1.00,	0.49,0.69,	0.34,0.47,	60~80	1~1.5	30	0.2~0.4	6~12	2.5~5	Y112M-6	2.2	YD-15-100-5032	1.5	2490×3176×3367	3200×3176×3367	6.5	6.0
GN-12	12	φ2956×1370	1.43	0.96	0.68					9~18	3.5~7					2840×3176×3367	3200×3176×3367	7	7
GN-20	20	φ3668×1920	0.42,0.56,	0.84,1.04,	0.12,0.17,0.25,0.31,0.42,0.66					15~30	6~12		3.5	YD-22-100-5040	2.2	3928×3900×4050	5120×3900×4050	12.7	13
GN-30	30	φ3668×2720	0.84,1.04,	1.40,2.18,	0.12,0.17,0.25,0.31,0.42,0.68					24~45	9~18		4.0			5015×3900×4050	6220×3900×4050	14	14
GN-40	40	φ3668×3720	0.42,0.56,	0.84,1.04,	1.40,2.18					30~60	12~24		5.0	YD-30-100-5050	3.0	6830×3900×4050	6830×3900×4050		17

附表23　筒型外滤式真空过滤机

类型	型号	过滤面积/m²	筒体 尺寸/mm	转速/r·min⁻¹ I组	转速 II组	真空计示压力/kPa	抽气量/m³·(min·m²)⁻¹	鼓风计示压力/kPa	鼓风量/m³·(min·m²)⁻¹	筒体表面磁感应强度/mT	处理量/t·h⁻¹	电动机 筒体 型号	电动机 筒体 功率/kW	电动机 搅拌器 型号	电动机 搅拌器 功率/kW	外形尺寸(长×宽×高)/mm	质量/t
外滤式	GP-1	2	φ1000×720	0.12,0.26,0.28												1000×1050×1312	1.2
	GW-3	3	φ1600×700	0.13~0.49							1.2		1.1			2450×2375×1900	3.43
	GW-5	5	φ1750×970	0.13~0.49		60~80	1	10~30	0.2~0.4		2		1.1			2975×2570×2092	5.5
	10M²	10	φ2000×1680	0.16,0.26,0.39									2.2		2.2		5.91
	G-5	5	φ1750×980	0.13~0.78	0.54								2.2		0.75	2540×2097×2310	6.00
外滤式	GW-20	20	φ2500×2650	0.27,0.38,0.34	0.14,0.19,0.27						8		2.5,4.0	Y112M-6	2.2	4480×4085×2890	10.6
	GW-30	30	φ3350×3000	0.12,0.16	0.11,0.14	60~80	1	10~30	0.2~0.4		12		3.5			5200×4910×3743	17.2
	GW-40	40	φ3350×4000	0.23,0.29,	0.21,0.26,						16		4.0	Y132S-6	3	6200×4910×3743	19.5
	GW-50	50	φ3350×5000	0.39,0.59	0.34,0.56						20		5.0	Y132M₁-6	4	7200×4960×3743	21
水磁外滤式	GYW-8	8	φ2000×1400	0.5~2.0		60~80	0.5~2	10~30	0.5~2.0	80	22~40	Y112M-6				2610×2910×2600	4.76
	GYW-12	12	φ2000×2000	0.5~2.0						85	33~65					3210×2910×2600	5.42

注：G—真空过滤机；W—外滤机；Y—水磁。

附表24 压滤机

类型	型号	框内尺寸/mm	滤板数量/个	框数	框厚/mm	总过滤面积/m²	滤瓶容量/L	形式	工作计示压力/MPa(kgf/cm²)	压紧方式	电机功率/kW	外形尺寸(长×宽×高)/mm	质量/t
自动式	XAZ80/1000-2D	1000×1000	40			80	1260	暗流	8.0(8.0)		5.15	5680×1600×2345	18.5
	XAZ100/1000-2D		50			100	1560					6020×1600×2345	22.5
	XAZ120/1000-2D		60			120	1876					6360×1600×2345	26.5
	XMZ150/1200-3C	1200×1200	52			150	2420	明流	0.8(8.0)		4.2	2280×3220×3700	33.78
	XMZ200/1200-3C		70			200	3230					8510×3220×3730	41.52
	XMZ250/1200-3C		88			250	4040					9710×3220×3730	49.26
	XMZ300/1200-3C		106			300	4850					10930×3220×3730	57.5
板框式	BAS$_2$/320-25	320×320		10	25	2		暗流	1.0(10.0)	手动螺旋		1495×650×600	0.475
	BAS$_4$/320-25			20		4						1945×650×600	0.65
	BAS$_4$/320-25			30		6						2395×650×600	0.825
	BAS$_5$/450-25	450×450		20	25	8		暗流	1.0(10.0)	手动螺旋		2520×1150×875	1.555
	BAS$_{12}$/450-25			30		12						2990×1150×875	1.955
	BAS$_{16}$/450-25			40		16						3460×1150×875	2.355
	BMS$_5$/450-25			20		8		明流				2702×948×875	1.58
	BMS$_{12}$/450-25			30		12						3172×948×875	1.98
	BMS$_{16}$/450-25			40		16						3642×948×875	2.38
	BMS$_{10}$/635-25	635×635		26	25	20		暗流	0.8(8.0)	手动螺旋		3500×1750×1160	3.83
	BAS$_{10}$/635-25			38		30						4020×1750×1160	5.03
	BAS$_{10}$/635-25			50		40						4540×1750×1160	6.29
	BMS$_{20}$/635-25			26		20		明流				3500×1900×1160	4.01
	BMS$_{30}$/635-25			38		30						4020×1900×1160	5.21
	BMS$_{10}$/635-25			50		40						4540×1900×1160	6.52

续附表24

类型	型号	框内尺寸/mm	滤板数量/个	框数	框厚/mm	总过滤面积/m²	滤瓶容量/L	形式	工作计示压力/MPa(kgf/cm²)	压紧方式	电机功率/kW	外形尺寸(长×宽×高)/mm	质量/t
板框式	BAJ$_{20}$/635-25	635×635		26	25	20		暗流	0.8 (8.0)	机械夹紧	2.2	3290×1250×1160	4.32
	BAJ$_{30}$/635-25			38		30						3970×1250×1160	5.47
	BAJ$_{40}$/635-25			50		40						4640×1250×1160	6.71
	BMJ$_{20}$/635-25			26		20		明流				3290×1900×1160	4.46
	BMJ$_{50}$/635-25			38		30						3970×1900×1160	5.66
	BMJ$_{40}$/635-25			50		40						4640×1900×1160	6.95

附表25　HTG型陶瓷过滤机部分型号

型号	陶瓷板数量/块	圆盘数量/盘	过滤面积/m²	圆盘转速/r·min⁻¹	搅拌转速/r·min⁻¹	主轴电机/kW	真空泵电机/kW	外型尺寸(长×宽×高)/mm	装机功率/kW	实际功率/kW	重量/t
HTG-1	12	1	1	0.5~2	6~20	1.1	1.1	1600×1907×1780	6		1.6
HTG-15	60	5	15	0.5~2	6~20	1.5	2.2	4800×3400×2830	17	8	8.7
HTG-24	96	8	24	0.5~2	6~20	2.2	2.2	5700×3400×2830	21	10	10.5
HTG-30	120	10	30	0.5~2	6~20	2.2	2.2	6300×3400×2830	24	12	11.6
HTG-45	180	15	45	0.5~2	6~20	3.0	2.2	7800×3400×2730	26	14	14.8
HTG-80	240	20	80	0.5~2	6~20	5.5	5.5	8350×3650×3233	46	17	24.0

附表 26　TC 型陶瓷过滤机

型号	过滤面积/m²	圆盘数量/盘	滤板数量/块	槽体容积/m³	装机功率/kW	运行功率/kW	外形尺寸（长×宽×高）/m	质量/t
TC-1	1	1	12	0.21	3.5	2.0	1.6×1.4×1.5	
TC-4	4	2	24	1.0	7.0	3.0	2.4×2.5×1.5	
TC-6	6	2	24	1.2	7.0	6.0	2.4×2.9×2.1	
TC-9	9	3	36	1.7	9.0	7.0	2.7×2.9×2.5	
TC-12	12	4	48	2.2	11.0	7.5	3.0×2.9×2.5	
TC-15	15	5	60	2.7	11.5	8.0	3.3×3.0×2.5	
TC-21	21	7	84	4.0	13.5	9.0	4.6×3.0×2.5	
TC-24	24	8	96	4.5	16.5	10.5	4.9×3.0×2.6	
TC-27	27	9	108	5.0	17.0	11.0	5.2×3.0×2.6	
TC-30	30	10	120	5.5	17.5	11.5	5.5×3.0×2.6	
TC-36	36	12	144	7.0	23.0	16.0	6.6×3.0×2.6	
TC-45	45	15	180	8.5	25.0	19.0	7.5×3.0×2.6	
TC-60	60	15	180	12.5	33.0	22.0	7.5×3.3×3.0	
TC-80	80	20	240	16.2	40.0	24.0	9.0×3.3×3.0	
TC-100	100	20	240	18.5	53.0	35.0	11.0×3.6×3.3	
TC-120	120	24	288	22.0	60.0	40.0	12.2×3.6×3.3	

附表 27　圆筒干燥机

类型	规格 /m	筒体内径 /mm	筒体长度 /mm	筒体容积 /m³	筒体转速 /r·min⁻¹	筒体斜度 /%	扬料板形式	最高进气温度/℃	传动电动机 型号	传动电动机 功率/kW	外形尺寸 (长×宽×高)/mm	设备质量/t
ZT型	φ1.0×5	1000	5000	3.9		5	升举叶式	700		4	5000×1958×1950	5.75
	φ1.0×10	1000	10000		31.16		升举叶式		Y132M-4	7.5	12000×2200×3500	8.000
	φ1.2×6	1200	6000	6.8		5	升举叶式	700		5.5	6000×2280×2245	7.418
	φ1.2×8	1200	8000	9.1		5	升举叶式	700		5.5	8000×2280×2245	8.208
	φ1.5×12	1500	12000	21.2		5	升举叶式	700		13	12000×2724×2649	16.602
	φ1.5×14	1500	14000	24.7		5	升举叶式	700		13	14000×2724×2649	17.000
	φ1.8×12	1800	12000	30.5		5	升举叶式	700		17	12000×3054×2978	19.389
	φ1.8×14	1800	14000	35.7		5	升举叶式	700		17	14000×3054×2078	20.846
	φ2.2×12	2200	12000	45.6		5	升举叶式	700		22	12000×3620×3567	30.313
	φ2.2×14	2200	14000	53.2		5	升举叶式	700		22	14000×3620×3567	32.233

参 考 文 献

[1]《选矿厂设计手册》编委会编. 选矿厂设计手册 [M]. 北京：冶金工业出版社，1988.

[2]刘常诗主编. 选矿厂设计 [M]. 北京：冶金工业出版社，1994.

[3]冯守本主编. 选矿厂设计 [M]. 北京：冶金工业出版社，1996.

[4]周龙廷主编. 选矿厂设计 [M]. 长沙：中南大学出版社，2006.

[5]黄丹主编.《现代选矿技术手册第 7 册》选矿厂设计 [M]. 北京：冶金工业出版社，2010.

[6]北京有色冶金设计研究总院主编. 有色金属选矿厂工艺设计制图标准 [M]. 北京：中国计划出版社，1995.

冶金工业出版社部分图书推荐

书　　名	作　者	定价(元)
中国冶金百科全书·选矿卷	编委会	140.00
矿山企业管理	胡乃联	49.00
新编选矿概论（第2版）	魏德洲	35.00
地质学（第5版）	徐九华	68.00
采矿学（第3版）	顾晓薇	75.00
高等硬岩采矿学	杨　鹏	32.00
矿产资源开发利用与规划	邢立亭	40.00
矿山安全工程（第2版）	陈宝智	38.00
矿山运输与提升	王进强	39.00
矿山环境工程（第2版）	蒋仲安	39.00
现代充填理论与技术（第2版）	蔡嗣经	28.00
固体物料分选学（第3版）	魏德洲	60.00
磁电选矿（第2版）	袁致涛	39.00
选矿试验与生产检测	李志章	28.00
碎矿与磨矿（第3版）	段希祥	39.00
矿产资源综合利用	张　佶	39.00
复合矿与二次资源综合利用	孟繁明	36.00
有色冶金概论（第3版）	华一新	49.00
矿山地质	刘兴科	39.00
金属矿床开采	刘念苏	53.00
矿山提升与运输（第2版）	陈国山	39.00
选矿概论	于春梅	20.00
选矿原理与工艺	于春梅	28.00
金属矿山环境保护与安全	孙文武	35.00
矿山企业管理（第2版）	陈国山	39.00
重力选矿技术	周晓四	40.00
浮游选矿技术	王　资	36.00
磁电选矿技术	陈　斌	30.00
碎矿与磨矿技术	杨家文	35.00